U0301860

《槟榔学》编委会

槟 榔 学

BINGLANGXUE

谭电波　主编

辽宁科学技术出版社
LIAONING SCIENCE AND TECHNOLOGY PUBLISHING HOUSE

图书在版编目(CIP)数据

槟榔学 / 谭电波主编. — 沈阳：辽宁科学技术出版社，2023.7

ISBN 978-7-5591-2835-5

Ⅰ.①槟… Ⅱ.①谭… Ⅲ.①槟榔-研究 Ⅳ.①S792.91

中国版本图书馆 CIP 数据核字（2022）第 237258 号

出版发行:辽宁科学技术出版社
　　　　（地址:沈阳市和平区十一纬路 25 号　邮编:110003）
印　刷　者:长沙市精宏印务有限公司
经　销　者:各地新华书店
幅面尺寸:185mm×260mm
印　　张:15
字　　数:250 千字
出版时间:2023 年 7 月第 1 版
印刷时间:2023 年 7 月第 1 次印刷
责任编辑:胡嘉思
责任校对:张　晨
装帧设计:云上雅集

书　　号:ISBN 978-7-5591-2835-5
定　　价:80.00 元
编辑电话:024-23284365
邮购热线:024-23284502

前　言

　　槟榔（Aer accatcehsu）是棕榈科植物槟榔的干燥成熟种子，为我国四大南药（槟榔、益智仁、砂仁、巴戟）之首，其种子、果皮、花等均可入药。它既是药用植物，又可嚼食，且被誉为"植物口香糖"。槟榔原产国为马来西亚，由马来西亚语中的"Pinang"音译而来，在我国湖南、海南、福建、台湾及东南亚等地区食用加工后的槟榔的消费者众多。槟榔作为食用，在我国由来已久，早在西汉年间就作为贡品进呈。宋代大文豪苏东坡就写过"红潮登颊醉槟榔"的佳句。在我国的台湾省和海南省，至今仍保持着鲜食槟榔果的习俗。湖南人食用加工后的槟榔始于三百五十多年以前的清朝顺治年间。

　　槟榔是珍贵的热带经济作物，目前主要分布在热带及亚热带边缘地区，包括东南亚和亚洲的热带地区，东非至欧洲部分区域及街克罗尼西沿线的岛屿。目前，全世界有16个国家和地区种植槟榔，主要生产国有印度、马来西亚、中国、斯里兰卡、菲律宾、缅甸、巴基斯坦、新几内亚、印度尼西亚、越南、柬埔寨、孟加拉和毛里求斯等。印度是世界槟榔第一大生产国，面积和产量都远远超过其他国家。其种子、果皮、花等均可入药，且综合利用经济效益高，对热带地区的经济发展起着重要的作用。

　　本书由六章、二十八节构成。总体分为三部分。

　　第一部分为前两章，主要包括对槟榔的起源和发展以及对槟榔的现代认识，重点阐述槟榔的发展史及化学成分和毒理研究。从槟榔在中国的文化发展再到各国及地区的独特文化发展一一阐述出来。

第二部分为中间三章，包括槟榔的栽培、药用槟榔、食用槟榔。其中槟榔栽培分为种质资源、品种选育、栽培技术、病虫害防治、收获加工、采收与贮藏等6节，将理论与实践相结合，在编写过程中注重槟榔产业研究的最新成果及生产经验的介绍，使读者能够较系统地知道槟榔生产各环节的原理和技术。药用槟榔分为槟榔饮片、炮制、化学成分、配伍、用药禁忌、用法与剂量、所组成的中成药及其研究等7节，将槟榔在中医药领域的应用及其发展一一阐述出来。而食用槟榔则分为槟榔的相关文化及生长环境、历史及食用形式、食用槟榔添加剂、加工技术、研究趋势、相关法律法规及其相关问题等10节，其中重点阐述了槟榔产业的快速发展，带动了槟榔种植行业、槟榔包装行业和槟榔专用食品添加剂行业的发展。

第三部分则是最后一章，主要包括槟榔产业集群战略规划与关键领域的科学研究，重点将槟榔产业相关发展及其国内外产业集群理论研究以及政府干预的相关发展及其政策一一阐述出来。

本书引用了部分国内外公开发表的文献资料，在编写过程中，为了全书术语的统一，将有关参考文献资料中的术语进行了规范，在此向有关作者表示感谢。

由于本书涉及的学科多、范围广，限于编著人员的水平和经验有限，书中难免有错漏与不当之处，敬请同行、专家和广大读者批评指正。

目录
Contents

第一章
槟榔的起源和发展

第一节　槟榔的释名

　　槟榔（学名：*Areca catechu* L.）是单子叶植物纲、初生目、棕榈科、槟榔属常绿乔木，茎直立，乔木状，高10多m，最高可达30m，有明显的环状叶痕，雌雄同株，花序多分枝，子房长圆形，果实长圆形或卵球形，种子卵形，花果期3—4月。槟榔又名仁频、白槟榔、橄榄子、洗瘴丹、青仔、大腹子、椰玉、槟榔子、宾门及宾门药饯等，是我国著名的四大南药（槟榔、益智仁、砂仁、巴戟天）之一。

　　槟榔最早收录于《名医别录》，历代本草多以"槟榔"为正名，沿用至今。此外，中文名字槟榔是中国人将马来语Pinang音译所得。《本草纲目》记载："槟榔以'宾门'一名始载于《李当文药录》。"《史记·司马相如列传·上林赋》记载："留落胥余，仁频并间。"其中"留落"是指木名，"胥余"为椰子树的别名，"仁频"指槟榔树，"并间"则是指棕榈树。晋代嵇含《南方草木状》记载："以扶留藤、古贲灰并食，则滑美，下气消谷。出林邑，彼人以为贵，婚族客必先进。若邂逅不设，用相嫌恨。一名宾门药饯。"该书既介绍了槟榔的嚼用方法和口感功效，还提到了南方民众在待客、婚嫁、社交中嚼用槟榔的习俗。

　　唐代《食疗本草》介绍了南北方人在槟榔嚼用方法上的差异："多食发热，南人生食。闽中名橄榄子。所来北者，煮熟，熏干将来。"其中"闽中"即指福建，唐代福建人将槟榔称为"橄榄子"是因为其果形似橄榄。唐代刘恂在《岭表录异》中记载:"真槟榔来自舶上,今交广生者皆大腹子也,彼中悉呼为槟榔。"其中记载槟榔曾是一种"舶来品",我国所产为大腹子,自此之后本草家对于大腹子与槟榔是否为同一物进行了详细的考证。北宋《嘉祐本草》按唐代《药性论》云:"白槟榔,君,味甘,大寒。"明代《本草纲目》载:"释名:宾门、仁频、洗瘴丹。气味:苦、辛、温、涩、无毒。"古时有用槟榔预防瘴疠、招待宾客的习俗,入乡随俗,因此称槟榔为洗瘴丹。《本草纲目》记载大腹子:"大腹槟榔、猪槟榔,大腹以形名,所以别鸡心槟榔也。"大腹槟榔为槟榔的品种之一,以形状命名,与鸡心槟榔应区分开。《中国药学大辞典》记载:"处方用名:花槟榔、尖槟榔、连皮槟、鸡心槟、枣儿槟、海南槟。"其中,"花槟榔"指槟榔的雄花蕊,"尖槟榔""鸡心槟""枣儿槟"均以槟榔的形状命名,"连皮槟"指带有果皮和种子的槟榔,"海南槟"引海南地名对其进行命名。综上分析,槟榔主要以外观形态、功效和产地为命名方式,"宾"与"郎"为对贵客的称呼,在历代古籍中有关槟榔别名的记载颇多[1]。

槟榔原产地为马来西亚,在我国主要分布于海南、福建、广西、云南、台湾等热带或亚热带地区。全球的槟榔属植物约54种,主要分布于亚洲热带地区与澳大利亚北部,目前我国的槟榔属植物仅有2种:一种称三药槟榔(*Areca triandra*),常作为一种珍贵的观赏植物;另一种即为药嚼两用槟榔(*Areca catechu* L.)。

槟榔果为棕榈科植物槟榔(*Areca catechu* L.)的干燥成熟种子。春末至秋初采收成熟果实,用水煮后,除去果皮,取出种子,晾干。本品呈扁球形或圆锥形,高1.5~3.5cm,底部直径1.5~3cm。表面为淡黄棕色或淡红棕色,具稍凹下的网状沟纹,底部中心有圆形凹陷的珠孔,其旁有明显瘢痕状种脐。质坚硬,不易破碎,断面可见棕色种皮与白色胚乳相间的大理石样花纹。气微,味涩、微苦[2]。

---

① 徐薮芳,刘洋洋,冯剑,等.经典名方中槟榔的本草考证[J].中国实验方剂学杂志:1-12.

② 国家药典委员会.中华人民共和国药典:一部[M].北京:中国医药科技出版社,2020.

第二节　槟榔在中国的历史沿革

有关槟榔的记载，最早出现在公元前900年左右。古印度诗人马哥在他的诗里，描述了讫哩史那王所率领的士兵，饮用椰汁和嚼槟榔子的情景。槟榔进入中国，约在西汉年间。古籍中有关槟榔的区别，最早见于汉和帝时杨孚的《异物志》。而槟榔的药用历史已有1800多年，最早收录于三国时期李当之所著的《李当之药录》中。此外，《宝庆本草折衷》中记载李当之云，"槟榔，一名宾门。生南海，即广地、及东海、昆仑、岭外、交蘡州"，其中的宾门即为槟榔①。

一、槟榔药用基原的历史沿革

槟榔在《名医别录》中列为中品："味辛、温，无毒。主消谷，逐水，除淡澼，杀三虫，去伏尸，治寸白。生南海。"南海指南海郡，主体范围为今广东、海南和广西东南部。书中首次对槟榔的性味、功效和产地进行了描述，但并未对槟榔植物形态进行介绍。晋代《南方草木状》对槟榔进行了详尽的描述："槟榔，树高十余丈，皮似青桐，节如桂竹，下本不大，上枝不小，调直亭亭，千万若一，森秀无柯。端顶有叶，叶似甘蕉，条派（脉）开破，仰望眇眇，如插丛蕉于竹杪；风至独动，似举羽扇之扫天。叶下系数房，房缀数十实，实大如桃李，天生棘重累其下，所以御卫其实也。味苦涩。剖其皮，鬻其肤，熟如贯之，坚如干枣，以扶留藤、古贲灰并食，则滑美，下气消谷。"说明当时对槟榔的记载极为全面，涵盖了树、茎、叶、根、干、果实，证明对槟榔较重视，书中所述特点与今棕榈科（Palmae）槟榔属（Areca）植物大致相同，但"又似甘蕉"一说存疑，甘蕉叶片为长圆形，其基部圆形或不对称，叶面鲜绿色，这些特点不符合槟榔植物特征。槟榔与扶留藤、古贲灰一起嚼用，味道滑美不涩，具有下气、祛除瘴气的功效，其中扶留藤为胡椒科植物，是一

---

① 孔丹丹，李歆悦，赵祥升，等. 药食两用槟榔的国内外研究进展[J]. 中国中药杂志，2021，46（05）:1053-1059.

种藤类植物，果穗黑褐色，产于云南、广东、广西等地，古贲灰即蛎蚌灰。晋代《广志》云："木实曰槟榔，树无枝，略如柱。其颠，生穟而秀，生棘针，重叠其下。彼方珍之，以为口实。"《广志》对槟榔树的特征进行了简单描述，其描述与今槟榔形态特征一致。

南北朝时期的《本草经集注》在草木中品记载了不同产地的槟榔在形状和性味上的差异："出交州，形小而味甘；广州以南者，形大而味涩，核亦大；尤大者，名楮槟榔，作药皆用之。又小者，南人名蒳子，世人呼为槟榔孙，亦可食。"书中利用不同的产地对不同的槟榔品种进行命名，"交州"即今广东、广西等地，所产的槟榔形状小并且味甘，"广州以南"指今海南省及台湾省，所产的槟榔多为形、核大且味涩，大槟榔又名"楮槟榔"，后作将"楮"作"猪"，可作为药用，小槟榔又名蒳子和槟榔孙，可以嚼用。根据书中对槟榔的简单描述，可以推测不同产地的槟榔品种不同。有关"蒳子"一词的描述，左思《吴都赋》载："草则藿蒳豆蔻，姜汇非一。"刘逵注："蒳，草树也。叶如枇榈而小，三月采其叶，细破，阴干之。味近苦而有甘，并鸡舌香食之益美。"根据上述文字，蒳子的叶子与棕榈树的相似，但叶子较小，根据其描述推测蒳子为棕榈科槟榔属中的三药槟榔（*Areca triandra*），三药槟榔与槟榔相比较为矮小，花序和花与槟榔相似，其果实比槟榔小，所以又将其称之为"槟榔孙"。

在《本草拾遗》中对槟榔的品种进行了补充，对蒳子和山槟榔进行了简单的介绍，记载："蒳子，小槟榔也。生收火干，中无人者，功劣于槟榔。"顾微《广州记》云："山槟榔，形小枒细。蒳子，士人呼为槟榔孙。"《海药本草》记载了槟榔与大腹子的差异："谨按《广志》云：'生南海诸国。树茎叶根干，与大腹子异耳。又云如棕榈也，叶茜似芭蕉状。'"陶弘景云："向阳曰槟榔，向阴曰大腹。"

《本草图经》详细描述了槟榔的植物形态："槟榔，生南海，今岭外州郡皆有之。木大如桄榔，而高五、七丈，正直无枝，皮似青桐，节如桂竹；叶生木巅，大如楯头，又似甘蕉叶；其实作房，从叶中出，旁有刺若棘针，重叠其下；房数百实，如鸡子状，皆有皮壳。"根据《本草图经》中对槟榔形态特征的描述，与《中国植物志》中槟榔植物形态较为接近，但对于叶的描述不符合槟榔植物特征。"旁有刺若棘针"即有棘针保护果实，槟榔初生时肉为白色。《本草图经》在《本草经集注》基础上对槟榔品种进行补充："此有三四种，有小而味甘者，名山槟榔。有大而味涩核亦大者，名猪槟榔。最小者名蒳子。其功用不说有别。又云：尖长而有紫纹者名槟，圆而矮者名榔，槟力小，榔力大。今医家不复细分，但取作鸡心状，存坐正稳，心不虚，破之作锦纹者为佳。"书中将槟榔分为山槟榔、猪槟榔和蒳子，山槟榔小而味甘，猪槟榔形状和核大且味涩，蒳子最小。据后代学者考证推测山槟榔与蒳子均为棕榈科槟榔属三药槟榔，推测猪槟榔为棕榈科植物。同时，还有一种说法，即形状为尖且长有紫色纹路的槟榔称为槟，形状圆且小的槟榔称为榔。通过查阅《饮片新参》，推测"槟"应该为其中所记载的枣槟榔，其色紫质坚，如枣形的描述与书中所记载的相似。现将枣槟榔记为棕榈科植物槟榔的未成熟果实，具有消食醒酒、宽胸腹和止呕恶的功效。根据形状圆且小的特征推测"榔"为三药槟榔。将鸡心状、安坐时端正稳固、质地坚硬且破碎后断面有花纹的槟榔作为佳品。

《本草纲目》记载："大腹子出岭表、滇南，即槟榔中一种腹大形扁而味涩者，不似槟榔尖长味良耳，所谓猪槟榔者是矣。盖亦土产之异，今人不甚分别。陶氏分阴阳之说，亦是臆见。……青时剖之，……则大腹子与槟榔皆可通用，但力比槟榔稍劣耳。"文中所述槟榔与大腹子的差异可能是产地不同所致，现在不将其区分开，并否定了将槟榔和大腹子分为阴阳的说法，大腹槟榔需要在未成熟时剖开，大腹槟榔与今槟榔可以通用，只是大腹槟榔的药效稍逊于槟榔。《本草乘雅半偈》记载："出南海、交州、广州，及昆仑，今岭外州郡皆有。子状非凡，木亦特异。初生似笋，渐积老成，引茎直上，旁无枝柯，本末若一，其中虚，其外坚，皮似青桐而浓，节似菌竹而概。大者三围，高者九丈。叶生木端，似甘蕉棕榈辈。条分歧破，三月叶中起房，刺若棘，遂自折裂。攡穗缀实，凡数百枚，大似桃李，至夏乃熟，连壳收贮，入北者，灰煮焙干，否则易于腐败。""出南海、交州、广州，及昆仑，今岭外州郡皆有"主要包括中国广东、广西、海南，以及越南部分地区。书中将槟榔的最大高度延伸至"九丈"（约30 m），与"槟榔高10多米，最高可达30米"记载一致，推测槟榔为棕榈科，其余描述均与《本草纲目》一致。《本草乘雅半偈》对两种槟榔的形态特征进行了补充："山槟榔，名蒳子，生日南，木似棕榈而小，与槟榔同状。一丛十余干，一干十余房，一房数百子。子长寸许。五月采之，味近甘苦。一种猪槟榔，大而味涩，核亦大，即大腹子也。修事用白槟，存坐稳正，心坚锦文者最佳。刮去底，胜瘴也。"山槟榔生于"日南郡"，今越南的顺化等地，与棕榈树大小相似并且和槟榔形状相同，一房数百子，子长一寸（3cm左右），五月将其采摘，味甘苦。"猪槟榔"形大且味涩，又称大腹子。选择白槟榔进行炮制，安坐时稳固端正，使用时先将底刮掉，能够有效缓解瘴气。经考证，推测山槟榔与菀子均为棕榈科槟榔属三药槟榔，大腹子与猪槟榔为同一物，且大腹子与槟榔可以通用，因此推测猪槟榔与大腹子为棕榈科槟榔属槟榔。参考前述，山槟榔和猪槟榔均为棕榈科槟榔属植物，只是品种存在差异。

清代《本草纲目拾遗》中对豆蔻槟榔的描述："此即《纲目》槟榔注内所云菀子是也。形如鸡心，一头尖，一头圆，仅如小指大，外有壳包之。……广南槟榔亦无有专货之者，或云此种始为鸡心槟榔。广南所市者，皆山槟榔，乃大腹子而已。时珍循竺氏说，以山槟榔为菀子，恐误。"赵学敏认为豆蔻槟榔为"菀子"，"豆蔻槟榔"就是从豆蔻药材包中拣出的类似豆蔻的个头小的槟榔，因其形为圆锥形，故也叫"鸡心槟榔"。同时对李时珍"山槟榔即菀子，猪槟榔为大腹子也"的说法提出质疑，认为槟榔和大腹子为 2 个物种。经考证，2017 年版《中药大辞典》中所收录的山槟榔属并非棕榈科"山槟榔"。因此，"山槟榔即菀子"这一观点更接近实际，即山槟榔与菀子均为棕榈科槟榔属三药槟榔。经后代学者考证，认为大腹子与槟榔为同一物，推测猪槟榔与大腹子均为棕榈科植物槟榔。直至《植物名实图考》记载："槟榔，《别录》中品。大腹子，《开宝本草》始著录，皆一类。而大腹，皮入药。又山槟榔一名菀子，琼州有之。"本草学家才认识到槟榔和大腹子为同一物。《植物名实图考》所附图中为槟榔原植物图，由图可以看出槟榔叶叶轴为三棱形，但对小叶没有进行描绘。其叶片形状与今槟榔叶为狭长披针形不同。

1871 年，《中国本草的贡献》记载，很多学者将槟榔的种子错误地叫作槟榔果（Betelnut），咀嚼槟榔所产生的效果都归功于蒌叶（Betel）。蒌叶为胡椒科、胡椒属的攀缘藤本植物，其茎、叶入药，适当嚼用有助于消化、提神以及清理肠道，具有祛风散寒、行气化痰、消肿止痒的功效。蒌叶与生槟榔搭配会极大刺激唾液腺和嘴巴的黏液薄膜，让人感到清凉。槟榔还可称为"洗瘴丹"或者"抗疟疾灵丹妙药"，生长在云南、广西和海南等地，桑普森报道说，最好的坚果产自海南南部，槟榔树的高度和果实的大小有很大的不同，坚果的大小和质量差别很大。槟榔的一个品种为大腹子，也被称为猪槟榔，其外皮被称为大腹皮，用途与槟榔相似。师图尔在《中药植物王国》中对槟榔和大腹子的记载与其相同。1895 年，俄国布雷特·施奈德在《中国植物》中罗列了《名医别录》对槟榔的记载，槟榔拉丁学名为

A. catechu L.，生于南海，可以药用，中国琼州大量出口槟榔，瑞典等一些国家大量进口槟榔，可见槟榔在国内外十分受欢迎。

《本草图谱》所附槟榔图为槟榔及槟榔子（鸡心槟榔），与今槟榔和槟榔子形态特征一致。1918年，《植物学大辞典》中对槟榔的描述为："棕榈科，槟榔子，拉丁学名为 *Areca catechu* L.，属东印度原产。木本高三十尺许，叶为羽状复叶，小叶之上端，其形状宛如齿而断之者。此植物之干似椰子而细，每一干有三四穗，每一穗上结实三四百颗。"从《植物学大辞典》附图可以看出槟榔叶为断齿状，小叶长于最上端，叶底长出三四个花梗等形态特征与今槟榔相符。1930年，丁福保在《中药浅说》中对槟榔子进行了详细的介绍："槟榔子为棕榈科槟榔树（*A. catechu* L.）的种子，树的外形类似椰子，果实为卵圆形，外皮坚硬，由纤维状之组织而成，以中皮存于内部围绕种子（即槟榔子）。槟榔子为栗子大，卵圆形或种子形，外面呈灰褐色，现淡色网状之纹理，基础为扁圆形，其横断面有大理石样之纹理，而被包种子之中皮，即附着果肉纤维状部称大腹皮，供药用。"这与现槟榔子的形态特征相吻合。

1933年，丁福保将日本学者小泉荣次郎所著的《和汉药考》翻译成《新本草纲目》一书，书中对槟榔进行了详尽的描述："槟榔拉丁名为 *Semen Areca*，槟榔，乔木也，高至四五丈，无枝，梢端生类似芭蕉叶之羽状复叶。花为六片花被，雌雄共株而生，叶底出花梗三四，相缀而为穗状。果实为卵大之浆果，外带有黄色之薄壳皮包之，一穗约结实三四百颗，每树结实最多者自第五年至三十年而止。其子形球圆或卵圆，长寸余，直径约五分。多附有纤维之毛冠。外面灰褐，内坚实，有纹理，味甘而为收敛性。"其槟榔拉丁名发生了变化，书中错将属名和种加词位置颠倒，现将 *Areca Semen* 记为槟榔英文名。1935年版的《中国药学大辞典》是汇集式文献，书中引录了日本《和汉药考》中对槟榔的记载："拉丁名 *Semen Areca*。种类：大腹槟榔，形扁圆即母槟榔，猪槟榔。鸡心槟榔，形细长，即公槟榔，枣儿槟榔。梭身槟榔，即两头尖如椎实者，亦四尖槟榔。槟榔孙即槟榔之小者，亦曰蒳子，又即所谓山槟榔，乃蔓生结实，大如葡萄，色紫味甘，核仁亦甜，功用与此不同。"该书配套的《中国药物标本图影》附槟榔图，图中槟榔的特征为槟榔子呈球圆或卵圆形，槟榔子外皮为灰褐色且有纹理，鸡心槟榔细长，尖槟榔两头尖等形态特征与之相符。《新本草纲目》和《中国药学大辞典》将槟榔拉丁名定为 *Semen Areca*，书中均错误地把槟榔属名和种加词的位置颠倒。经考证，semen 是拉丁语 semin 的变形，英语译为 seed，汉语译为种子，在历版《中国药典》中均记载 Areca Semen 为槟榔拉丁名。1959 年版《中药志》将槟榔拉丁名定为 Areca catechu L.，后世均沿用此规定。《新编中药志》对前朝考证进行了详细的汇总，从所附图中可以看出叶在茎顶端丛生，羽状复叶，叶轴三棱形，小叶披针形或线形。槟榔叶片先端渐尖，有不规则分裂，基部较狭，槟榔坚果呈卵圆形或长圆形，基部有宿存的花被，熟时橙黄色等植物特征与图中的描述一致。

《药材学》中对槟榔、大腹皮和枣槟榔进行了详细的描述，对槟榔和大腹子的描述与前人一致，首次对枣槟榔进行了描述："枣槟榔为棕榈科植物枣槟榔的干燥果实，叶为羽状复叶，花序生于叶簇下，花单性，果实像老挝槟榔而较大。果皮纤维状。"根据书中描述，枣槟榔为棕榈科植物枣槟榔的干燥果实，通过查询古籍，并没有对枣槟榔的详细介绍，其植物形态与槟榔一致，现对枣槟榔定义为棕榈科槟榔属植物槟榔的未成熟果实。近现代以来本草家对槟榔的考证结果基本一致，对槟榔的树、茎、叶、根、干、果实进行了详细描述。

通过对国内外古籍进行考证，发现国内外所记载的槟榔和槟榔子形态特征相似。槟榔的记述始于《名医别录》，《南方草木状》最早对槟榔植物形态进行描述，后代对其进行补充。槟榔有 2 个品种，但均为同属同种，即三药槟榔（Areca triandra）与槟榔（Areca catechu L.），然而三药槟榔的主要价值为观赏。经考证，大腹子与槟榔为同一物，在历版《中国药典》和《中国植物志》中英文版等文献中皆将 A. catechu L. 作为槟榔基原。综上所述，古代药用槟榔大致为同一种药材，并与现代中药材槟榔一致。

二、嚼用槟榔的历史

槟榔不仅是常用中药材之一，具有独特的御瘴功能，主治虫积、食积、气滞、痢疾，驱蛔，外治青光眼，助消化，治疟疾、水肿、腹胀痛等。同时也是我国的传统咀嚼品之一。嚼用槟榔的历史在中国可谓十分悠久，早在两千多年前的《史记·司马相如列传·上林赋》中，出现了槟榔"留落胥余，仁频并闾"的记载。留落、胥余，是类似棕榈的树名。仁频，就是今天说的槟榔树，并闾，则是棕榈树。东汉杨孚的《异物志》说："古贲灰，牡蛎灰也；与扶留、槟榔三物合食，然后善也。"

《南史》则载有刘穆之求食槟榔及后来用金盘盛槟榔宴请宾客的故事。南宋王象之《舆地纪胜》记琼州云："琼人以槟榔为命，产于石山村者最良，岁过闽广者不知其几千百万也。"周去非《岭外代答》亦云，"自福建下四川与广东、西路，皆食槟榔者，客至不设茶，惟以槟榔为礼""唯广州为甚，不以贫富、长幼、男女，自朝至暮，宁不食饭，唯嗜槟榔。……中下细民，一日费槟榔钱百余。有嘲广人曰'路上行人口似羊'"。

唐人欧阳询在《艺文类聚》中说："槟榔，土人以为贵，款客必先进，若邂逅不设用，相嫌恨。"可见到了唐代，在南中诸郡，槟榔已成为一种用来待客的礼节礼品。

宋代的《本草图经》云："其实春生，至夏乃熟。然其肉极易烂，欲收之，皆先以灰汁煮熟，仍火焙熏干，始堪停久。"

《元史》载："缅国为西南夷……其文字进上者，用金叶写之，次用纸，又次用槟榔叶。"

清代，咀嚼槟榔在闽粤地区较前有过之而无不及。闽人施鸿保《闽杂记》卷十《槟榔称口》："闽人称槟榔一包为一口。按《北户录》：'梁陆倕、谢安，成王赐槟榔一千口。'则此称由来远矣。"不少地方一直将槟榔作为献给朝廷的贡品，后妃有随身携带盛放槟榔盒子的习惯，甚至中外使臣谒见皇帝时，当着皇帝的面也敢嚼用槟榔。南方民族还发展出多种嚼用方法。《诸蕃志》载："春取之为软槟榔，俗号槟榔，鲜极可口；夏秋采而干之，为米槟榔；渍之以盐，为盐槟榔；小而尖者，为鸡心槟榔；大而扁者，为大腹子。食之可以下气。"屈大均《广东新语》则载："三四月花开绝香，一穗有数千百朵，色白味甜，杂扶留叶、椰片食之，亦醉人，实未熟者曰槟榔青。青，皮壳也，以槟榔肉兼食之，味厚而芳，琼人最嗜之。熟者曰槟榔肉，亦曰玉子，则廉、钦、新会及西粤、交趾人嗜之，熟而干焦连壳者曰枣子槟榔，则高、雷、阳江、阳春人嗜之，以盐渍者曰槟榔咸，则广州、肇庆人嗜之，日暴既干，心小如香附者曰干槟榔，则惠、潮、东莞、顺德人嗜之。"《岭外代答》曰："其法，而瓜分之，水调蚬灰一铢许于萎叶上，裹槟榔咀嚼，先吐赤水一口，而后啖其余法。少焉，面脸潮红，故诗人有'醉槟榔'之句。"黄仲昭《八闽通志》载："芙蕾俗名著叶。蔓生，叶如薯而差大，味辛香，土人取其叶合槟榔蚶壳灰食之，温中、破痰、消食、下气。出晋江县。"由于嚼用槟榔的普遍性，富有者连装盛槟榔的器具都讲究起来。《广东新语·槟榔合》云:"广人喜食槟榔,富者以金银、贫者以锡为小合。雕嵌人物花卉,务极精丽……。在合与在包,为二物之司命。包以龙须草织成,大小相函,广三寸许,四物悉贮其中,随身不离,是曰槟榔包。以富川所织者为贵,金渡村织者次之,其草有精粗故也。合用于居,包用于行。"

以上可见,从中国岭南、滇南到中南半岛、南洋群岛,再到印巴次大陆,几乎整个东南亚及南亚地区皆产槟榔,且品种很多,亦有嚼用槟榔的习惯,甚至成为上流社会的一种时尚。

三、作为文化的槟榔

槟榔因有轻微兴奋与麻醉作用和辟瘴、消食等药用功能,又因"宾""郎"谐音和槟榔、扶留相契等种种象征寓意,衍生出一系列相关的婚丧节庆、男女传情、调解纠纷、人群聚合等习俗,将槟榔作为美好事物的象征渗透到众多文化领域。更因槟榔礼俗的普遍性、大众性、象征性、生活性、草根性等特征,催生了与槟榔密切相关的民间文学创作。

咀嚼槟榔顿时出现头晕脸红、飘飘然的感觉,日久便容易上瘾,入口时令人唇颊皆红,产生舌肠芳洌的滋味,而有"槟榔浮留,可以忘忧"之谚。苏东坡有"暗麝著人簪茉莉,红潮登颊醉槟榔"之诗,朱熹亦有"初尝面发红"之句。《广东新语》云:"入口则甘浆洋溢,香气熏蒸,在寒而暖,方醉而醒,既红潮以晕颊。"这些都是形容嚼用槟榔后的种种美妙情境。

嚼用槟榔的轻微兴奋与麻醉作用,使槟榔成为仅次于烟草、酒精、咖啡之后的一种大众爱好。不少人因嗜嚼槟榔,宁可断炊。因而,槟榔成为一种待客的食品。《广东新语》曰:"粤人最重槟榔,以为礼果,款客必先擎进。"《南中八都志》云:"士人以为贵,款客必先进。"钟敬文曾说,吾邑邑志云:"昔粤中之款客,无槟榔不为欢。"粤人不但以槟榔为日常咀嚼品,且也视为款待嘉宾的要物。闻一般南洋客云:"在那里有些地方,现在还盛行着这种风俗,客到必须敬以槟榔,这乃极平常的礼数,如现下把烟敬款客,没有异样。"可见,在纸烟未出现以前,槟榔是民间各种应酬、谈判必备的咀嚼品,和现在的奉茶敬烟相似。

槟榔与椰树间栽,则花而不实;或曰种槟榔必种椰,有椰则槟榔结实必繁。清代孙元衡诗曰:"竹节棕根自一丛,连林椰子判雌雄;醉醒饥饱浑无赖,未必于人有四功""扶留藤脆香能久，古贲灰匀色更娇；人到称翁休更食，衰颜无处著红潮"。槟榔与蒌叶"（扶留）其藤缘墙而生，槟榔树若笋竹竿，至颠吐穟，二物为根不同，所生亦异，而能相成至味若此"。槟榔与椰子相配合生长，与扶留相配合嚼用，容易让人产生两性的种种联想，遂衍生成夫妻相契的象征含义，进而形成两性和谐、美满幸福的美好追求。以故"俗聘妇，必以二物及山辣、椰子、天竺、桂皮、蒟子为庭实""蒌与槟榔，有夫妻相须之象，故粤人以为聘果。寻常相赠，亦以代芍药"。故有诗云，"欢作槟门花，侬作扶留叶；欲得两成甘，花叶长相接"；又云，"赠子槟榔花，杂以相思叶；二物合成甘，有如郎与妾"。这即是借槟榔抒发人间的男欢女爱。

此外，槟榔结果累累，离离多子，连着槟榔花序，表示多子多福，期盼新娘像槟榔一样枝繁叶茂、开花结果，这也是槟榔被选为礼物的一个重要因素。在传统的农业社会，多子意味着人多力量大、宗族兴旺，而能成为地域社会的强势群体。在众多婚俗中，具有象征意义的枣子、带子等带有"子"的物品就备受青睐。在这种人类语言相似原则的指引下，槟榔自然成为一种不可替代的首选定情物和婚庆物，在婚丧礼俗中扮演了极为重要的角色。《琼州府志》语："至婚礼媒妁，通问之初，洁其槟榔，富者盛以银盒至女家，非许亲不开盒，但于盒中手占一枚，即为定礼。凡女子受聘者，谓之吃某氏槟榔。"这意味着槟榔在民俗中，还是订婚的信物，鸡心形的槟榔是待客的最好之物。这种风俗，延及闽广。直至民国前后，订婚仍需向女家送槟榔。于今闽广一带，订婚送礼，男方还得向女家送去生橄榄以代槟榔。结婚后，新娘子捧橄榄招待客人，仍是说："请吃槟榔。"[1]

四、槟榔学名沿革

根据《中国植物志》记载，槟榔涉及 *A. catechu* Linn.、*A. hortensis* Lour.、*A. catechu* Willd. 共3个拉丁名，*A. catechu* Linn. 一名始现于林奈1753年出版《植物种志》（*Species Plantarum*），沿用至今。卢雷罗于1790年在《交趾植物志》（*Flora Cochinchinensis*）中将槟榔定名为 *A. hortensis* Lour.，现该学名作为槟榔异名处理。韦尔登诺（Willdenow）将槟榔以 *A. catechu* Willd. 一名收录到 *Species Plantarum* 卷四

---

[1] 刘大可. 槟榔、槟榔文化与闽台关系[J]. 东南学术，2018，(01):74-81.

中，现已作为槟榔的异名。现在槟榔仍以林奈定的 *A. catechu* Linn. 沿用到现在。

五、产地变迁与品质评价

历代本草著作记载槟榔的产地为中国、越南、马来西亚、菲律宾等国家，即在热带和部分亚热带地区广泛栽培。我国的主产地为广东省、广西壮族自治区、海南省、云南省及台湾省。

表 1-1　从古至今本草著作记载的槟榔

时间	著作	记载	产地
魏晋	《名医别录》	生南海	南海：广东、海南和广西东南部
晋代	《广志》	亦出交趾	交趾：越南北部
晋代	《南方草木状》	出林邑	林邑：越南中南部顺化等处
南北朝	《雷公炮炙论》	凡使，取好存坐稳、心尖、文如流水、破碎内文如锦文者妙；白半黑并心虚者，不入药用	—
南北朝	《本草经集注》	出交州，形小而味甘；广州以南者，形大而味涩，核亦大，尤大者，名楮槟榔，作药皆用之。又小者，南人名蒳子，世人呼为槟榔孙，亦可食	交州：广东、广西等地；广州以南：海南、台湾
唐代	《新修本草》	生交州、广州、爱州及昆仑	交州：越南北部、中部和中国广西一部分；广州：中国广东、广西大部；爱州：越南清化；昆仑：中南半岛及中国南海诸岛
北宋	《本草图经》	生南海，今岭外州郡皆有之。今医家不复细分，但取作鸡心状，存坐正稳，心不虚，破之作锦纹者为佳	岭外州郡：广东、海南、台湾
宋代	《南海药谱》	生海南	海南：海南省

时间	著作	记载	产地
明代	《本草乘雅半偈》	出南海、交州、广州，及昆仑，今岭外州郡皆有……山槟榔，名菇子，生日南，木似棕榈而小，与槟榔同状……修事用白槟，存坐稳正，心坚锦文者最佳	南海：中国、菲律宾、越南、马来西亚等国家；交州：越南北部和中部；广州：中国广东、广西；昆仑：中南半岛及中国南海诸岛；日南：今越南的顺化等地
明代	《本草品汇精要》	〔道地〕广州	—
明代	《本草纲目》	大腹子出岭表、滇南	岭表：今广东、广西、海南三省，越南北部地区；滇南：云南省南部
明代	《海槎余录》	槟榔产于海南，惟万、崖、琼山、会同、乐会诸州县为多	崖山：现三亚市崖山区；琼山：现海口市琼山区；会同：现琼海市；乐会：现琼海市
清代	《本草新编》	槟榔感天地至正之气，即生于两粤之间，原所以救两粤之人也	两粤：广东、海南、广西
清代	《植物名实图考》	《广州记》曰：岭外槟榔小于交趾者，而大于菇子，土人亦呼为槟榔。……安南自幼及老，采槟榔实啖之，自云：交州地湿，不食此无以去其瘴。广州亦啖槟榔，然不甚于安南也	岭外：广东、海南、台湾；安南：越南
1933 年	《和汉药考》	槟榔有两种，来自中国者，形扁圆、味涩敛。大腹槟榔，佳品也，大腹皮即其壳。来自外番者、头尖微长、涩味不厚、此为下品	—

时间	著作	记载	产地
1935 年	《中国药学大辞典》	以广东琼州，海南产者为最，名南尖，即鸡心槟也，小粒如鸡心也。其次则印度安南、南洋群岛均有出，大粒名西尖，功力不及南尖三分之一也。《和汉药》考曰：产于亚洲之热带地方，如东印度、马来半岛、台湾之南方亦有之	广东琼州：今海南省海口市及琼山、定安、澄迈、临高等县
1959—1961 年	《中药志》	主产于广东、云南、台湾等省。国外以印度尼西亚、印度、斯里兰卡、菲律宾等地产量最大。以个大、体重、结实、无破裂者为佳	—
1959 年	《中药材手册》	主产于广东海南岛琼中、澄迈、屯昌、崖县等地。此外，云南南部、广西南部及台湾等地亦产。国外产于印度尼西亚、印度、缅甸、巴基斯坦、泰国等地，主要集散于新加坡。以个大、体重、结实、无破裂者为佳	—
1959 年	《药材资料汇编》	我国海南岛和台湾南部，以及马来半岛、菲律宾吕宋岛为主要产地；其他如斯里兰卡、印度南部亦有产，我国云南南部亦有小量出产。本品以颗粒大、圆正坚实、无裂痕为佳	—
1960 年	《中国药用植物图鉴》	海南岛、台湾南部、广西、福建，云南南部亦有少量出产	—
1961 年	《药材学》	原产于热带地区。我国以海南岛的琼东、屯昌、定安、陵水等县产量最多，其他云南南部、广西、台湾等亦有少量栽培。国外尤以菲律宾的吕宋岛、印度、斯里兰卡、印度尼西亚的爪哇、苏门答腊等地产量最多。以身干、个头大、质坚、无毒为佳	—

时间	著作	记载	产地
1988 年	《新华本草纲要》	分布于福建、台湾、广东、广西等省区	—
1999 年	《中华本草》	主产于海南、云南。此外，福建、台湾亦产。国外以印度尼西亚、印度、菲律宾等地产量最大	—

综上所述，通过总结古籍中槟榔产地变迁的相关信息，认为海南省所产槟榔质量最优，为道地药材。早期本草古籍所载槟榔的品质评价中，多以"存坐稳正，心坚锦文者最佳"为优质品的标准，指槟榔一端平整，即安坐时端正稳固、质地坚硬且断面有纹路的槟榔为佳品。现代众多文献将个大、体重、结实、无破裂者作为佳品。

第三节　槟榔的生产及安全运用

一、世界槟榔加工利用概况

槟榔位列四大南药（槟榔、益智仁、砂仁、巴戟天）之首，其种子、果皮、花等均可入药。槟榔果实中含有多种人体所需的营养元素和有益物质，如脂肪、槟榔油、生物碱、儿茶素、胆碱等，具有独特的药用功能，是历代医家治病的药果。当前，世界对槟榔的利用主要有嚼用和药用两种方式，其中以嚼用为主。槟榔虽然是一种常用中药，但是其大部分原料产品不是流向药材市场，而是用于简单加工成商品槟榔供咀嚼。由于咀嚼槟榔具有健胃、御寒、提神等功效，在南亚、东南亚、南太平洋诸岛及周边地区，包括我国的台湾、海南、湖南等省，咀嚼槟榔十分盛行，甚至成为一种传统习俗。目前，世界所产的槟榔除一小部分经简单加工制成槟榔咀嚼用品外，大部分槟榔鲜果供直接嚼用，印度和中国是世界槟榔鲜果的最大消费国，巴基斯坦和尼泊尔也是槟榔鲜果的主要消费国。世界不同地区制作槟榔的手法各不相同，比如泰国和柬埔寨的山地部落通常在槟榔中加入丁香和桂皮，而在印度的一些地方，槟榔里可能会包着小豆蔻、果子冻、食糖或者磨碎的椰肉。目前，槟榔已成为仅次于尼古丁、乙醇和咖啡因的世界第四大嗜好物品。世界卫生组织癌症研究中心指出，全球有数亿人有咀嚼槟榔的习惯，而且还有增加之势。

世界各地所产槟榔绝大部分以咀嚼品的形式消费，致使槟榔的临床药理价值及保健功效没有得到充分的利用，而且由于用于咀嚼的槟榔纤维粗糙，长期经常咀嚼会造成口腔黏膜下纤维化，这被公认是口腔癌的重要诱因，传统槟榔嚼用方式的安全问题备受关注，致使传统槟榔咀嚼品不能大范围推广，传统槟榔咀嚼品急需换代升级。目前，世界在对槟榔药用产品及保健产品的研究开发方面显得滞后，在槟榔资源的综合深加工及开发利用方面尚存在许多问题待解决，巨大的潜在药用市场和保健市场尚未开拓。充分利用槟榔资源，挖掘其药用、嚼用价值，解决槟榔精深加工综合利用的难题，对于促进热带地区农村经济发展，引领世界槟榔产业健康、可持续发展具有重要意义[①]。

二、我国槟榔生产现状

（一）我国槟榔产业发展格局

海南省出产的槟榔大部分在湖南省消费，湖南省嚼用槟榔加工业占据槟榔产业链的顶端。据不完全统计，湖南省咀嚼槟榔人数超过1000万人，槟榔加工企业50余家，干果年产量超过200000t，占世界总产量的1/4，年产值近100亿元。湖南省槟榔产业经历了由手工作坊到现在的规模企业的转变，加工品种也由原来的单一品种向多品种、多口味转变，产品销往全国各地及海外。湖南省还兴起了一批上档次、上规模的嚼用槟榔生产企业，数家企业产品获省名牌和国家驰名商标。

目前，湖南省槟榔行业始终保持着平稳持续的发展态势，连续5年销售额以年均15%~20%的速度增长。槟榔产业作为非公经济、民营经济的重要组成部分，已成

---

① 陈君，马子龙，覃伟权，等. 世界槟榔产业发展概况[J]. 中国热带农业，2009（06）:32-34.

为湖南省食品加工业的龙头和支柱产业。另外，槟榔行业属于就业容量大的劳动密集型产业，解决了湖南省30多万人的就业问题，同时带动了包装印刷、广告媒体、运输物流等其他相关产业和上游海南省槟榔种植业的发展。

（二）海南省槟榔种植业发展现状

海南省槟榔栽培历史悠久，品种类型多样，目前栽培品种有本地种、越南种、泰国种和印尼种等，本地种占95%以上。与东南亚的槟榔相比，本地槟榔不仅纤维软、耐咀嚼，而且生物碱含量高，具有明显的质量优势。槟榔一般种植四五年开花结果，10年后达到盛产期，经济寿命在60年以上，平均每株年产青果5~7 kg。近年来，由海南槟榔品种选育而成的新品种，成龄后每株平均年产鲜果约10kg，每亩产（1亩＝667m²）鲜果900~1000kg，每亩槟榔园产槟榔干果250kg左右。

海南省槟榔种植地主要集中在万宁市、琼海市、定安县、屯昌县、乐东黎族自治县等市（县），其产量占全国总产量的95%以上。由于下游湖南省槟榔消费市场不断扩大、加工业持续发展，对原料的需求不断增加，推动了海南省槟榔种植面积的逐年扩大。如今，槟榔已成海南省农民的重要收入来源。目前，海南省约有50万户近230万农民种植槟榔，60%以上的槟榔园树种长势良好，总体挂果率达85%。农民销售青果的收入占总收入的15%左右，槟榔采后初加工可增值超10亿元，同时可吸纳大量农民就业，海南省从事槟榔采后加工、运输、销售等的人员有近10万人。

富硒槟榔是海南槟榔的品牌产品之一。硒在医学界被确认为人体必需的微量元素，有助于人们养生防病和健康长寿，而且食用富硒农产品是人体补硒的途径之一。目前，已探明海南岛具有我国面积最大的富硒土壤，达9545 km²，占全岛总面积的28%以上。最重要的是，海南省土壤不仅富硒比例高，而且清洁、污染少。其中，万宁市是海南省富硒土壤面积分布最大和最集中的市，也是我国槟榔之乡、海南槟榔的主产区，富硒槟榔种植面积约16667.5 hm²，占万宁市槟榔种植面积的39%，占海南省槟榔种植面积的近20%。

目前，海南省槟榔初加工产业已基本摒弃传统的烟熏黑果工艺，完成了转型升级。在每年8—12月进入槟榔采收高峰期，以往这个季节在万宁市、琼海市、定安县等市（县）会出现"村村点火，土炉冒烟，烘烤槟榔"的现象。早在2012年之前，海南省采用土法进行槟榔烘干的初加工户有1万多户。采用土法烟熏火烤加工槟榔，每年要消耗超过30万t木材，相当于3333.5 hm²林材；这种土加工方法，烟雾弥漫，污染环境，会导致二氧化碳排放量严重超标；烤制产生的槟榔焦油、二氧化硫等有害物质残留量较高，对嚼用者的健康不利。现在取而代之的是各种新型环保槟榔初加工设备和工艺，其中环保初加工工艺有空气能热泵烘干工艺、太阳能热泵烘干工艺、煤炉蒸汽烘干工艺、槟榔生物素萃取加工工艺和槟萃封闭循环烟熏工艺。新型工艺的使用使加工的槟榔干果符合食品安全标准，而且节约人工成本达60%，使得节省的劳动力又继续转向槟榔干果的深加工、高附加值企业[①]。

第四节　独特的槟榔文化

槟榔是仅次于尼古丁、乙醇和咖啡因的世界第四大嗜好物品。在全球范围内，至少有6亿人日常嚼用槟榔。在中国就有6000万人嚼用槟榔。槟榔嚼用者主要集中在亚太地区，包括巴布亚新几内亚、柬埔寨、马来西亚及中国；咀嚼槟榔在这些地区是一种世代相传的民俗文化，在世界民族文化和历史发展中具有重要的地位。

一、东南亚和中国南方地区槟榔文化

在东南亚一带，人们自古就形成了嚼用槟榔的生活习惯，且这种风气曾盛极一时。在一些地区，人们还赋予槟榔更深刻的社会意义，将其作为必备品应用于各种重要的礼俗中，其中一些礼俗流传至今，形成独特的槟榔文化。关于槟榔文化的研究，容媛的《槟榔的历史》、陈鹏的《东南亚的荖叶、槟榔》、王四达的《闽台槟榔礼俗源流略考》等有所阐述。

在东南亚和中国南方地区，槟榔与人们的生产、生活息息相关。随着人们对槟榔的认识加深，逐渐形成了与槟榔相关的文化。

---

①傅琪彦，符秀娟，林丽珍，等. 海南省槟榔产业发展现状及对策[J]. 乡村科技，2021（09）:27-32.

（一）嚼用槟榔

中国东汉时已有人认识到槟榔的功效，并掌握了其嚼用方法。汉章帝时议郎杨孚在《异物志》（也称《交州异物志》）中记述："（槟榔）以扶留、古贲灰并食，下气及宿食、白虫、消谷。饮啖设为口实。""古贲灰，牡蛎灰也，与扶留、槟榔三物合食，然后善也。扶留藤，似木防，与扶留、槟榔所生相去远，为物甚异而相成。俗曰：槟榔扶留，可以忘忧。"扶留藤（亦作浮留藤），是藤科蔓生植物，"槟榔扶留"中的"扶留"是指其叶子，即荖叶，亦写作蒌叶、留叶，产于热带地区。"古贲灰，牡蛎灰也"，也称"蛎灰""蛎壳灰""瓦屋子灰"等。"三物合食，然后善也"，说明三物应搭配嚼用，不可或缺；"槟榔扶留，可以忘忧"则反映了人们已体会到搭配荖叶嚼用槟榔的美妙之感。

嚼用槟榔的习俗，自古就在东南亚一带广为流行。中国唐代的刘恂在其《岭表录异》中记载："安南（位于今越南）人自嫩及老，采食啖之，以不娄藤兼之瓦屋子灰竞嚼之……广州亦啖槟榔，然不甚于安南也。"而"久食，令人齿黑。故南人有雕题、黑齿之俗"。时至今日，越南、柬埔寨一些地区的居民以及中国云南西双版纳的傣族、布朗族等还保留此俗。公元7世纪以后，中国史籍中有关东南亚一带居民嚼用槟榔的记载越来越多。关于各地国王出游时常嚼用槟榔的记载有：占城"王每出朝坐，轮使女三十人持剑盾或槟榔从"；渤泥国（今印度尼西亚加里曼丹岛北部）王每出巡，"从者五百余人，前持刀剑器械，后捧金盘、贮香脑槟榔等从"；亚齐（今印度尼西亚苏门答腊全岛）王出外亦命左右侍从"捧槟榔盘后随"；文朗马神（今印度尼西亚加里曼丹岛南岸的马辰）的国王出游，则"以绣女自随，或典衣，或持剑，或捧槟榔盘"。除了国王嗜好槟榔之外，民间百姓也常嚼槟榔。爪哇国（今印度尼西亚爪哇岛）百姓"所食槟榔蒌叶就压腰巾内包裹腹前，行走坐卧嚼砸不止，惟睡时不食。其槟榔椰子类同茶饭，不可稍缺"。占城国百姓"常食曰槟榔，裹以蒌叶，包以蚌灰，食不绝口"。

柬埔寨、缅甸、文莱、越南等地居民至今仍有嚼用槟榔的习惯。柬埔寨的妇女喜欢嚼槟榔，当地女孩子到十一二岁就开始嚼槟榔；男人一般不嚼槟榔，只有出家多年后还俗的男子才嚼。几乎所有缅甸人的家里都备有槟榔。在缅甸的大城市，马路旁边到处可见卖槟榔的小贩，人们一边走，一边咀嚼槟榔，一边吐出红色的唾液。

自宋代起，嚼用槟榔之风在中国的闽广一带也相当盛行。《岭外代答》载："自福建下四川与广东西路，皆食槟榔者……"时广州人嚼用槟榔之风相当兴盛，故有嘲笑广人之语为"路上行人口似羊"。明清时期广州一带居民仍是"日食槟榔口不空，南人口让北人红。灰多叶少如相等，管取胭脂个个同"。中国海南黎族人更是"以槟榔为命""人无贫富皆酷嗜之，以消瘴，能忍饥而不能顷刻去此"。

（二）以槟榔待客及用于婚聘

西晋末年嵇含的《南方草木状》载："槟榔……出林邑，彼人以为贵，婚族客必先进，若邂逅不设，用相嫌恨。一名宾门药饯。"这说明在中国的西晋时期，林邑国居民已将槟榔用于礼待宾客和婚聘活动，槟榔在当地人们的社会生活中发挥着重要作用。东南亚一些地区的居民常把槟榔作为必需品，用以礼待宾客，以表示对客人的尊重和诚意。真腊（今柬埔寨）"其俗有客设槟榔、龙脑、香蛤屑等以为赏"。榜葛拉国（今孟加拉国）"土俗无茶，以槟榔待客"。交趾其俗"入门，以槟榔贻我，通殷勤"。丁机宜"上族客至，以扶留藤、槟榔代茗。若开宴，则人具一大盘"。至今，在东南亚仍有以槟榔待客的习惯。在缅甸，每当客人到来，主人总要拿出槟榔、拌茶和雪茄来招待。除了在东南亚外，在中国南方，以槟榔待客也很常见。宋时，闽广一带，"客至不设茶，惟以槟榔为礼"。在广东有谚语说："槟榔辟寒，素馨辟暑。故粤人以二物为贵，献客必先以槟榔，后以素馨。"明朝孙蕡亦曾云："扶留叶青蚬灰白，盘载槟榔邀上客。"中国明代著名医学家李时珍认为，"宾（槟）与郎（榔）皆贵客之称"。在东南亚一带，槟榔在婚聘活动中也有十分重要的作用。清初屈大均认为蒌叶与槟榔"有夫妇相须之象"，故人们常将其作为聘果相互赠送，并有诗曰："赠子槟榔花，杂以相思叶（指蒌叶）；二物合成甘，有如郎与姜。"正因为槟榔有如此特殊的含义，因此婚嫁中多以槟榔定情，并作为吉祥礼物之一。公元3世纪左右，越南中北部一带的"九真僚，欲婚先以槟榔子一函诣女，女食与即婚"。公元10世纪以后，哥罗国（今马来半岛西岸）居民"嫁娶，初问婚，惟以槟榔为礼，多者至二百盘"。在渤泥国，"婚聘先以酒，槟榔次之，指环又次之，然后以吉贝布，或量出金银成礼"。大泥国（今泰国）亦有此俗，"婚聘之资，先以椰子酒，槟榔次之"。在爪哇国，婚姻"则男先至女家成亲，三人后乃迎回……其亲友邻里俱以槟榔蒌叶线纫花草之类插彩舡而送之，以为贺礼"。可见槟榔在婚聘活动中的重要性。

至今，婚聘活动中以槟榔为礼的习俗在东南亚部分地区仍盛行不衰。马来西亚的马来人新郎所送的聘礼中必备槟榔，新娘家需把新郎带来的蒌叶、槟榔等分给来宾；到娶亲时，娶亲队伍中需有一人手持槟榔盒。而在缅甸达努人、勃欧人和掸人的婚俗中，槟榔既是接待客人的食品，也是一种表示情意的信物。泰国人的迎亲游行也称为"槟榔盘迎亲游行"。成婚之日，新郎要带着彩礼盘和槟榔盘等礼品到新娘家成亲。槟榔盘比其他彩礼盘、食品盘都要大，上面装有槟榔和卷蒌菜。有的还装有槟榔苗，用花布盖在上面。槟榔盘需由男家挑选少女来端，以示郑重。新娘家也需从自己家里挑选一名小女孩，手托槟榔盘，在门前迎接男家。迎亲队伍到新娘家时，媒人或男方伴郎接过小姑娘手中的槟榔盘并给谢礼。然后，女方收下男方的槟榔盘和彩礼盘等礼品，并宴请参加婚礼的宾客。在新加坡华人的婚姻彩礼中，也必备槟榔，槟榔象征郎，即丈夫，所以女方接受整串槟榔后只留下一粒，其余给男方带回家，以示女方终身只伴一个郎。印度尼西亚萨萨克人的婚后回门礼、萨凯人的婚俗以及越南康人的入赘婚俗、泰人的逃婚等，槟榔、蒌叶都作为重要的物品而名列其中。

在中国南方，人们也常把槟榔用于婚聘中，尤其以广东为重。翻看广东各地县志，对如此独特的风俗均有记载，如《广东新语》："琼俗嫁娶，尤以槟榔多寡为辞。"

（三）其他方面

槟榔还在其他方面发挥着特殊的作用，并由此衍生一些特殊的槟榔文化。槟榔常用于祭祀活动中。在缅甸，有"取（槟榔）以供佛"的习俗。在柬埔寨的传统节日"亡人节"中，槟榔也是祭祀先祖的用品之一。而在中国海南岛，人们用槟榔来缓和矛盾，如有甲乙双方争斗，甲献槟榔给乙，则乙怒立解，"至持以享鬼神，陈于二伏波将军之前以为敬"。槟榔还被用于一些岁时民俗及特殊的礼仪中。老挝的"糕饼节"，人们会把糕饼和槟榔、蒌叶、烟叶等物品一起向佛教僧侣布施，同时拿来祭祀去世的亲人。缅甸传统的僧侣"考试节"，僧侣到首都考试时，必有手持金槟榔盒的导行队伍。马来西亚马来人举行摆腹生育礼和信仰伊斯兰教的马来人举行割礼，事前准备的物品里必有一盘蒌叶和槟榔，事毕则把其连同其他物品全部送给接生婆或割礼师。缅甸人在举行剃度礼时，在浩浩荡荡的游行队伍里，必有手持槟榔盒和花盒的姑娘随行。印度尼西亚穆纳岛的少女成年礼最后的仪式，就是把槟榔花杂以荖叶及配料放到河面上，任其随河水漂流，如花沉没，则预示少女的婚事不顺利。而在中国海南岛，大年初一幼者给长者献槟榔，长者则给幼者封上红包一个。在广东，每逢农历七月十四日的盂兰会，人们会相互赠送槟榔。

在东南亚，人们除了喜食槟榔之外，还把槟榔作为重要物品应用到各种习俗中，这是因为槟榔在他们眼中是吉祥、幸福的象征。在越南，关于槟榔有一个流传甚广的美丽的民间传说：有两兄弟，一个叫槟，一个叫榔，相貌酷似，二人相依为命。但当哥哥成亲后，则对弟弟冷淡，于是弟弟出走了。途中无船过河，弟弟独坐恸哭而死，化成一树。哥哥寻弟至此，则吊死树上，化作石头盘在树根。嫂嫂寻夫至此，抱石而亡，变成藤缠在树干上。树即槟榔树，藤即荖藤，石头为石灰质岩石。不久国王寻访到此，发现了三者合食的妙处。从此，槟榔果成为婚嫁中的必备物品，既是聘礼，也是定情信物，以此表达新婚夫妇渴望婚姻美满的愿望。类似的传说在中国海南岛亦有流传。此外，在柬埔寨安东王朝时期，妇女牙齿不黑被认为不美，而越南的妇女则视黑齿红唇为传统美的标志。由于嚼用槟榔可以令唇红齿黑，因此嚼用槟榔就成为当地妇女追求美的一种特殊方式[①]。

二、印度半岛槟榔文化

考古学证据表明，槟榔的嚼用历史起源于近3000年前的印尼群岛等热带地区。在印度的一些寺庙中，槟榔可作为一种祭品供奉神灵。研究发现，家庭和文化传统会增加槟榔使用的可能性，一些槟榔使用者认为咀嚼槟榔是对本地传统文化的一种认同。在印度，槟榔嚼用者认为槟榔产品可以缓解紧张感，使注意力集中，消除口臭并提神。在缅甸，嚼用槟榔的习俗与男子气概联系在一起，并认为嚼用槟榔对社交和商业互动至关重要。不丹的一项研究发现，如果超过50%的家庭成员嚼用槟榔，那么此家庭其他成员嚼用槟榔的概率是没有嚼用槟榔习惯的家庭的14倍[②]。以印度为主的南亚国

---

① 王元林，邓敏锐. 东南亚槟榔文化探析[J]. 世界民族，2005（03）:63-69.

② 刘正刚，张家玉. 清代台湾嚼食槟榔习俗探析[J]. 西北民族研究，2006（01）:46-51.

家居民主要利用成熟槟榔的种子部分，在多数情况下添加烟草以加工成多种食品。

槟榔在汉代随着"南方丝绸之路"进入中国，从那时起，嚼用槟榔逐渐成为湖南、台湾和海南等地难以割舍的地方文化。

三、中国槟榔文化

（一）台湾槟榔文化

明末清初，闽粤民众移居台湾，槟榔嚼用方式与礼俗文化也传播到台湾。台湾人嚼用槟榔的最初原因，应是它的药用价值。地处热带、亚热带的台湾，其全面开发始于明末以后，在开发之初，仍属"瘴疠"之地。清初郁永和在《裨海纪游》卷中记载："人言此地水土害人，染疾多殂。"究其原因，"特以深山大泽尚在洪荒，草木晦蔽，人迹无几，瘴疠所积，入人肺肠，故人至即病"。对于那些刚进台湾的移民来说，"瘴疠"便成了死神的代名词。而一种向阴生长，名曰大腹子的槟榔，是"瘴疠"的克星，其"实可入药"，"和荖藤食之，能醉人，可祛瘴"。槟榔和荖叶的药物功效，使得移民进入台湾后，不论贫富，不问老壮，皆嚼不离口。因是移民在开发烟瘴之地台湾时防御疾病的重要良药，是吉祥之物，久之，嚼用槟榔便成为一种时尚。

嚼用槟榔，除了可以"祛瘴"之外，对人体亦有药学保健、美容之功效。经常嚼用槟榔能起到保持口腔卫生、防治牙齿疾患的作用。初食槟榔，会感觉辛辣无比，额头发汗。正是这种对神经的强烈刺激作用，促进了人体血液循环，因而久食之，又能使人面部及口唇红润。对女性而言，嚼用槟榔有代替化妆时用的胭脂的效果。正如光绪《恒春县志》卷十四《艺文》载竹枝词所说："嚼得槟榔红满口，点唇不用买胭脂。"长期嚼用槟榔会导致"齿黑"的副作用，然而在长时间的文化传承中，这种"唇红齿黑"的现象并没有被否定，女子反而以此为美，并最终发展成为一种时尚文化。如"台之南路，最重槟榔，无论男女，皆日咀嚼不离于口。食则齿黑，妇人以此为美观，乃习俗所尚也"。台湾竹枝词云："槟榔何与美人妆？黑齿犹增皓齿光；一望色如春草碧，隔窗遥指是吴娘（台中妇女，终日嚼槟榔；嚼成黑齿，乃称佳人）。"可见，对于女性来说，嚼用槟榔竟能一举两得。这也许是女性槟榔不离口的一个秘密，出现女性"饱啖槟榔未是贫，无分妍丑尽朱唇"的现象。台湾女性以黑齿为美的审美观念，直到晚清以后才逐渐发生变化。

由于人们对槟榔的喜爱，导致台湾社会嚼用槟榔成风，并造成社会的奢靡倾向。文献记载："士人啖槟榔，有日食六七十钱至百余钱者，男女皆然。惟卧时不食，觉后即食之，不令口空……闻有一富户，家约七八口，以五十金付货槟榔者，令包举家一岁之食；货槟榔者不敢收其金，惧伤本也。贫窭之家，日食不继，每日槟榔不可缺，但食差少耳，相习成风，牢不可破。"康熙《诸罗县志》卷八《风俗志·杂俗》记载："男女咀嚼，竞红于一抹，或岁糜数十千，亦无谓矣。"道光十年周玺《彰化县志》卷九《风俗志·汉俗·杂俗》称："或日费百余文，黑齿耗气，不知节矣。"一些普通家庭甚至出现"饥餐饱嚼日百颗，倾尽蛮州金错囊"的社会现象。因此，有识之士不断指责这一风气，认为将槟榔、蛎灰、扶留藤"三物合和，唾如脓血，亦恶习也"。嚼用槟榔的奢靡现象固然存在，但从一个层面，可透视出台湾人爱嚼槟榔的浓厚社会风气。

（二）海南绿色槟榔文化

海南省是中国最大的槟榔种植基地，有着悠久的栽培历史。从宋朝开始，海南成为槟榔的主要种植地之一。

《正德琼台志》和《万历儋州志》记载了槟榔的社交和婚礼习俗功能。"以槟榔为命……亲宾往来，非槟榔不为礼。至婚礼媒妁通问之初，其槟榔……凡女子受聘者，谓之吃某氏槟榔。"槟榔在人们日常社会交际活动中成为重要礼品。朋友见面互赠槟榔以示尊重；客人来访以槟榔代茶表达对客人的敬重。槟榔成为婚姻缔结过程的载体，几乎有槟榔习俗分布的地方都把槟榔运用于婚礼中，在用量上各地不尽相同，澄迈和定安动辄数以千万计，除用于婚礼外，也成为人们在日常生活中礼尚往来和约定俗成的礼物载体。

海南黎族的聚居地，槟榔树亭亭玉立，成片成林，特别是乡镇和山村随处可见。这个民族的人都爱种植槟榔，嚼槟榔。"一口槟榔大过天"，也是黎族社会里常听到的谚语。在黎寨上，人与人之间发生纠纷，村与村之间发生矛盾，只要双方能承接一口槟榔，矛盾就会立即化解，这就是黎族社会中一口槟榔所表现出来的分量，也是槟榔文化促进社会和谐、民族团结的分量。

槟榔在黎族的婚恋生活中，所担任的角色是举足轻重的。黎族的婚俗，离不开槟榔。明末清初文人屈大均在《广东新语》里说："粤人最重槟榔，以为礼果，款客必先擎进，聘妇者施金染绛以充筐实，女子既受槟榔，则终身弗贰。而琼（海南）俗嫁娶，尤以槟榔之多寡为辞。"

黎族有个"三月三"节，这是青年男女以槟榔为主题的谈情说爱盛会。"三月三"节，在春夏之交举行，黎族青年男女集聚在山野里，他们互送槟榔，尽情地玩耍；他们生起篝火，对唱情歌，随着幽雅的鼻箫声、细细的话语声，一对对情侣互相追求，通宵达旦[①]。

（三）湖南槟榔文化

湖南也是"瘴乡"，虽然不适合种植槟榔树，但百姓依然需要用槟榔果"疗瘴"。所以，就发明了"灰汁煮熟""火焙熏干"的"停久"之法。此法本意为长久贮存槟榔果，孰料到了今天，竟衍生出五花八门各类吃法，以致"饮啖设为口实"成为主流，驱虫御瘴反倒沦为附庸。这恐怕是古人没有想到的。湖南有句俗话说："饱吃槟榔饿吃烟""饭后嚼槟榔，健胃保牙框"。可见，槟榔在湖南人心目中自古就与香烟、名茶齐名。"高高的树上结槟榔，谁先爬上谁先尝，小妹妹提篮抬望眼，低头又想，他又壮，他又美，谁人比他强？赶快叫一声我的郎！……"，《采槟榔》这首著名的民歌出自湖南人之口。嚼着口味各异的槟榔，哼着《采槟榔》歌曲，心直口快的湖南人还编出了饶有风趣的谜语来，说："扑嗒一只拱，向天一条缝，进去笨硬的，出来韧软的。"可见湖南人嚼槟榔还嚼出了丰富多彩的槟榔文化。

当下的湘潭街头，嚼槟榔的人和贩卖槟榔的摊点随处可见。人们探亲访友必送槟榔，逢年过节在家中备有槟榔待客。新人结婚时，为进门的客人递一根烟、一枚槟榔。老友见面，先敬上一口槟榔。宴席上，"槟榔佩烟，法力无边""槟榔就酒，越喝越有"的民间俗语层出不穷……关于槟榔的种种习俗显示出其嚼用的普遍性，在此背景下，进了杂货店却找不到槟榔的踪迹，反成不合常理之事。湘潭已经形成一种槟榔文化，在各类节日庆典、宗教仪式、日常娱乐、社会交往、家庭生活中处处都有槟榔的身影，槟榔已融入湘潭人的日常生活之中了。更为重要的是，与槟榔产地的嚼槟榔习俗相比，湘潭早已衍生出一套具有地方特色的槟榔文化体系。

[①] 邢植朝.对台湾高山族和海南黎族槟榔文化的探究[J].清远职业技术学院学报，2012（01）:1-8.

1. 特有的嚼用标准

湖南与海南、台湾等槟榔产地普遍嚼用鲜果槟榔不同，湘潭人多嚼用干果槟榔壳（很多产地流行嚼槟榔核），这种嚼法可能是在药物槟榔（方便运输和储存）的基础上演变而来的。新鲜槟榔摘下后需要在海南等地用火烟熏着色后再运至湖南，用石灰、红糖、桂子等配料制作的卤水进行煮制。早在清代和民国时期，湘潭已在干果槟榔的基础上，创造出了白槟榔、桂子槟榔、玫瑰槟榔、芝麻槟榔等多个品种，并对碱性过重的石灰槟榔进行了改良（初食者嚼在口里会满嘴起泡），并借助红糖、桂子油、玫瑰油、芝麻、葡萄干、枸杞等辅料，将其改造成了一种老少皆宜的零食。另外，湘潭人一般将槟榔级别从次到好分为统子、中子、上子和"究脑壳"。"究脑壳"是极具湘潭语言特色的称谓，也是湘潭槟榔等级划分中最重要的一个概念，代表着质量最好、形状最佳、价格最贵的槟榔类型。

2. 特有的加工技艺

由于湘潭地区特有的干果槟榔嚼用传统，便衍生出一套具有地方特色的槟榔加工技艺。湘潭槟榔的大致流程：秋末摘下青果槟榔后需要先用水煮出酸汁，晾干去水后并置于烘灶上用烟熏制，使青果变成乌黑皱皮的干果。湘潭槟榔商户拿到干果后，各家各户会自己制作特有的槟榔卤水，卤水制作涉及生石灰水的熟化、熟石灰水的过滤、石灰水的熬制、饴糖及配料（薄荷、桂子、食用盐、香料等）等基本过程。槟榔商户会根据消费人群的不同年龄、不同性别、不同地域、不同口味以及不同消费层级，有针对性地制作出不同类型的槟榔品种，因此在湘潭大街小巷中随处能看到各类打着自家名号的槟榔摊点，如"牛哥槟榔""张新发槟榔""龙少爷槟榔"等。20世纪90年代湘潭槟榔业发明了真空包装和机器加工后，当地槟榔口味才逐渐趋于统一。但目前湘潭仍有上千家自主制造槟榔的家庭商铺，因此湘潭槟榔产业早期雏形都是由以家庭为核心的传统手工作坊逐步发展而来的。

3. 特有的历史记忆

2000年以前，湘潭民众对于槟榔的认识大多停留在普通消费品和日常咀嚼品的层面上。2000年以后，随着槟榔企业和品牌化的快速发展，关于湘潭槟榔的文化与历史才开始在民间社会快速传播，一定程度上也促进了湘潭槟榔产业的发展。例如，湖南皇爷食品公司旗下的槟榔品牌张新发，近年来便挖掘出了以张新发为主线的各类历史故事、人物传说和生产技艺等。其门店外观被统一设计为红砖绿瓦式的、极具老字号特色的装饰风格，店内背景墙上显著的"百年张新发"字样也时刻提醒消费者其悠久历史。"张新发槟榔制作技艺"在2014年、2016年还先后入选湘潭市第三批"非遗"名录和湖南省第四批"非遗"名录，甚至在宣传中打上湘潭槟榔文化象征的旗号。事实上，近年来湘潭槟榔产业在全国乃至境外的快速传播和品牌化的发展，一定程度上推动了湘潭民众对于本地槟榔历史和文化的关注。但我们也应正视，湘潭的槟榔文化早已融入了跌宕起伏的城市历史、各具特色的摊铺技艺、千家万户的日常生活中，并非某一类槟榔企业或品牌能轻易代表的。

4. 特有的地域符号

在全国各地的超市和商铺中，以"湘潭铺子""湘潭老字号"为广告的包装槟榔随处可见。历史上长沙、株洲以及湖南其他各地嚼槟榔的习俗多以湘潭为中心传播开去，我们可以较清晰地发现，湘潭槟榔产业经历了从最初的外地引入，到后期的本地改良，再到现在的对外传播的发展历程。近年来湘潭槟榔的快速传播，无形中也成为一种象征湘籍人口地域身份和族群认同的商品符号，比如广东的湖南人数量众多，大家看到嚼用槟榔的人的第一反应就是他肯定是湖南人或湘潭人。湖南人在全国各地见面时相互递槟榔的行为，已经变得与熟人递烟一样普遍。2018年，湘潭市政府成立"槟榔办"，对外宣称要"打造中国槟榔文化名城，大力弘扬槟榔文化，扩大湘潭槟榔品牌价值和影响力，确保槟榔产业销售收入3年实现300亿元，5年实现500亿元的目标"。可见，湘潭地方政府将地域经济与槟榔产业相互绑定的发展规划，一定程度已预示了湘潭槟榔的商品符号在全国范围内的传播与展演将会愈演愈烈[①]。

---

① 周大鸣. 湘潭槟榔的传说与际遇[J]. 文化遗产，2020（03）:73-81.

第二章
槟榔的现代认识

第一节　槟榔的化学成分及功效研究

　　槟榔是一种纤维素含量较高的热带植物，含有多种人体所需的营养元素和有益物质，是一种含有生物碱的植物。新鲜槟榔果中含有丰富的维生素C、槟榔碱、还原糖等营养成分，槟榔烟果含有较多的纤维素、蛋白质等物质，槟榔子中则含有较多蛋白质、还原糖、粗脂肪等能量物质。

一、化学成分

（一）生物碱

　　槟榔的主要活性成分为槟榔碱（Arecoline，$C_8H_{13}O_2N$）、槟榔次碱（Arecaidine，$C_7H_{11}O_2N$）、去甲基槟榔碱（Guvacoline，$C_7H_{11}NO_2$）等碱类，其次为酚类物质（包括缩合鞣质、水解类鞣质及非丹宁类黄烷醇等），除此之外还含有多种矿物质、氨基酸、挥发油、木质素、甘露糖、半乳糖、γ-儿茶素、β-谷甾醇、树脂、无色花青素（Leucocyanidin）、槟榔红色素（Areca acid）、儿茶精花白素及皂苷、胆碱等。槟榔味苦、辛，性温，归胃、大肠经，具有抗流感病毒、驱虫、抗菌、促消化、延缓衰老、抗抑郁等多种活性,素以"长寿食品"和"微型营养库"著称。槟椰果中含总生物碱0.3%~0.6%，其中主要为槟榔碱（Arecoline），其余为槟榔次碱（Arecaidine）、去甲基槟榔次碱（Guvacine）、去甲基槟榔碱（Guvacoline）、槟榔副碱（Arecolidine）、高槟榔碱（Homoarecoline）及异去甲基槟榔次碱（Isoguvacine）等。槟榔碱含量0.3%~0.63%，槟榔次碱含量0.31%~0.66%，去甲基槟榔碱含量0.03%~0.06%，去甲基槟榔次碱含量0.19%~0.72%。嚼用槟榔能够使人精神产生亢奋，提神醒脑，主要就是由于槟榔碱的作用，槟榔对代谢及肠胃运动、肾等器官和细胞都会产生一定的影响，如槟榔碱对大鼠肠道中分离的 α-淀粉酶有明显的抑制作用，槟榔碱还可以抑制大鼠离体肾上腺体中儿茶酚胺的释放，对细胞具有毒性作用，长期服用槟榔碱会对口腔黏膜、神经、心脑血管、消化、内分泌、生殖系统等多个全身系统造成危害。有文献显示长期服用槟榔还会对肝脏产生毒性，引起血清转氨酶和碱性磷酸酶的升高，因此在临床工作中，对有槟榔咀嚼史的口腔癌患者进行治疗时，不可忽视其对肝脏的影响。这也意味着在进行口腔癌放、化疗时，要密切注意患者肝脏功能对放、化疗耐受的影响。

（二）脂肪酸

槟榔种子中含脂肪约14%，其中含量较高的脂肪酸是亚油酸32.12%、油酸29.5%、棕榈酸27.7%，表明槟榔的脂肪酸中既含高含量的饱和脂肪酸（棕榈酸），又含高含量的多不饱和脂肪酸（亚油酸）。

（三）氨基酸

槟榔中还含有氨基酸，《中药志》记载槟榔中脯氨酸15%以上、酪氨酸10%以上。并含苯丙氨酸、精氨酸及少量色氨酸和甲硫氨酸。

（四）槟榔油

槟榔种仁中所含的主要脂肪酸是亚油酸、油酸、裟榈酸和硬脂酸，其中不饱和脂肪酸总量占到了60%。亚油酸能够使胆固醇酯化，从而使得血清和肝脏中的胆固醇水平降低，同时能够一定程度地预防糖尿病；因为亚油酸能抑制动脉血栓的形成，所以能预防心肌梗死的发生；亚油酸对维持机体细胞膜功能也起着重要作用。油酸不会引起人体血液中的胆固醇浓度的增加，而且可以减少血液中的低密度脂蛋白胆固醇，可是不会降低甚至提高血液中的高密度脂蛋白胆固醇，能够有效地预防和治疗冠心病、高血压等各种心血管疾病。槟榔油功能活性成分多，根据文献记载，进行槟榔油对大鼠的急性毒理试验，动物均未见明显的毒性症状，体重未见明显影响，各主要生命器官剖检均未见异常。

（五）鞣质（酚类物质）

Lee等人从槟榔里面分离出了酚类物质并证实其具有抗衰老的作用，槟榔提取物具有抗氧化作用，对 H_2O_2 引起的中国地鼠V79-4细胞的氧化性损伤有保护作用，能够增强该细胞中的超氧化物歧化酶、过氧化氢酶及谷胱甘肽过氧化物酶活性，这说明槟榔是一种含有抗氧化活性成分的药用植物。最近有学者研究指出槟榔提取液多酚能够抗泰国最危险眼镜蛇 *Naja kaouthia* 毒液的活性，开辟了槟榔的临床应用。除此之外，还有文献报道嚼et 槟榔具有止睡、壮阳、保持精力、提高警觉度及工作能力等积极作用。

（六）其他

槟榔中含有多聚糖、生物碱和酚类物质，此外还有黄酮类、槟榔红色素及皂苷等。其中包括5个黄酮类成分——异鼠李素、槲皮素、甘草素、（+）－儿茶素、5,7,4′－三羟基-3，6-二甲氧基-3′，5′－二异戊烯基黄酮；3个酚类成分——反式白黎芦醇、阿魏酸、香草酸；3个甾体类成分—过氧麦角甾醇、豆甾－4－烯－3－酮、β－谷甾醇；2个其他成分——环阿尔廷醇、de－O－met hyllasiodiplodin（去甲基毛狄泼老素）。

二、槟榔微量元素的研究

（一）引种地对中药槟榔微量元素含量的影响

海南、广东产槟榔与进口槟榔共含Fe、Cu、Mn、Zn、Ni、Mo、Co、V、Cr、Sn、Sr十一种人体必需金属微量元素。

除Mn、Sr两种元素外，广东产槟榔Fe、Cu、Zn、Ni、Mo、Co、V、Cr、Sn九种元素含量均与进口槟榔接近。

海南产槟榔Fe、Cu、Mn、Zn、Ni、Mo、Cr、Sr八种元素含量与进口槟榔接近。

Pb、As、Cd三种微量元素对人体毒性较大，广东、海南产槟榔Pb、As、Cd含量均较低，其Pb含量分别为0.82×10^{-6}和0.10×10^{-6}，低于进口槟榔所含的1.06×10^{-6}；Cd含量分别为0.16×10^{-6}或未检出，低于或等于进口槟榔所含的0.16×10^{-6}；广东、海南产槟榔与进口槟榔相同，均未检出As。

综合槟榔碱含量及微量元素含量分析结果，可见广东产槟榔质量明显优于海南产槟榔，其质量已达到甚至优于进口槟榔的水平。

（二）采收期对中药槟榔微量元素含量的影响

海南产槟榔含Fe、Cu、Mn、Zn、Cr、Ni、V、Sr、Sn、Mo十种人体必需微量元素，而同产地槟榔青果中的未成熟种子不含Cr、Sn、Mo三种元素；海南产槟榔中未检出的微量元素Co，在未成熟种子中则达4.42×10^{-6}；其余人体必需微量元素含量也多有显著差异。

槟榔未成熟种子Pb含量已达2.21×10^{-6}，是同产地槟榔Pb含量的20余倍。Pb对人体危害较大，Pb含量剧增，显然会影响其质量。

故仅从微量元素含量来看，槟榔未成熟的种子是不宜入药的。

（三）槟榔不同部位中微量元素的含量

槟榔果皮为中药大腹皮，有行气利水之功效，槟榔雄花花蕾为中药槟榔花，有芳香健胃之功效，果皮中所含人体必需微量元素种类与未成熟种子相同，均含有Fe、Cu、Mn、Zn、Ni、V、Sr、Co八种元素；而槟榔花除了含有上述八种元素外，尚含Sn元素；槟榔成熟种子不含Co，却多含Cr、Sn、Mo三种元素。其中Zn、Mn、Ni、V、Co、Sn含量以槟榔最高，Fe、Cu、Cr、Mo含量以槟榔成熟种子最高。而对人体有害的Cd主要积累在果核，因此日常建议去核后再嚼用。

三、槟榔的功效研究

（一）驱虫作用

槟榔碱是有效的驱虫成分。对猪肉绦虫有较强的瘫痪作用，使全虫各部都瘫痪，对牛肉绦虫则仅能使头部和未成熟节片完全瘫痪，而对中段和后段的孕卵节片影响不大。在体外实验中对鼠蛲虫也有麻痹作用。槟榔碱可使蛔虫中毒，而对钩虫无影响。给小鼠灌服槟榔与雄黄、肉桂、阿魏混合的煎剂，对血吸虫的感染有一定的预防效果，但与槟榔萱草根、黄连及广木香一起用于治疗小鼠血吸虫病则无效。

（二）抗真菌、病毒作用

水浸液在试管内对堇色毛癣菌等皮肤真菌有不同程度的抑制作用。煎剂和水浸剂对流感病毒甲型某些株有一定的抑制作用，抗病毒作用可能与其中所含鞣质有关。

（三）对胆碱受体的作用

槟榔碱的作用与毛果芸香碱相似，可兴奋M–胆碱受体引起腺体分泌增加，特别是唾液分泌增加，滴眼时可使瞳孔缩小，另外可增加肠蠕动、收缩支气管、减慢心率，并可引起血管扩张、血压下降，动物兔应用后引起冠状动脉收缩。1%溶液用于青光眼可降低眼压，但作用持续较短，且对角膜有明显的刺激性。增加肠蠕动，促使被麻痹的绦虫排出。也能兴奋N–胆碱受体，表现为兴奋骨骼肌、神经节及颈动脉体等。对中枢神经系统也有拟胆碱作用，猫静脉注射小量槟榔碱可引起皮层惊醒反应，阿托品可减少或阻断这一作用。

（四）其他作用

小鼠皮下注射槟榔碱可抑制其一般活动，对氯丙嗪引起的活动减少及记忆力损害则可改善。已证明槟榔中含有对人的致癌质。平时嚼用槟榔者味觉减退，食欲增进，牙齿易动摇，腹泻少，咽痛少，槟榔可治腹痛，可能是其中含有大量鞣质之故。此外嚼用槟榔者肠寄生虫少，口渴的感觉少，可能与槟榔碱的作用有关。

四、槟榔的毒理研究

（一）急性毒性研究

1.灌胃给药LD_{50}测定
小鼠按体重、性别随机均匀分为5组，每组10只，实验前禁食12h，不禁水，槟榔口服液按等比级数用蒸馏水稀释成所需的不同浓度，按体重依次灌胃观察1周内小鼠的毒性症状和死亡率，中毒小鼠表现活动减少，呼吸困难，最后惊厥死亡，死亡均发生在给药后1h内，按孙瑞元改良综合计算法计算其LD_{50}及95%可信限（X±SD）为（18.87±4.3）g/kg。

2.皮下注射给药测定

小鼠按性别、体重随机均匀分为4组，每组10只，实验前不禁食，槟榔口服液按等比级数用蒸馏水稀释成所需不同浓度，按0.1mL/10g体重1次皮下注射，观察1周内小鼠的毒性症状和死亡率，中毒小鼠表现松毛，活动减少，继而呼吸困难，最后惊厥死亡，死亡均发生在40min内，按孙瑞元改良综合计算法计算其LD_{50}及95%可信限为（9.76±1.7）g/kg。

（二）长期毒性研究

按中华人民共和国卫健委《新药审批办法及有关法规汇编》（附件五《新药药理，毒理研究》）的技术要求。大鼠按性别、体重随机分为4组，每组20只，雌雄各半给药分组为低、中、高3个剂量组，每天槟榔口服液灌胃1次，连续2周，容积固定为体重，对照组给予等容积的蒸馏水，给药前和7d、14d分别测定各组动物的体重和心电图，同时眼眶静脉丛取血检查肝、肾功能，白细胞总数及分类，血红蛋白等各项指标。在给药后第14d处死各组动物15只，肉眼观察心、肺、肝、肾的变化，并做高剂量组和对照组的病理检查，高剂量组于停药7d后处死5只，观察停药后恢复情况，一般情况为，各组动物的行为活动如常，无腹泻及便秘现象，食欲良好，体重增加与对照组无明显差别。

（三）致毒性研究

1.致畸作用

目前对槟榔的胚胎毒性研究得较少。但作为诱变作用的后果之一，产生这种效应的可能性是完全存在的。有文献报道了槟榔对小鼠的胚胎毒性，在母鼠妊娠的第6—15d，给小鼠摄入加工和未加工的成熟槟榔果实水提取物，母鼠在分娩前处死，观察加工和未加工组的胎鼠变化。结果发现，上述处理导致吸收胎和死胎增加，胎鼠体重呈剂量相关的减少，形态学、内脏和骨骼缺陷不明显，但可见头部血肿、尾弯曲和少数肋骨异常，胎鼠骨骼成熟推迟，尾椎骨化的胎鼠数减少，第五掌骨未骨化的胎鼠数增多，尤其是未加工组最明显。

2.致突变作用

槟榔煎剂给小鼠1g的LD_{50}为$120 \pm 24g/kg$。槟榔碱给小鼠ig的MLD为100mg/kg，犬的MLD为5mg/kg，马的MLD为1.4mg/kg。大鼠1g槟榔铋碘化合物的MLD为1g/kg，给药后15min出现流涎、腹泻、呼吸加快、烦躁等症状，1.5—2h死亡。犬用0.44mg/kg氢溴酸槟榔碱1g，可引起呕吐与惊厥。Ramesha R A报道给怀孕6—15d大鼠以1、3、5mg/（d·只）的剂量服用生槟榔或制槟榔的总水溶性提取物，结果发现槟榔对大鼠胚胎具有一定毒性作用，可使活胎儿体重减轻，骨骼成熟延迟，甚至造成死胎。Panigrahi G B报道槟榔总水提物及其鞣质对小鼠骨髓细胞姐妹染色体交换（SCE）频率的影响，给小鼠1p槟榔总水提物12.5、25、50mg/（g·5d），结果显示SCE频率随剂量增加而升高，而连续注射50mg/（g·10d）、25mg/（g/15d）或50mg/（g·15d）槟榔总水提取物后，SCE频率显著下降，说明槟榔总水提取物在低剂量短时间作用下可产生诱变作用。给小鼠1p槟榔鞣质50、100、200μg/（g·5d），结果表明，SCE频率未见明显升高，而连续注射200μg/（g·10d）、100μg/（g·15d）、200μg/（g·15d）槟榔鞣质后，SCE频率则显著升高，说明槟榔鞣质在长时间高剂量作用下具有诱变作用。

3.致癌作用

另据Tanaka T等报道，给大鼠饮服含5×10^{-6}诱癌物质4-硝基喹啉 1-氧化物（I）的水112d后，加服含20%槟榔的饲料280d，结果发现加服槟榔的大鼠舌上肿瘤的发生率明显高于只饮I的大鼠；另给大鼠口服含200×10^{-6}的另一种诱癌物质N-2-芴基乙酰胺（FAA）饲料56d后，加服含槟榔的饲料112d，结果发现加服槟榔的大鼠肝细胞发生癌变的数目显著高于只服FAA的大鼠。这一结果表明，嚼用槟榔对4-硝基喹啉1-氧化物诱发的口腔癌、N-2-芴基乙酰胺诱发的肝癌具有促癌变作用。

综上所述槟榔对哺乳动物和人类的"三致"危害是客观存在的，我国作为一个生产、使用和销售槟榔较多的国家，如何充分发挥槟榔对人类的有益作用，而尽可能控制其对人体产生的危害，是一个有实际意义的课题。

第二节　我国槟榔的安全性研究

槟榔既是常用中药材之一，也是许多地区的传统休闲咀嚼品。药用槟榔在中国至少已有 1800 多年的使用历史，其性温，味苦、辛，具有杀虫消积、行气利水、截疟的功效，仅在《中国药典》（2020年版）中收录的以槟榔为原材料的成方制剂就多达 60 种，可见槟榔在我国传统中药中的应用十分广泛。嚼用槟榔的习俗则可追溯到北宋时期，因岭南地区潮湿地热，且素有"瘴乡"之称，而槟榔能"疗诸疟，御瘴疠"，故人们开始大量嚼用槟榔来抵御瘴毒。《本草图经》中也提到"岭南人啖之以果实，言南方地湿，不食此无以祛瘴疠也"。

一、槟榔安全性问题的争议

2003 年，槟榔被世界卫生组织国际癌症研究机构认定为一级致癌物，引发了国内对槟榔致癌风险的高度关注。然而，经多位知名专家讨论后认为，槟榔及其复方制剂作为我国传统中药，在临床上具有良好的疗效，其安全性与长期"嚼槟榔"存在的健康风险不能混为一谈。咀嚼槟榔容易导致口腔癌，这主要与槟榔含有的化学物质经咀嚼后形成致癌化合物——硝胺类物质有关，有文献指出从嚼槟榔的人唾液中检测出 3 种亚硝胺类物质。槟榔质硬，易使口腔黏膜受损，特别是用蒌叶（或称为椰叶）和石灰包裹后对口腔的磨损更厉害，经常嚼用使口腔黏膜处于受损状态，增加癌变概率。烟草（包括嚼用和吸烟）与槟榔共嚼加速口腔癌的形成，目前，槟榔的毒性报道主要集中于槟榔的嚼用产品上，包括槟榔果、槟榔干及其他槟榔制品等，但在实际临床应用中关于药用槟榔的安全性争议很少，且按照《中国药典》（2020年版）所记载的临床用药配伍及剂量使用，槟榔饮片尚未出现相关不良反应的报道，并且槟榔不属于国家明令限制流通的28种毒麻中药材及中药饮片（砒霜、生半夏、生马钱子、生川乌、生草乌、生附子、水银、生南星等）。

二、槟榔安全性评价

槟榔不属于国家明令限制流通的 28 种毒麻中药材及中药饮片。槟榔在中国至少已有 1800 多年的药用历史，在魏晋的《名医别录》中被列为中品。根据国家卫生部发布的卫法监发〔2002〕51 号《卫生部关于进一步规范保健食品原料管理的通知》和有关新食品原料、普通食品名单汇总公告，槟榔并不在该汇总名单中。但是槟榔作为食品，在中国已有大量的上市产品。2013 年湖南省修订了《食用槟榔》的地方标准，提议嚼用槟榔外包装中应注明"敬告：过量嚼食槟榔有害口腔健康"或关于嚼用安全的"温馨提示"，但至今该修改的地方标准仍未颁布，不过部分市售嚼用槟榔外包装上已开始注明警示语。

三、国内外有关槟榔安全性的报道

（一）致癌性

早在 1992 年，托马斯（Thomas）和麦克·伦南（Mac Lennan）在《柳叶刀》中对槟榔果可能具有致癌性发表了研究报道，研究者调查了 169 例巴布亚新几内亚地区的口腔癌患者，其中 77% 的患者有将涂抹石灰粉的蒌叶卷着槟榔嚼用的习惯，且咀嚼的部位就在癌细胞的发病部位，研究者同时还提到这可能与咀嚼部位 pH 升高至 10 左右，促使活性氧物质产生有关，这种物质能够促使石灰粉诱导癌细胞增殖，目前已有较多的非临床研究结果显示槟榔及其主要成分槟榔碱在大剂量使用下具有致癌、致畸、致突变的作用，一些文献也报道嚼用槟榔与口腔癌可能具有一定的相关性，例如以下这几种因素可能增加口腔癌风险：①用量大；②咀嚼时间长；③同石灰、烟草或蒌花等一起嚼用等。然而，目前未检索到关于药用槟榔致癌的报道与病例，但药用槟榔与嚼用槟榔来自同一种基原植物，因加工方式、化学成分、使用剂量、使用时间有所区别，虽无法直接套用嚼用槟榔致癌的结论，但也不排除药用槟榔的可能性，故在临床运用中需提高警惕，特别对婴幼儿或体弱者需要慎用，以防意外发生。

（二）致突变毒性

槟榔的主要成分可以使 DNA 分子单链断裂，姐妹染色单体交换频率增高，发生基因突变；另外，槟榔碱可导致小鼠骨髓细胞染色体畸变、生殖细胞形态异常、DNA 合成紊乱等；还可影响细胞增殖周期，阻滞细胞前中期有丝分裂，抑制细胞增殖，导致染色体畸形。中国台湾产的槟榔未成熟果实、槟榔成熟果实、含有烟草的槟榔制品和不含烟草的槟榔制品均能够对 DNA 造成损伤。槟榔次碱能够在铜离子的作用下对 DNA 造成损害。

（三）生殖毒性

槟榔碱能够诱发雄性小鼠精子畸形和精子内 DNA 不规则合成；槟榔果提取物可使雄性小鼠精子数量明显减少，活动率明显降低，畸形率增高，且作用强度为槟榔碱＞槟榔次碱＞去甲基槟榔次碱，可能是由氧化应激反应或炎症反应导致的。实验表明，维生素 C 和维生素 E 能够缓解生殖毒性。槟榔碱能够减少胚胎着床数量，并对胎儿后续生长产生毒副作用，且槟榔次碱能增强小鼠离体子宫平滑肌的收缩。孕妇嚼用干果制槟榔与小儿脑性瘫痪具有相关性，易出现胎儿早产、出生体质差等情况。

四、槟榔典型外源污染物的研究

前期在槟榔的研究中，多集中于其药用价值、药效成分、入药方式等方面的研究，对其生长、初加工、炮制加工及存储等全产业链过程中典型外源污染物，如黄曲霉毒素、农药残留、重金属的研究报道较少。自 2013 年"槟榔致癌"安全性事件以来，药用槟榔的安全性问题也受到了极大的关注。《中国药典》（2020 年版）针对槟榔制定了黄曲霉毒素的限量标准值。2016 年杨美华课题组采用 UFLC-ESI-MS / MS（超快速液相-电喷雾离子化-串联质谱）技术对 24 批药用槟榔及嚼用槟榔中的多种霉菌毒素进行了检测分析，结果表明所检测样本中未检出黄曲霉毒素 B1（AFB1），但在 3 批槟榔中检出了 AFB，超标率为 8.3%。此外，吴国利等采用超高效液相色谱-串联质谱法分析了槟榔中 10 种农药的残留水平，研究表明 20 批槟榔制品中有 3 批分别检测出了含量超标的嘧菌酯、烯啶虫胺和啶虫脒。张娜研究了海南万宁槟榔园种植环境与槟榔果实中重金属的相关性，并对 10 个不同种植基地共 1822 批槟榔果实进行重金属检测，结果表明 10 个地区均有铅（Pb）、镉（Cd）或汞（Hg）含量超标的情况，超标率为 1.14%~18.75%。上述情况均表明市售的槟榔制品中在一定程度上受到外源性污染物的威胁，而外源性污染物也是影响我国中药质量安全与对外出口的主要因素之一。因此，建立药用槟榔的典型污染物限量标准对保障人类的用药安全具有重要意义。

五、嚼用槟榔及其毒性

（一）槟榔嚼用方法

嚼用槟榔包括槟榔的果壳及果核，不同地区嚼用槟榔的方法也有所差异，主要包括鲜槟榔和干槟榔两类。在我国海南省和台湾省，人们有嚼用鲜槟榔的习惯，多将七至八成熟的鲜槟榔果切成几瓣，与蒌叶、石灰一起嚼用，《本草纲目》也记载："（槟榔）与扶留叶合蚌灰嚼之，可辟瘴疠，去胸中恶气。"在缅甸，人们常常还会加入小豆蔻、姜黄等各种香料；在印度，槟榔里可能还会包着小豆蔻、果子冻、食糖或磨碎的椰肉等。而在我国湖南、广东等地，人们则主要嚼用干槟榔，通常会将槟榔鲜果煮熟熏干，再以饴糖、生石灰、甜味剂和香料等腌制加工后咀嚼。

（二）嚼用槟榔毒性及机制

有大量研究表明，槟榔本身的一些化学成分如生物碱类、鞣质类化合物，以及在加工处理过程中加入的一些辅料、食品添加剂等都有一定的毒性，长期咀嚼槟榔会给身体造成不同程度的损害，其中以口腔黏膜下纤维化（Oral Submucous Fibrosis, OSF）和口腔癌等口腔疾病为主，其次还有各种对细胞及器官的毒性作用，如生殖毒性、神经毒性、遗传毒性及肝肾毒性等。

六、药用槟榔临床使用及减毒机制

（一）药用槟榔临床使用概况

中医药理论指导下的药用槟榔与嚼用槟榔使用部位大不相同，槟榔是槟榔干燥成熟的种子，是我国著名的"四大南药"之一。常见的槟榔饮片有生品、炒黄品、炒焦品3种规格，中医临床常用生品来治疗肠道寄生虫病，各炮制品还能用于食积气滞、泻痢后重、水肿脚气和疟疾等。槟榔作为我国具有悠久使用历史的传统中药材之一，人们普遍认为其无毒或仅有小毒，目前常见的方药或中成药如四磨汤、木香槟榔丸、槟榔四消丸等，在实际应用中也未曾出现过严重的不良反应，历代文献只是提到槟榔有轻微不良反应以及气虚体弱者不宜用，如《本草蒙筌》云"槟榔，久服则损真气，多服则泻至高之气，较诸枳壳、青皮，此尤甚也"，《本经逢原》记载"凡泻后、疟后虚痢，切不可用也"，是驱虫、消食的良药，且在《中国药典》（2015年版）收载的83类有毒中药中，并不包括槟榔。

（二）药用槟榔的减毒机制

槟榔中主要活性成分及毒性成分为生物碱类，含量为 0.3%~0.6%，主要包括槟榔碱、槟榔次碱、去甲基槟榔碱、去甲基槟榔次碱4种生物碱，其中又以槟榔碱为主，而去甲基槟榔碱和去甲基槟榔次碱是槟榔碱和槟榔次碱在碱性条件下水解产生的，故槟榔生品力峻，临床一般使用炮制品或与其他药材配伍使用，从而达到减毒增效的目的。

炮制减毒：炮制是降低药材毒性和增强药物疗效的常用方法之一，是在中医药理论指导下，中药材特有的处理方法。中药槟榔传统的炮制方法繁多，如净制、切制、炒制、醋制、蜜制和酒制等。槟榔经炮制加工之后，其药性有所缓和，且各化学成分含量会有所增减，从而达到减毒的目的。

配伍减毒：对于具有毒性的中药材，除了炮制减毒外，多味药材配伍使用也可能会通过改变有毒药物中各化学成分含量和毒性成分在体内的药动学参数，以及增强对机体各系统的保护作用等，而达到减毒的目的。

其他某些药物的毒性与药材煎煮的时间也密切相关，煎煮时间对槟榔总生物碱的含量的影响很大。槟榔在体内的毒性也与服药时间长短有关，而"槟榔入药"一般是在中医思维指导下短期煎服，临床并未曾见明显不良反应。此外，中医还讲究因人制宜，即个体差异也是毒性差异的原因之一。

（三）嚼用槟榔与药用槟榔的区别

槟榔嚼块作为消遣娱乐产品，包括槟榔的果壳和果核，并未在中医指导下辨证使用，且其在"炮制"过程中常会加入具有较强刺激性和碱性的致癌性辅料，有些辅料会与槟榔中的化学成分产生毒性协同作用，从而加深对人体的损伤，如添加熟石灰后，在碱性条件下槟榔中的槟榔碱易与鞣酸解离并很快被人体吸收，熟石灰自身还会刺激口腔黏膜组织，引起黏膜的慢性炎症及颊黏膜细胞的DNA氧化性损伤。嚼用槟榔直接口嚼的服用方法对人体也会产生一定程度的损害，有报道表明槟榔碱口腔给药的癌变概率作用大于腹腔注射，且长期咀嚼槟榔的动作使得槟榔纤维不断与人口腔黏膜摩擦并形成反复的刺激，从而造成口腔慢性炎症，有研究表明口腔癌的发生与嚼用槟榔及滞留时间成正相关。

药用槟榔是槟榔干燥成熟的种子，如今常用的有净制、切制和炒制方法。将槟榔去除杂质、浸泡、润透、切薄片、阴干，即为生槟榔；炒槟榔和焦槟榔是在生槟榔的基础上进一步加工，炒槟榔是将净槟榔饮片置于热锅中用文火慢炒，到槟榔变为黄色后取出放凉；而焦槟榔则是将净槟榔饮片置于热锅中用文火慢炒，待槟榔出现焦斑并且内部呈深黄色时取出。且经炒制之后，其毒性成分含量会随着温度的上升而降低，在不对人体产生明显的不良反应的同时还能够保持一定的药用作用。而临床应用槟榔时，除了配伍使用会降低毒性外，医生还会运用中医理论根据患者自身的身体状况而随症加减，辨证用药，且其临床常用剂量远远低于中毒剂量。同时槟榔入药通常会经水煎煮或提取有效成分制成成药后服用，与口腔黏膜接触时间较短，服用剂量及时间也远小于嚼用槟榔，从而进一步证明了中药槟榔及其复方制剂的安全性。

（四）国内外槟榔安全性标准差异研究

1.活性成分

槟榔作为一类药嚼两用的中药材，其质量与安全受到世界各国的关注。近年来，关于嚼用槟榔的致癌性的报道时有发生，在嚼用槟榔的人群中，口腔癌的患病率日益增加，并且还被国际癌症研究机构（IARC）认定为一级致癌物。目前，中国、日本、韩国、泰国等国家和地区分别制定了药用槟榔的标准，其中《中国药典》（2020年版）、《香港中药材标准》(2014年版)及《泰国药典》（2018年版）中明确规定了槟榔的药效成分槟榔碱的总量分别不低于0.2%，0.23%，0.5%，同时《泰国药典》（2018年版）指出槟榔中的单宁应高于24%。然而，尚未有相关法规规定槟榔碱等致癌物成分的限量标准。

2.安全性指标成分

关于槟榔中的安全性指标成分含量，《中国药典》（2020年版）、《韩国药典》

（KPX）及《香港中药材标准》（2014年版）对其制定了真菌毒素、农药残留、重金属及二氧化硫等相关的限量标准。其中，均规定了黄曲霉毒素的限量标准，《中国药典》（2015年版）与《香港中药材标准》（2014年版）规定"每1000g含黄曲霉毒素B1不得过5μg，含黄曲霉毒素G2、黄曲霉毒素G1、黄曲霉毒素B2和黄曲霉毒素B1总量不得10μg"，《韩国药典》规定"总黄曲霉毒素不高于15×10^{-9}，黄曲霉毒素B1不高于10×10^{-9}"。《韩国药典》与《香港中药材标准》还对重金属与农药残留做了相关要求，但具体限量均不统一。此外，除上述3种常规安全性指标成分待检项外，《韩国药典》还对槟榔的二氧化硫含量进行了规定："槟榔中二氧化硫含量应不超过30×10^{-6}。"《香港中药材标准》和《韩国药典》对槟榔的外源物污染情况更为重视，因此，将各药典或标准结合起来建立一个药用槟榔的国际统一标准具有重要意义。

3.检出项差异性

各药典或标准中除上述规定的活性成分与安全性指标外，还规定了槟榔中的一些常规检测项，如水分、灰分、杂质、浸出物与槟榔的成分鉴别，在关于槟榔的质量标准方面，各药典或标准要求存在一定的差异。《中国药典》（2020年版）还在药材标准后面附有饮片标准，并介绍了饮片的性味归经、功能主治、用法用量及储藏条件等[①]。

（五）嚼用槟榔安全性的相关建议

近年来，随着槟榔文化的大力传播，且由于嚼用槟榔会使人产生欣快感、兴奋感，具有提神的效果，同时还能提高人的耐力，并具有成瘾性，故嚼用槟榔的人愈来愈多，年龄分布也愈来愈广泛，但长期咀嚼槟榔会对人体产生各种毒副作用，如致癌性、生殖毒性及神经毒性等，因而就其安全性给出如下建议。

1.优化嚼用槟榔的加工工艺

目前，我国嚼用槟榔仍以传统加工方式为主，加工步骤较为烦琐，各地方生产商技术水平较为落后，化学污染及微生物污染问题较为严重，故要提高槟榔企业食品安全意识，优化槟榔嚼块的加工工艺，提高加工的自动化程度，并探索槟榔壳软化、降低硬度的方法。

---

① 孔丹丹，李歆悦，赵祥升，等. 药食两用槟榔的国内外研究进展[J]. 中国中药杂志，2021（05）:1053-1059.

2. 明确嚼用槟榔的质量标准及相关管理规定

嚼用槟榔虽然是一种咀嚼品，但是目前并未归类在国家的食品分类中，且各地尚未制定统一的原料标准、辅料标准、食品添加剂标准、包装材料标准及检验方法标准等，市售嚼用槟榔的质量参差不齐，故其质量标准的规范迫在眉睫。明确槟榔作为咀嚼品的地位，槟榔作为中药材的同时也是一种嗜好咀嚼品，然而在国家卫计委公布的《药食同源名录》中并无槟榔，原因是槟榔未在《食物原料名录》中明确，因此虽然已将其收录《中国药典》，却并未收入《药食同源名录》中，而槟榔作为嗜好性咀嚼品，已得到市场和社会的认可。某种程度上，槟榔也得到政策和法规的认可。槟榔作为药品的法律地位非常明确，但同时作为药品和咀嚼品却很模糊。在某种程度上嚼用槟榔的安全性问题引发了槟榔药用安全性的风波。虽然在现有环境下推进槟榔作为咀嚼品原料具有一定的难度，但仍需要明确槟榔作为咀嚼品的地位。

3. 其他

有学者对嚼用槟榔的适宜摄入量进行了分析，并得到其每日最宜摄入量为半包（40g左右），且嚼食的时间不宜过长，以此来尽量减少氟的摄取量；同时，要全面系统地开展对槟榔的安全性评价，并进行流行病学研究，科学论证嚼用槟榔的安全性，为槟榔行业的发展进一步提供数据上的支持。

综上所述，中医药理论指导下的药用槟榔，在临床使用过程中需要结合中医临床辨证，以炮制加工的饮片配伍形成复方口服使用，整个环节没有物理性的口腔和消化道刺激，安全有效；以传统的嚼用槟榔为辅料加工后咀嚼类产品，嚼用过程为口腔内长时间、反复咀嚼，易形成局部物理、化学和舌下静脉吸收刺激共存，具有多因素诱发的健康风险，需要针对性改良现有槟榔生产工艺，寻找替代"诱发风险的石灰或其他香料"辅料，升级生产工艺，提高食品标准，规范嚼用指南，推出可替代产品等，引导大众合理、健康消费嚼用槟榔。

第三节　槟榔的使用趋势

槟榔因加工方法不同，而分为药用槟榔与嚼用槟榔。嚼用槟榔包括鲜槟榔和干槟榔，其中青果槟榔和台湾槟榔属于鲜槟榔范畴，可直接嚼用，而干槟榔是将新鲜槟榔使用石灰水及具有强碱性、强刺激性的香精香料浸泡后再干燥的槟榔干，烟果槟榔是槟榔鲜果经烟熏干燥加工形成的槟榔干。嚼用槟榔主要加工成槟榔干果，作为咀嚼嗜好品供消费者嚼用。药用槟榔的采收加工期时间较长，为每年的春末至秋初，且药用槟榔饮片的炮制加工产品主要有炒槟榔及焦槟榔。

据估计，全球有2亿~6亿经常嚼用槟榔的人，主要分布在亚洲东南部及南部，而在中国又主要集中于海南、湖南和台湾。有数据表明，在2010年湖南省湘潭市嚼用槟榔的流行率高达47.1%（男性57.6%，女性38.0%），在台湾省有200万长期咀嚼槟榔者，大约占该地区人口的1/10，且15岁以上台湾人嚼用槟榔的概率为8.8%~16.1%，槟榔已然成为仅次于尼古丁、乙醇和咖啡因的世界第四大嗜好物品。[①]

一、槟榔的药用趋势

槟榔作为我国四大南药之首，具有降气、行水、截疟、利消化等药用功能，对防治口腔、牙病有较好疗效。槟榔能治病在不少典籍上都有记载：唐代《新修本草》记载"槟榔能治腹胀"；《海药本草》记载"治脚气，宿食不消"；宋文人罗大经在《鹤林玉露》中记载"岭南人以槟榔代茶御瘴疠"，因此槟榔有"洗瘴丹"的别名，是治疗因瘴疠而产生水土不服、饮食不畅的灵丹妙药；明代李时珍在《本草纲目》中记载，槟榔有"下水肿、通关节、健脾调中、治心痛积聚"等效果；另外梁代《名医别录》、唐代的《千金方》、南宋的《虞衡志》等对槟榔的药用价值都有记载。现代医学也证明槟榔具有治疗青光眼、降血压、治疗脑血栓、驱除体内寄生虫等多种药效。

槟榔在我国传统中药中的应用也十分广泛，《中国药典》自1953年版就收载槟榔，至今已经历九次修订，药用槟榔的临床标准也日趋成熟。《中国药典》收载了槟榔常见的几种药用形式，包括槟榔、焦槟榔和大腹皮等，其中焦槟榔为槟榔的炮制加工品，具有消食导滞的功效；大腹皮为槟榔的干燥果皮，具有行气宽中、行水消肿等功效。此外，还收载了包含槟榔的成方制剂共50余种。槟榔性温，味苦、辛，

---

① 刘小靖，王鹏龙，项嘉伟，等. 以中医药思维理解"食用槟榔"与"药用槟榔"[J]. 中草药，2021，52（01）:248-254.

归胃、大肠经。具杀虫、消积、行气、利水、截疟等功效，在临床中多用于治疗蛔虫、绦虫病，食滞、腹胀痛，疟疾等疾病。

槟榔具有重要的药用价值。槟榔有利于心血管、神经、胃肠道、代谢、呼吸和生殖系统的健康，在医学中有广泛的应用，如用作抗糖尿病药、血压调节剂、抗氧化剂、抗惊厥药、兴奋剂、催产素、抗生育药、驱虫药和抗病毒药等。在多种中成药配方与中药方剂中都有添加槟榔的记载。槟榔不仅是历史上抗击瘟疫的主要中草药之一，而且在中国2020年抗击新冠病毒感染的诊疗方案中，也是针对"寒湿郁肺证"及"湿热蕴肺证"治疗的中药制剂的主要成分。

我国药用槟榔中的主要化学成分及药理作用基本明确，且有着广阔的市场应用前景。目前，对药用槟榔的研究主要集中在槟榔碱与槟榔多酚的药效价值及临床应用等领域，如现代科学研究表明槟榔碱对神经系统、内分泌系统和消化系统等方面均有一定药理作用，但其安全性也越发受到关注。随着医药领域研究技术的不断突破，通过研究产地标准化种植，明确药用与嚼用槟榔的界限，改良炮制工艺等，减少或者降低槟榔所产生的负面影响，对促进槟榔产业的可持续发展具有重要的意义。

二、槟榔的嚼用方法

印度槟榔的嚼用方法：最地道的吃法是把槟榔摘下来，剁碎，蘸上蛎灰，裹在蒌叶里，然后慢慢咀嚼。蒌叶与槟榔一起嚼用，能有效地刺激唾液腺及口上的黏液膜，使人在炎热的夏天感觉凉爽。

黎族槟榔的嚼用方法：将槟榔切碎，裹在荖叶里，与石灰和烟草一起咀嚼，咀嚼时，能让人面色红润，神采奕奕，经常嚼用槟榔，可以防病、美容。

海南省槟榔的嚼用方法：海南人吃槟榔十分讲究，先将槟榔剁碎，撒上调料（用贝壳粉调制成膏状物），卷上蒌叶，放入口中慢慢咀嚼，初尝时苦涩，还带着青色，等吃完后，便会有一股甘甜之气，让人神清气爽。就像苏东坡当时所做的那样："两颊红潮增妩媚，谁知侬是醉槟榔。"

台湾省槟榔的嚼用方法：把采收后的槟榔，剥除果蒂和较老的部分，先取由彰化引进的带有胡椒香气的荖叶，再搅匀石灰，用小刀涂少许在叶上，将之卷起。然后切开槟榔，将已卷好的荖叶夹放在中间，这样老藤、石灰、槟榔一起嚼用。

湘潭市槟榔的嚼用方法：湘潭的传统方法很简单，就是直接放进嘴里，一遍又一遍地咀嚼，酸酸甜甜的，回味无穷。一块好的槟榔，能让你的脸蛋变得通红，让你全身发热，让你全身都充满了口水。湘潭正宗的老槟榔是用刚摘下呈青色的鲜果制成的，果子形似鸭蛋而略短，用开水煮约2h，待其颜色变深，然后用烟熏七d，即为干果。这个过程通常是在原产地进行的。购买水果干后，先用清水冲洗，然后用沸水浸泡，然后喷洒少许糖水，保存24h。在吃之前，先用小刀将槟榔切成两片或四片，放入石灰和糖浆中，有些人甚至会在上面撒上一点桂花。湘潭现代槟榔已经进入了工业化生产，品质标准清晰，经过原料验收、挑选、清洗、浸泡、晾干、上胶、闷胶、切片、卤水制作、点卤水、包装、贮藏12道工序制成成品，其形状为槟榔咀嚼块。

目前市场上的槟榔制品很少，以槟榔为主要原料，由于咀嚼块状的槟榔纤维较粗，不但会损害人的味觉，而且长期嚼用会导致口腔疾病。槟榔的嚼用方法有待进一步发展。

第三章

槟榔栽培

第一节　槟榔栽培和生产现状

一、世界槟榔生产状况

关于槟榔，最早的史料记载出现在公元前900年左右。古印度诗人马哥在诗里记载了克里希纳（Krishna，印度神话中护持神由比湿奴Vishnu第八化身的有名印度神）所率领的士兵饮用椰汁和嚼槟榔子的情景。据1925年利特理（Ridley）的槟榔产地分布报告，北限包括广东、福建、台湾和小笠原群岛（Boni Islands），西限为非洲之东印度洋中之索哥德拉岛（Socotra Island）、马达加斯加和东非，东限到中央太平洋和斐济群岛（Fiji Islands），栽培之广普及热带地区。据FAO 2016年的数据统计，2016年印度槟榔产量超过70万t，收获面积超过47万hm²，收获面积和产量都远远超过其他国家（地区），是世界名副其实的第一大槟榔产出国（地区）。中国槟榔主产区在海南和台湾，其中海南槟榔产量位居世界第二位。缅甸的槟榔产量位居世界第三位，与孟加拉国差不多，但孟加拉国槟榔收获面积是缅甸的近4倍。在这些生产国（地区）中，尼泊尔的单产最高，为3643 kg/hm²，中国海南为3336 kg/hm²，马来西亚达3126 kg/hm²，斯里兰卡、缅甸均超过2000 kg/hm²。印度虽为第一生产大国（地区），但其单产仅为1486 kg/hm²；孟加拉国最低，仅为595 kg/hm²。详见表3-1。

2006—2011年，印度年产量均保持在48万t左右，自2012年起年产量达60万t以上，2015年、2016年分别升至74万t和70万t，10年间印度槟榔产量增加约45%，2006年收获面积为38万hm^2，2016年超过47万hm^2，增幅约为24%。除了收获面积增加之外，单产也有所提高，2006—2011年，单产约为1200kg/hm^2，2012年单产达到1467kg/hm^2，2015年单产达到1660kg/hm^2。近10年来，印度槟榔产业呈现稳定持续发展的态势。

就产量而言，缅甸从2006年8万多t，增加到2016年的12万多t，但收获面积从2008—2016年一直维持在5万多hm^2，产量提高归功于单产的提高，从2006年的1853kg/hm^{2}提高至2016年的2329kg/hm^2，单产提高了25%，见表3-2，缅甸槟榔产量基本保持稳定。

表3-1　2016年世界槟榔生产状况

国家（地区）	产量/t	收获面积/hm^2	单产/（kg/hm^2）
印度	703000	473000	1486
中国海南	234225	70218	3336
缅甸	129170	55464	2329
孟加拉国	121113	203396	595
中国台湾	99992	41937	2384
印度尼西亚	54057	130757	413
斯里兰卡	44059	18194	2422
泰国	38141	22435	1700
尼泊尔	14225	3905	3643
不丹	9858	9372	1052
马来西亚	312	97	3216
马尔代夫	2	19	1158

数据来源：FAO数据库，《海南统计年鉴2016》。

表3-2　2006—2016年缅甸槟榔生产状况

年份/年	产量/t	收获面积/hm^2	单产/（kg/hm^2）
2006	84700	45700	1853
2007	98500	48200	2044
2008	115600	51800	2232
2009	115800	54600	2121

年份 / 年	产量 /t	收获面积 /hm²	单产 / (kg/hm²)
2010	118000	55000	2145
2011	120000	56000	2143
2012	121000	56500	2142
2013	119500	56300	2123
2014	119379	55479	2152
2015	129441	56112	2307
2016	129170	55464	2329

数据来源：FAO 数据库。

孟加拉国槟榔产量较高，主要是槟榔收获面积大，单产却很低，10多年都一直维持在约600kg/hm²，收获面积从2006年的16万多hm²增加到2016年的20万多hm²，而产量也只从2006年的9万多t提高到12万多t，见表3-3。由此可见，虽然孟加拉国在大力发展槟榔产业，但由于生产技术水平低，效果并不理想。

从产量上来看，2006—2016年，我国台湾槟榔收获面积平稳减少，10年间收获面积减少约7000hm²，年产量2006年为14万多t，到2016年时已经减少到10万t以下（表3-4）。收获面积虽然有所减少，但幅度不大，主要是单产减少，2006年单产为2872kg/hm²，而2016年降到2384kg/hm²。由此可见，中国台湾的槟榔产业近10年有所下滑。

我国海南槟榔产量占全国（不含台湾省统计数据）的95%，可以代表中国的槟榔生产情况，槟榔已成为海南仅次于橡胶的第二大热带经济作物，青果的年产值已超过百亿元。作为海南的重要热带经济作物，目前形成了种植在海南、深加工在湖南的局面，消费群体有从海南、湖南向全国扩展的趋势。2000年海南槟榔种植面积仅为2万多hm²，产量为3万多t，但从2010年起产量则猛增到15万多t，特别在2011年，海南新增槟榔种植面积9154hm²，2014年产量则增至23万多t。2016年年末，海南槟榔种植面积99661 hm²，当年新增种植面积2142 hm²，收获面积70218hm²，产量234225t（表3-5）。由于海南省对槟榔产业的重视，在研究与投入方面不断加大力度，海南的单产比世界很多国家（地区）都高，超过3000kg/hm²，仅次于尼泊尔。随着新增面积投产，生产技术和管理水平提高，海南槟榔产业将有更大的发展前景。

表 3-3　2006—2016 年孟加拉国槟榔生产状况

年份 / 年	产量 /t	收获面积 /hm^2	单产 / (kg/hm^2)
2006	97415	168680	578
2007	101240	165270	613
2008	97947	173380	565
2009	105448	176350	598
2010	91681	178630	513
2011	105953	182389	581
2012	136000	230000	591
2013	101000	165000	612
2014	102000	165000	618
2015	109067	181282	602
2016	121113	203396	595

数据来源：FAO 数据库。

表 3-4　2006—2016 年中国台湾槟榔生产状况

年份 / 年	产量 /t	收获面积 /hm^2	单产 / (kg/hm^2)
2006	141563	49290	2872
2007	134497	49831	2699
2008	144595	49300	2933
2009	142636	48269	2955
2010	131737	45832	2874
2011	129316	45952	2814
2012	124091	45521	2726
2013	124054	45329	2737
2014	121435	44511	2728
2015	113182	43226	2618
2016	99992	41937	2384

数据来源：FAO 数据库。

表 3-5　2000—2016 年中国海南槟榔生产状况

年份 / 年	产量 /t	收获面积 /hm^2	单产 / (kg/hm^2)
2000	35598	12597	2826
2005	64338	20785	3095
2010	152105	39401	3860

年份 / 年	产量 /t	收获面积 /hm²	单产 / (kg/hm²)
2011	169163	48191	3510
2012	198122	54700	3622
2013	223330	60163	3712
2014	231015	64836	3563
2015	229221	67568	3392
2016	234225	70218	3336

数据来源 :《海南统计年鉴 2017》。

二、世界槟榔贸易状况

根据世界槟榔进口总量，见表3-6，世界主要槟榔进口国（地区）是巴基斯坦和尼泊尔，两国槟榔进口总量占世界槟榔进口总量的95%以上。泰国、不丹、印度尼西亚这几个槟榔主要产地也在进口槟榔，此外欧盟、日本也有少量进口。

表 3-6　世界主要槟榔进口国（地区）进口总量（t）

国家（地区）	年份									
	2000	2001	2002	2003	2004	2005	2006	2007	2008	2009
不丹	458	458	458	458	458	458	458	458	458	458
文莱	0	0	0	0	122	116	116	116	116	116
欧盟（27）	1149	10	169	223	311	334	224	449	466	404
德国	86	0	187	342	361	448	378	680	702	700
印度尼西亚	41	48	7	0	51	18	1	0	102	101
日本	7	7	3	3	5	2	3	8	8	5
尼泊尔	15000	20500	15000	21505	20600	19700	18120	16094	14914	19038
巴基斯坦	37133	49406	55460	41620	4233	44523	63665	56647	71610	79747
泰国	288	90	26	926	2545	2862	153	235	818	399

从表3-7可以看出，世界上出口槟榔较多的国家（地区）为印度尼西亚和泰国，约占世界槟榔出口的99%，且泰国和印度尼西亚槟榔出口总量有所增加，欧盟、德国、缅甸每年有少量出口，巴基斯坦只在2005年和2006年有较大的出口总量。与进口类似，印度和中国近10年来基本没有槟榔出口。由表3-6、表3-7可知，中国的槟榔国际市场占有率为零，故不计算各国（地区）槟榔市场占有率。从世界槟榔进出口总量中可以看出，主要槟榔出口国（地区）为泰国和印度尼西亚，但主要槟

榔进口国（地区）为尼泊尔和巴基斯坦，从地理上看，泰国和印度尼西亚并不具备运输上的优势，但其在槟榔贸易上具有国际竞争优势。

2009年，世界槟榔出口总量占世界总产量的22.81%。世界槟榔贸易比较集中在少数国家。出口槟榔较多的国家是印度尼西亚和泰国，进口槟榔较多的国家是巴基斯坦和尼泊尔。槟榔生产量最多的两个国家印度和中国，其槟榔基本销往国内，基本没有参加世界贸易。从槟榔产品的国际贸易中可以看出，中国槟榔只有进口，而没有出口。海南槟榔生产具有比较强的优势，但是海南槟榔生产的优势并没有转化为国际竞争中的绝对优势。这有可能是以下几个方面的原因造成的：第一，槟榔的主要消费国都是东南亚国家，这些国家本身就具备了槟榔生产能力，基本能够自产自销（如印度）；第二，槟榔的药用价值开发程度较低，槟榔大多数情况是作为食品参与国际贸易，因此槟榔需求量相对较小；第三，国内保护主义盛行，高额运输成本和关税阻碍了槟榔贸易；第四，槟榔产业处于初级阶段，信息不完全，导致国际间贸易开展缓慢；第五，槟榔嚼用需求不一样，中国大多数消费者嚼用的是中、外果皮，而东南亚国家主要消费的是槟榔的果核，导致种植的品种也不一样，中国种植的槟榔青果是椭圆形果，而国外种植的是球形果，相互的槟榔产品贸易难以对接；第六，联合国粮农组织数据误差，由表3-7可知，世界槟榔最大的两个出口国印度尼西亚和泰国，其年槟榔出口量均大于本国生产量，经反复查证，确实是数据误差。将海南槟榔比较优势转化为产业国际竞争优势，才是海南槟榔产业发展的终极目标。

表3-7　世界主要槟榔出口国（地区）出口总量（t）

国家（地区）	年份									
	2000	2001	2002	2003	2004	2005	2006	2007	2008	2009
不丹	326	326	326	326	326	326	326	326	326	326
中国	0	321	29	0	0	0	0	0	0	0
欧盟（27）	25	—	—	5	—	1	3	10	1	2
德国	34	0	21	51	96	68	153	360	158	148
印度尼西亚	33036	30154	26115	13839	116779	128809	151550	170333	181350	195067
缅甸	0	124	34	53	53	18	2	1	1	1
巴基斯坦	0	0	0	0	0	8650	2710	0	90	16
泰国	23963	21390	27647	25890	56703	21674	24320	38170	34073	39905
印度	108	0	0	0	0	0	0	0	0	0

三、槟榔生产中存在的问题及发展趋势

（一）存在的问题

目前，中国槟榔产业发展已初具规模，但总体来看，在种植管理、良种繁育、病虫害防治、区域布局及新产品研发等方面均存在些问题。

1.种植不规范，管理比较粗放

由于槟榔要求的自然条件和土壤条件不高，绝大多数槟榔种植模式还是比较粗放的，普遍存在"重种轻管、重收轻管"的现象，"人种天管"的传统思想影响比较严重，许多种植户不注重土壤改良和有效肥水的科学管理，导致树体得不到足够的养分，进而收获期缩短，产量降低，经济收入减少。

2.良种苗木繁育体系不健全

槟榔的种质资源至今未做生物学分类认定，仅从外观加以区分。海南省曾经从泰国和越南等国引种，但其品种抗病性差，产量低，品质也不好。现在这些品种已同海南本地品种混杂，如不很好区分，随意种植，势必影响槟榔产业的健康发展。

3.病害对当前槟榔产业的发展造成了严重损失

近年来，面积日益扩大的黄化病对海南省槟榔产业造成了一定的威胁。据初步调查，海南省已有几十万亩槟榔树患上了黄化病，且病情有继续蔓延之势，黄化导致抽生的花穗较正常植株短小，无法正常展开，结果量大大减少，常常提前脱落。染病植株的产量通常会减少70%~80%，甚至出现大面积死亡。目前各槟榔种植区域均有发生，特别是琼海、陵水、万宁、屯昌、琼中等地的槟榔主产区发生比较严重。槟榔黄化现象由多种原因造成，如植原体病毒等感染、肥水管理不到位、除草剂使用过量、有椰心叶甲等。黄化病的早期症状和水肥管理不当造成的症状相似，容易混淆，导致去除病株的有效措施难以实施。目前，还没有根治黄化病的有效方法，仍用比较传统的方法进行防治，如砍除病株并烧毁、使用广谱性的杀菌剂等。槟榔黄化病是世界性难题，不能有效开展防控工作，将对海南槟榔产业造成严重打击。

4.槟榔种植面积的肆意扩张引发水土保持问题

近几年，随着槟榔价格不断攀升，槟榔种植面积迅速增加，特别是在山坡地违规开荒种植槟榔的现象急剧增多，由于槟榔根系较浅，极易造成地表土质疏松，导

致水土流失。

5.槟榔加工业滞后

全国现有槟榔干果初加工、嚼用槟榔干加工等传统槟榔产品加工企业较多,大多加工企业的加工工艺简单,加工产品品种单一,不能适应新形势发展的要求。部分传统槟榔加工企业,特别是一些小型加工企业的加工技术简单落后,卫生、安全生产条件较差,操作不规范,导致其产品质量指标严重超标,产品质量不稳定。现有槟榔加工企业多为单一的干果初加工、槟榔制茶与槟榔制药等,在槟榔综合开发、有效成分提取及利用等方面发展滞后。

6.槟榔新产品研发严重滞后,支撑产业持续发展后动不足

目前,中国传统槟榔食品加工业的发展已经初具规模,但在槟榔的有效成分提取及系列深加工产品研究及规模开发方面显得十分滞后,尤其在挖掘槟榔的药用价值时未进行深度研发,不能充分发挥槟榔的增值效应,增加槟榔产业附加值,延长槟榔产业链,严重制约了槟榔产业的健康、持续发展。

7.在海南和台湾省的槟榔存在大量粗纤维

人们通常嚼用槟榔鲜果,常附加蒌叶和石灰,这对口腔有强烈的刺激作用,长期经常嚼用会造成口腔黏膜下纤维化。虽然在湖南改为用酒、甜味剂浸泡槟榔后,附加丁香、肉桂、豆蔻、桂子油、薄荷油等香料,一定程度上改善了上述问题,但仍存在大量的粗纤维。槟榔粗纤维的软化、细化以及槟榔食品的升级换代是当前槟榔嚼用加工业亟待解决的重要课题。

8.槟榔价格受国内市场需求影响波动较大

海南近几年槟榔鲜果的收购价格波动较大,高峰期的平均单价达20元/kg,低谷时不到2元/kg。湖南槟榔产品价格随海南收购价格波动而波动。在台湾,槟榔价格波动也很大,在旺季1粒槟榔的价钱与1个鸡蛋等同,而在淡季则与1斤(1斤=0.5kg)鸡蛋等值。价格是影响槟榔产业发展的直接关键因素之一,槟榔价格的高低直接影响槟榔种植户的种植管理积极性,槟榔价格的频繁急剧波动不利于我国槟榔产业的健康、持续发展。

9.消费市场容量有限

中国槟榔不仅种植集中,而且消费也非常集中。由于传统槟榔嚼用习惯会造成口腔黏膜下纤维化,再加上很多人对槟榔辣辣的、醉醉的口感不适应,使中国槟榔消费市场主要集中在湖南、台湾和海南三大传统消费区。目前国内三大传统消费市场在槟榔加工方面将趋于饱和，而中国大部分槟榔未进入产果期，如不积极开拓新的国内消费市场，不增加槟榔药用内需和扩大出口，中国槟榔将出现供大于求的局面。

10.传统嚼用槟榔习惯引发的环境卫生问题

嚼用槟榔普及的同时也带来了比较严峻的环境卫生方面的问题，那就是随地吐槟榔渣。槟榔含槟榔碱，槟榔次碱、鞣质、树脂、槟榔红色素等成分，咀嚼槟榔后会产生红色物质，加之很多人不遵守嚼槟榔"规则"，随地吐槟榔渣，吐出的槟榔渣常常造成城市地面、墙壁等公众场所"血迹斑斑"，严重影响市容市貌。目前，传统嚼用槟榔习惯引发的环境卫生问题已经引起了各地政府的高度重视。新加坡以嚼槟榔有损人民健康和嚼槟榔渣吐弃路上妨碍市容为由通过了禁令。阿联酋最大城市迪拜对不遵守嚼槟榔"规则"者下"逐客令"。最近，海南省海口市通过了对在公共场所随地吐槟榔渣者进行处罚的规定。

（二）增加栽培效益的途径

要谋求中国槟榔产业的长远发展，力争在较短时间内，将中国槟榔优势区建设成为东南亚地区乃至世界重要的槟榔生产、加工和出口基地，引领世界槟榔产业健康、可持续发展，有必要采取以下措施。

1.建立健全槟榔良种苗木繁育体系

建设一个大型槟榔种质资源保存与鉴定中心，建立多个良种苗木繁育基地，为槟榔种植者提供优质种苗。通过选育良种，提供优质种苗，提高槟榔单产和保障槟榔品质，加强标准化生产基地建设，促进槟榔标准化生产。

2.采用科学的种植管理模式，发展槟榔间种，提高综合经济效益

槟榔无主根而须根发达，属于浅根系植物，树冠小，干高，坚硬、挺直而不分枝，是理想的间作树种。在印度，槟榔常与胡椒、小豆蔻、香蕉、可可、山药、姜以及菠萝等作物一起间种，其经济效益和生态效益明显。在中国，槟榔林下复合栽培区主要集中在海南省，林下复合栽培作物主要有木薯、胡椒、热带水果、南药、菌类、切叶花卉、咖啡和蔬菜等，也都取得了较为可观的收益。

3.建立和完善槟榔种植技术培训体系

采取多种形式开展先进生产技术推广和科技文化培训，推广先进的槟榔生产管理技术，提高农民的栽培技术和管理水平，促进槟榔标准化生产。同时，在优势区域内逐步推广"公司＋基地＋农户"和"订单农业"等生产模式，促进槟榔产业化发展。

4.因地制宜，根据适地适栽的原则，做好槟榔种植用地的科学规划

大力调整槟榔产业布局，加快建立槟榔种植优势区，逐步实现槟榔产业的区域化、标准化和规模化。禁止砍伐原始林、水源林地种植槟榔，避免在坡度较大的山地种植槟榔，科学种植，最大限度避免水土流天。同时积极发动职工群众利用"五边地"种植槟榔，既美化环境，又增加经济收入，实现人和自然和谐发展。

5.不断发展、规范和完善槟榔产品加工市场

不断完善槟榔产品生产规程和产品质量标准，加强质量监控，确保产品质量安全，提高产品档次。当前，中国槟榔加工业基本上停留在传统嚼用加工发展阶段，其加工工艺简单，尚存在小作坊生产，产品品种单一，产品安全隐患较大，不能适应新形势发展的要求。要确保产品质量安全，需对传统槟榔加工企业进行技术改造和产业升级，用先进的现代工艺技术取代陈旧的、落后的传统加工工艺技术，使整个生产流程符合国际质量管理体系要求。

6.加强科技开发，重点加大槟榔综合利用和深加工研发力度，使槟榔产品更科学、更卫生、更安全

积极开拓高端消费市场，增加产业的附加值，延长产业链。槟榔是我国四大南药之一，其在药用方面尚有许多研究和开发价值，加强对槟榔的药用和嚼用方面的综合利用研究，加快槟榔精深加工产品的研发步伐，开发药品、保健品、美容品和日用品等系列技术含量高、附加值高的槟榔深加工产品，有利于槟榔产业链的延伸和加强，对中国槟榔产业的持续发展具有重要的意义。如果只靠传统嚼用消费市场，中国槟榔生产在盛产期时将可能出现供大于求的局面。

7.加强琼台湘三地合作，共同打造"中国槟榔"品牌，提升中国槟榔行业整体竞争力

一方面，加强琼台合作，提高槟榔种植整体水平。台湾槟榔种植、管理技术水平较高，有台湾同胞2002年在大陆租地种植槟榔，因其管理水平高，2006年整园槟榔开花，单株花苞5~6个，比海南本地种植户的槟榔园开花早、多。海南的土地成本、劳动力成本相对低廉，而槟榔种植技术则相对落后，加强琼台合作。优势互补，可进步提高中国槟榔生产竞争力。另一方面，加强琼湘合作，提高槟榔加工整体水平。海南和湖南，一个垄断中国原材料市场，一个垄断中国嚼用槟榔加工市场，加强琼湘合作，可提高中国槟榔加工整体竞争力，同时可以避免出现恶性竞争，导致两败俱伤。最后，加强台湘合作，提高中国国内槟榔市场竞争活力。加强台湾和湖南在槟榔方面的合作，可一定程度缓解湖南对槟榔原材料的需求压力，同时可为台湾的槟榔开拓新的消费市场。琼台湘三地合作前景广阔。

8.积极开拓国外消费市场

中国槟榔产量高、成本低、品质好，在国际市场中具有很强的竞争优势，这为中国槟榔"走出国门"奠定了良好基础。在目前国内传统嚼用消费市场将趋于饱和，而国内生产潜力巨大，同时国内药用高端市场尚未开拓的情况下，利用中国槟榔产量高、成本低、品质好的优势，积极开拓国外消费市场意义重大。

9.鼓励和扶持建立不同层次的槟榔专业合作组织

如槟榔种植协会、槟榔运销协会和槟榔加工协会等，积极引导槟榔种植者、运销户和加工者在自愿的基础上加入此类组织，同时努力加强和充分发挥此类组织的功能作用，维护槟榔产业者权益。通过加强此类组织的建设，促进槟榔标准化生产和产业化发展，实现"共赢"。湖南省近年槟榔产业的快速发展得益于湖南槟榔食品行业协会的发展壮大。在海南，琼海、万宁、定安等一些市县均自发组织了"槟榔协会"，这些组织虽然比较松散，但在沟通产销信息、组织销售以及新产品研发等方面均发挥了重要作用。定安翰林镇槟榔合作社自成立以来，已成功研制出槟榔茶、槟榔酒和槟榔花烘干机。中国槟榔生产和加工区域相对集中，有利于发展各类专业合作组织。加强各专业合作组织间的联系与合作，促进各专业合作组织的网络化建设，可在联合开发新产品、开拓新的消费市场、信息资源共享以及共同应对市场风险方面产生积极意义。

10.建立和完善槟榔市场信息体系

建立大型规范的槟榔销售批发或交易市场，充分利用网络资源，打破空间地域的局限，加强槟榔种植户、槟榔运销户、槟榔加工业者以及各类槟榔专业合作组织之间的联系，为槟榔业者提供及时准确的市场信息，促进市场信息资源共享，科学指导槟榔产业发展。

11.国家产业政策扶持

中国槟榔产业的快速、可持续发展，离不开政府的积极扶持。首先，对于涉及槟榔良种苗木繁育、科研教育、技术推广、新产品研发、病虫害防治、产品质量标准、市场建设和检验检疫等方面的基础性、公益性项目，政府应给予无偿投资。重点加大科技支持力度，逐步增加经费投入，组织合作攻关，加强对病害发生及防治的科学研究，加快槟榔新产品的研发，加快科技成果产业化。其次，对槟榔采后商品化加工，运输和批发等方面的经营性项目，政府应在财政、信贷和税收上给予扶持，实行积极的财政政策。

（三）发展趋势

近年来，槟榔的药材价值和保健品开发前景广阔，槟榔口香糖、槟榔花茶、槟榔花酒等相关产品也应运而生。如袁腊梅等为了研究槟榔口香糖，应用正交实验的方法，以槟榔提取液为原料，添加淀粉、糖浆、食用香精等物质制成槟榔口香糖。目前，除对槟榔果产品加工外，对槟榔花的开发利用也在逐渐加大，如槟榔茶、槟榔酒、槟榔花煲汤食品、槟榔鲜花茶用食品，槟榔鲜花菜用食品等产品也在研究开发。

目前，槟榔虽已开发了一些产品，但在医药价值方面，仍有待开发利用：①在新陈代谢系统，用作消化剂和排除胃胀气胀剂；②用以治疗糖尿病；③用以医治某些皮肤病；④用作催欲剂。

目前，医药卫生部门需抓紧制订和健全槟榔加工制品、槟榔花加工制品的质量标准体系和技术规范，对槟榔干果、防腐剂、配料和加工用水等提出相应标准，企业严格按标准选购原料，从源头上保证槟榔制品的质量，以促使槟榔及其附带产业健康、持久的发展。随着对槟榔及其加工品研发力度加快，槟榔加工产品的相关发明专利逐年增多，近年来槟榔及其加工品的部分发明专利见表3-8。

表3-8　近年来有关槟榔的专利

专利号	专利名
90110292.X	用槟榔制作饮料酒的方法
90110293.8	用槟榔制作糖果、凉果的方法
90104079.7	槟榔保健牙膏
91104278.4	一种用槟榔配制酱油、酱糕的方法
92110223.2	槟榔洗发液洗头膏的制作方法
93100471.3	槟榔泡泡糖
93115549.5	槟榔保健饮料的制作方法

专利号	专利名
94100269.1	槟榔花口服液
96118080.3	槟榔汁饮料
98104637.1	一种槟榔香口胶
97107984.6	一种不伤害牙齿与口腔的槟榔食品的制作工艺
03124631.1	槟榔果汁
02138967.5	氢溴酸槟榔碱作为抗心律失常药物的应用
03118265.8	鹿茸槟榔
01128230.4	戒烟槟榔及其制造方法
02149971.3	能除去或减少咀嚼槟榔时由亚硝基胺引致口腔癌的配方
01100820.2	纳米木香槟榔制剂药物及其制备方法

2016年以来，随着政府刺激内需政策效应的逐渐显现，以及国际经济形势的好转，槟榔下游行业进入新一轮景气周期，从而带来槟榔市场需求的膨胀，槟榔行业的销售回升明显，供求关系得到改善，行业盈利能力稳步提升。同时，在国家"十三五"规划和产业结构调整的大方针下，槟榔面临巨大的市场投资机遇，行业迎来了持续性的新的发展契机。海南岛具有种植槟榔得天独厚的自然条件，槟榔作为海南省第二大经济作物，开发好这一资源对海南经济发展意义重大。然而由于槟榔加工技术严重滞后，多年来海南只能作为湖南等省槟榔加工业原料基地，长期以来，海南槟榔加工以家庭作坊式为主，使用传统土灶烟熏槟榔，不仅生产技术落后，能耗与成本高，劳动强度大，而且产品质量不稳定，环境污染严重。但自2013年起，海南省农业农村厅开始实施槟榔烘干绿色改造项目，将一批环保、先进、价格合理、配套设施完善的设备推荐给槟榔加工户。2017年12月，海南省出台《关于加强槟榔加工行业污染防治的意见》，进一步通过绿色改造推动槟榔产业做大做强，并在定安、万宁、琼海等主产区设立节能环保型槟榔烘烤技术与设备示范基地，推广应用环保技术与设备，引导槟榔加工产业规模化、聚集化发展，全面禁止槟榔土法熏烤。目前海南槟榔鲜果初加工有农户加工与企业加工，并逐步发展为以企业初加工为主，初加工主要分布在万宁市、琼海市、陵水县、定安县、屯昌县等市县。

槟榔种植属第一产业，槟榔加工属第二产业，从事槟榔生果交易属第三产业。常规来说第三产业强于第二产业，第二产业好过第一产业。但槟榔产业是一个例外，由于经过近20年的发展，槟榔产业已趋成熟，特别是终端消费市场的飞速发展，带动了整个产业的发展，同时也形成了相对稳定的产业格局。正因为产业成熟形成了完整的产业链生态结构，保障了槟榔能从传统靠天吃饭的农产品中脱颖而出，加之槟榔具有与其他农产品所不同的"高产出低投入"的投资回报特性，使得槟榔能与橡胶并驾齐驱成为海南岛重要热带经济作物，最终成为海南省农业的支柱产业，是海南农户脱贫致富的重要来源，无论是槟榔的种果种苗、槟榔种植、槟榔采摘，均能稳定地增收致富。

目前，我国槟榔消费人群众多，嚼用槟榔的地区不断扩大，槟榔消费人口目前已超过6000万。其中湖南湘潭市居民槟榔消费历史跨越数百年，部分人群平均每年每人消费槟榔达0.5kg，多者达数10kg。因此当地的槟榔加工业十分旺盛，产品销往上海、广东、台湾等地，部分返销海南，由此全国槟榔产业从业人数超过300万，而与槟榔产业相关的产业，其从业人数更是超过1000万。事实上，近年来，槟榔的需求量越来越大，消费市场也在不断扩大，产品常出现供不应求的局面，原来只有湖南的企业收购槟榔干果，但现在全国29个省（市）都有消费市场，远远不能满足市场需求。根据目前海南槟榔实际收获面积、槟榔鲜果加工能力、槟榔成品市场消费增长情况等预测，海南槟榔鲜果产量增长速度跟不上槟榔成品市场消费每年20%的增长速度。

目前，在"一带一路"大背景下，全球槟榔产业产值正以年均20%的速率增长。据专家预计，2025年后，全球将形成20亿的消费人群，世界贸易量会逐年加大，我国（海南）在槟榔产业方面，理应乘势而上，而且还应发挥充分的主导作用。

四、对生长环境的要求

（一）温度

槟榔喜高温，温度是我国槟榔分布和产量的限制因子。年平均温度以24~26℃最适宜。当气温为16℃时老叶提前脱落，5℃时植株开始出现寒害，3℃时果实发黑死亡，个别植株死亡，1℃时植株死亡严重。如1975年冬季，屯昌县部分山区气温下降至1℃，1—2年生幼苗死亡60%，3年生以上大苗死亡40%~50%，成龄母树死亡20%。

（二）湿度

槟榔性喜多雨湿润气候，要求降水充足且分布均匀，但忌积水。相对湿度在60%~80%对槟榔生长有利。年降雨量1500~2500mm适宜生长，以年降雨量1700~2200mm、空气相对湿度保持80%以上的地区最为适宜。如果年降雨量1200~1500mm，冬春旱季就需要加强防旱才能生长较好。

（三）光照

槟榔属阳性植物，对光照强度的要求因生育阶段而异。幼苗期需适当的隐蔽，以保持60%左右的透光度更有利于生长。成龄树则要求充足的光照，荫蔽会使植株徒长，结果迟，产量低。但往往又因为满足了光照的要求而使土壤遭受干旱，所以需加强土壤管理，可以间作矮秆作物或以绿肥作为活覆盖，改良土壤环境。

（四）土壤

槟榔喜深厚、肥沃、有机质丰富、排水良好的土壤。土层厚度以100cm以上最合适，80cm以下为风化的母岩，也可以种植。海拔高度则以300m以下为适宜。

（五）风

槟榔属风媒花为主的植物，微风有利于花粉的传播。但强热带风暴和台风对槟榔生长极为不利，如果损害的叶片在4片以上时，就会使第2年的花序败育，导致第3年失收。所以在风害严重的地区要注意营造防护林，以减轻强风危害。2005年第18号台风"达维"再次警示人们，栽培槟榔必须注意营造防护林。

第二节　槟榔种质资源及品种选育

一、种质资源研究

目前对槟榔属的种类说法没有统一的标准，2004年印度CPCRI研究所编写的

《槟榔》一书认为槟榔属有76个种，2008年FAO编著的《热带棕榈槟榔》认为槟榔属有60个种，槟榔栽培历史悠久，在长期的自然进化和人工栽培驯化过程中形成许多变种、品种和类型。目前，槟榔的种质资源区分主要是根据果实与果仁的形状、果实大小、节间长短、叶片、雌花，还有根据品种地理来源等方面对栽培品种进行区别划分。

（一）印度槟榔种质资源

印度CPCRI的维托（Vittal）地区试验站建有槟榔种质资源圃，先后收集保存了包括斐济、毛里求斯、菲律宾、中国、斯里兰卡、印度尼西亚、越南、新加坡、所罗门群岛和澳大利亚23份种质资源在内的117份种质资源；包括5种类型槟榔，即 A.catechu、A.triandra、A.macrocalyx、A.normambyii、A.concinna；同时收集保存了 Actinorhytis 和 Pinanga 两个属的部分资源。不同的槟榔栽培种在果实特性、株高、节间长度、叶片大小和形状等方面有较大的差别，在希莫加（Shimoga）的马纳地区和吉格默格卢尔地区的栽培种果实较小，而在北部的卡纳拉和勒德纳吉里地区果实稍大些。同时在产量、早熟程度、果实的数量和果穗数、质量和矮化规程度方面也存在较大差异。1999年，Nagwekar等人对栽培种Sreevardhana（斯里瓦丹）的形态特征研究表明，果实平均宽度、重量和体积分别为3.35cm、34.34g和44.2cm^3；核果重量在4.12~13.07g，平均7.1g；根据果实的大小和质量，把它分为8个等级。

印度自1957年开始对收集到的种质资源进行形态学评价，从果实特征和产量属性选出了4个高产的栽培种，其中3个是外来的种质，从中国引进的栽培种VTL-3在当地叫作Mangala（曼加拉），相对于其他品种，这个品种有早熟、雄花量多、高产、株高较矮等优良性状。有50% Mangala（曼加拉）种的单株成熟果实产量高于12kg，并且出现一年结果多，一年结果少，被称为"大小年"现象。其他的如在生产上推广的Sumangla和Sreemangala品种是分别从印度尼西亚和新加坡引进的；同时从西孟加拉邦收集并选择了一个具有高产潜力的品种，命名为Mohitnagar，这些品种的一些特征性状见表3-9。其他有潜力的品种如SAS-1、Thitrhahalli和Calicut-17。其Thitrhahalli是Shimoga地区地方品种，在生产上主要用于加工。通过系统地评价外来引进和本地资源，选育出一批高产槟榔品种，然后分别在该国的不同农业气候区推广。

表 3-9　印度主栽品种农艺性状

品种	性状	果性状	成熟果实 （个/kg）	年干果产量 （kg/株）	来源
South Kanara	高秆	大圆果	—	2.00	—
Mangala	中高秆	小圆果	10.00	3.00	中国
Sumangla	高秆	中椭圆果	17.25	3.20	印度尼西亚
Sreemangala	高秆	大圆果	15.63	3.28	新加坡
Mohitnagar	高秆	中椭圆果	15.80	3.67	西孟加拉邦
SAS-I	高秆	中圆果	—	4.60	—
Thitrhahalli	高秆	小椭圆果	—	3.62	—
Calicut-17	高秆，节间长	圆果和椭圆果	18.89	4.34	安达曼和 尼科巴群岛
Sreevardhana	高秆	中椭圆果	—	2.00	—

引自《槟榔》，2010。

（二）中国槟榔种质资源

目前中国槟榔的主要种植地集中在海南，其中栽培最广泛的是海南本地种。自20世纪80年代初，中国先后自发引进了泰国槟榔和越南槟榔在海南试种和种植，但由于该品种口味不适应中国人口味而逐渐被淘汰，目前只有部分地区保存有少量栽培。我国槟榔种质资源从果实形态上分为不同的类型，如长椭圆形、椭圆形、圆形、卵形、倒卵形、心脏形等。

2006年以来，中国热带农业科学院椰子研究所开展槟榔种质资源收集保存工作，建有槟榔种质资源圃100亩，收集到来自东南亚、非洲、南太平洋等国和国内的槟榔种质资源95份。

（三）其他国家槟榔种质资源

槟榔的主栽区分布在热带地区，多为不发达的国家和地区，槟榔多处于原始栽培状态，分布在河谷、丘陵、雨林地区，针对槟榔种质资源收集保存研究工作的报道很少。

二、品种选育研究

（一）栽培品种类型

槟榔属多年生作物，品种选择周期长，品种培育速度慢，在栽培国家大多根据树的高低、果形、产量、果色等性状将槟榔划分为不同的栽培品种。

1.印度栽培品种类型

1915年，Rau根据其成熟果实的甜味对来自Mysore的坡培品种进行了描述，并命名为A. catechu var. deliciosa。Beccari根据果实和果核的大小形状将来自菲律宾群岛的4个槟榔栽培品种命名为A. catechu var. communis、A. catechu var. silvatica、A. catechu var. batanesis和A. catechu var. Longicarpa，将来自马来西亚、斯里兰卡和印度南部的栽培品种根据来源地名命名。Raghavan和Baruah对在阿萨姆（Assam）发现的A. catechu种不同栽培品种的花、果实大小和果实形状的变化范围进行了描述。

槟榔根据树干高度可分类为高种，中间型，矮种。据资料记载，一般生长了7年的槟榔树高度变化在60~360cm之间，Naidu报道过一种产于卡纳塔克邦de Hirehalli的矮种突变体，虽然有40年的树龄，树高只达到4.57m，果中等大小，略细长。矮种槟榔的特征是根据其形态和繁殖特点进行划分的，与Hirehalli本地种相比较，矮种槟榔的主要特征表现在节间距受抑制，树冠形状直立，叶长减短，叶宽，叶鞘长度和宽度等方面。该矮种槟榔的另一个显著特征是树叶呈深绿色，开花期和花的特征和A.catechu相似。此外，与Hirehalli本地种相比，矮种在繁殖特性和结果量等方面也有明显的差别，Hirehalli本地种每年槟榔鲜果的产量比Hirehalli矮种高约41.2%。Hirehalli矮种的显著特征是橙红色，椭圆形，果较小，略细长。若自花授粉，约94%为典型的矮种，若异花授粉，则只有64%为矮种，这也证实了矮种的异种杂交属性。

2.太平洋地区栽培品种类型

在太平洋地区，当地槟榔一般被分为两个栽培种类型，即红色种和白色种，在北马里亚纳群岛和关岛地方语言为agaga（红色）和changnga（或changan）（白色）。红色主要指果壳的颜色，红种核果颜色呈深紫色，白种核果颜色呈深蓝色。白色种果内部呈现微红或桃红色，红色种适合咀嚼，市场价值高，农民喜欢种植红色种。

3.中国栽培品种类型

中国栽培历史悠久，栽培品种多根据种的来源将其划分为本地种、台湾种、越南种、泰国种、印尼种等。在海南种植的海南本地种占95%以上，台湾省大多种植台湾种以供咀嚼。根据种果的类型将海南本地种又分为圆果、椭圆果、卵形果等类型。

海南主栽品种为海南本地种，株高般10~20m，基干较粗，成年树干胸径10~20cm，基部膨大不明显。成龄树一般每年抽生新叶约7片，叶片羽状全裂，聚生茎顶，长15~2m，由叶片和叶鞘组成，叶鞘长，环抱茎干。叶片和叶柄为绿色，叶柄无刺，叶轴基部膨大呈三棱形，叶轴上分布多对裂片，裂片呈线状拔针形，长0.3~0.7m。穗状花序，着生于节上，发育前期被苞片裹着，称佛焰苞，呈黄绿色，苞片开裂后出现花序。花序有10~18个蜿蜒分枝，长25~30cm，每一分枝又分生5~7个小枝。萼片3片，卵形，极小，长约1mm。花瓣3片，长卵圆形，浅黄色。花单性，雌雄异花。雄花小，无柄，着生于花枝上部，形似稻粒，白绿色，有2000~3000朵，最多可达11000以上。雄蕊6枚，花药基生（几乎无花丝），退化雌蕊3枚，呈丝状。雌花较大，无柄，略呈卵圆形，每序有250~550朵，着生于花枝的基部或花序轴上。花被2轮，每轮3片。退化雄蕊6枚，合生。子房1室，柱头3裂，胚珠1个，倒生。雌雄同株，花期短期重叠，异花授粉。果为核果，卵形，一般长4~6cm，最长达11~13cm，未成熟果皮呈绿色，成熟后呈橙黄色，基部有宿存的花萼与花瓣；果实由果皮和种子组成。外果皮革质，中果皮初为肉质，成熟时为纤维质，内果皮木质。种子1枚，由种皮、胚乳和胚组成，扁球形或圆锥形，高1.5~3.5cm，直径1.5~3cm，种皮呈淡黄色或红棕色，胚乳和胚呈白色，种壳薄。结果期早，一般种植后4—5年开花结果，10年后达到盛产期，经济寿命达60年以上。产量高而且稳产，平均每年株产果一般8kg，高产的可达35kg以上。抗风性中等，成龄树强于幼龄树。在23~27℃最适宜生长，叶片寒害指标为16℃，16℃以上可以安全过冬，16℃以下老叶提前脱落，10℃以下叶片开始出现寒害症状。槟榔果寒害指标为3℃，3℃以下果实发黑死亡，1℃以下植株开始死亡。

（二）中国主要栽培品种

我国槟榔（Areca catechu L.）生产上常用品种为地方农家种，果实有长椭圆形、

椭圆形、圆形、枣形等类型，形状和品质特性各异。

1.热研1号

"热研1号"槟榔品种是由中国热带农业科学院椰子研究所根据市场需要，采用连续定向选有法从海南本地槟榔中选育出来的新品种。亲本为海南省地方农家品种中果实商品形状好，后代稳定遗传长椭圆形，植株生长健壮，产量较高。1997年开始采用逐年选择、逐年试种的方式在海南文昌、琼海、万宁、陵水等市县开展品种比较试验，经过近10年的试验试种，该品种表现出良好的商品性状和田间生产性能，10年树龄株比圆形及其他类型槟榔产量提高约12%，果实口感好，综合性状优良。2010年8月通过海南省农作物品种审定委员会认定，命名为"热研1号"，2014年6月经全国热带作物品种审定委员会审定通过。

该品种适宜在海南全省范围内种植，可在云南西双版纳、河口地区试种。

2.农家品系

"糯米槟榔"是农民通过多年的观察与实践选育出来的，其主要特征是果大、果形好，槟榔纤维少，咀嚼口感好，果实的尾部较尖。

此外，也有农民选育出了"特长槟榔"。该品种产量高、果大，呈长椭圆形，14~16个/kg。烘干后果形收缩好，纹路细腻，深受收购商的喜欢，具有很好的发展前景。

3.按照来源地划分

我国槟榔栽培历史悠久，在自然进化和人工栽培驯化中形成许多变种、品种和类型。目前主要根据槟榔种来源地、形态特征进行分类。我国槟榔种群主要分布在海南，云南西双版纳、河口等干热河谷地带也有分布，生产上根据其种源主要分为以下几个类型。

（1）海南种类型。海南栽培槟榔有2000多年的历史，形成了不同的类型特征。海南本地种类型是目前海南省槟榔种植面积最大的种群，全省种植面积为230万亩，主要分布在琼海、琼中、万宁、屯昌等东、中、南部地区。主要特征是果实较大，有明显的果脐。果实长3.5~6cm，直径2.5~3.6cm，商品果一般35~45个/kg。果实形态多为长椭圆形、椭圆形、卵形等。

（2）云南种类型。云南种类型槟榔主要分布于河口、西双版纳等河谷地带，属于当地历史栽培种，果形与海南本地种相似，主要有椭圆形、卵形、圆形等。

（3）台湾种类型。台湾种类型的主要特征是果实小，果实形状如枣形，其果肉嫩，受台湾、香港同胞欢迎。成熟果35~40个/kg，一般以收购青果为主。青果体积小，粒数多，250~600个/kg。在海南有小面积种植，主要供应台湾、香港的青果市场。

（4）泰国种和越南种类型。泰国种主要特征为果实圆形、近圆形；植株节间长、生长快、早熟、不抗风；口味较淡，纤维较粗。目前国内基本无商业种植。越南种果小且圆，味微涩，果实成熟后为红色，在海南有小面积种植。

（三）选择育种

对槟榔幼苗筛选的研究表明，对定植期及随后时期的幼苗进行筛选可以明显提高槟榔园产量。定植时的叶片数，定植一年后的茎围和定植两年后的节间数等性状具有较高的遗传力，这些性状和产量遗传具有正相关的关系。因此，印度研究者把定植时幼苗有4片叶，一年的茎围超过20cm，定植两年后有4个节间或更多节间等指标作为高产幼苗的遴选标准。

以前，选择优良的种果是槟榔遗传改良的方法之一，主要从槟榔园选择表现高产的母株上收集种果。Bavappa和Ramachander检测了这种方法的有效性。他们从41种高产母株收集种果，对子代产量的研究表明，尽管选择了高产的母株，但是子代的表现差异较大，所以在槟榔园直接进行高产母株的选择的方法可靠性较差。通过研究还发现，母株高产和子代的表现没有明显的相关性。Bavappa和Ramachander等研究了不同生长时期槟榔的产量表现，结果表明，投产早的植株可能会获得较高的产量。

1963年在Vittal地区进行的田间试验严格评价了从健康和稳定高产的母株选择种果的效果，并根据种子重量、种苗茎围和植株第一次开花时的树龄制定选择母树、种子、幼苗的标准，因为这些性状与产量存在显著的相关性。除株高和叶片数外，其他性状的遗传力都有所提高。但是，种果数量和重量的遗传力低，因此，根据产量这一指标进行选择的方法有一定的局限性，不宜推广。因此，对单株的选择除了采用混合标准法和单株标准法外，还应该考虑产量、遗传优势、选择指数等指标，并且筛选出遗传力高的综合性状。

（四）品种选择

槟榔在气温20~36℃，最低温度不低于10℃，最高温度不高于40℃，年降雨量

1500~3000mm的地区能生长良好。当新建槟榔园选择品种时，必须充分考虑品种的特性，选择适宜当地气候、土壤条件的优良品种。

对于具体某个地区的品种选择，要考虑该品种对气候土壤的适应性，特别要考虑冬季最低气温。在最低气温低于10℃的地区，沿海台风多、风大的地区，以及海拔超过500m的地区不建议种植槟榔，槟榔不耐涝、不耐旱、低洼地、供水不足的沙地不适宜种植槟榔。对于水田地改种槟榔，在水肥条件好的地区种植，为避免水肥过量，茎秆过于粗壮，营养生长过剩，建议选择细秆类槟榔品种。对于山坡地、浇水不便的地区，建议选择较耐旱的短节间品种，降低水分消耗。另外，根据果实的销售和用途选择品种，如用于鲜食或鲜果加工销售，应选择果实纤维素含量低，果粒整齐度好的品种。如果为了销售脱壳加工果仁，可选择果实种仁大、种皮薄的品种。选择品种时应注意严禁从槟榔黄化疫苗区选种或购进种苗。

三、杂交育种

（一）槟榔授粉

槟榔为异花授粉植物。肉穗花序伸出佛焰苞，1—11d后雄花开放，有时可以看到当肉穗花序从佛焰苞伸出时有大量雄花脱落，说明部分雄花在未伸出佛焰苞时已经开放，雄花一般在太阳升起的时候开放，散发出浓郁的香气，当天或第二天上午开放的雄花脱落，雄花附着处有清澈的蜜露分泌。雄花开放周期一般持续25—46d，平均为31d。

雌花一般早上2：00—10：00开放，刚伸出佛焰苞时呈现乳白色，在阳光照射下逐渐变绿，雌花花冠在开放时呈乳白或象牙白色；花萼绿色，待雌花开放时，颜色逐渐变淡，变为黄绿色或浅绿色。雌花开放前先逐渐张开一条小缝，在随后的5—6d内逐渐加宽，呈"Y"字形，暴露出柱头。一般雌花开放期持续3—10d。

柱头从雌花开放时即具有接受花粉的能力，一般延续到第2天或第3天，然后迅速下降，中年的槟榔树接受能力较强。雄花和雌花开放期约有13%的花间重叠和4%的花内重叠。阿南纳达（Ananada）研究认为在该地区，不同的季节花序个数不同，不同品种的雄花开放期不同，一般雌花期短于雄花期，当雄花几乎完全败落，雌花才从底部花朵开始开花，雄花和雌花的交错期为2.33d左右。尽管是异花授粉植物，但仍有0.8%的自花授粉果实产生。人工授粉是提高槟榔坐果率的重要手段，研究表明，通过人工授粉成年槟榔树可以达到平均60.45%的坐果率，曼加拉（Mangala）品种最高可以达到67.48%，最低的VTL-12品种也可以达到46.29%。雄花在花序露出后自下而上开放。

雌雄花期重叠的时间较短，再加上授粉期遇到低温或刮风下雨，是导致授粉不良，坐果率下降的主要原因。根据调查结果，槟榔在我国坐果率低的主要原因如下：①树小养分不足，雌花多脱落，随着树龄增加落花落果减少；②雌雄花期不一致，花粉寿命短，错过雌花最佳受精的时间；③花粉变异大，大量花粉落在柱头上不萌发；④花粉管生长缓慢，导致受精不良；⑤在不适宜的温度和湿度条件下，花粉易受病菌侵染。

（二）花粉的传播途径与萌发

盛花期的时间是每年的4月到6月，花粉浓度最大的时间是上午8:00—9:00。通常雄花先开，几天后雌花再开放，雄花开放吸引大量的蜜蜂和其他昆虫，但是这些昆虫通常只对雄花进行采粉而不触碰雌花，普遍认为花粉是由风传播。

2013年，槟榔和热作产业研究专家刘立云利用海南本地槟榔品种的花粉作为实验材料，研究了不同硼酸、蔗糖浓度培养基对花粉萌发率及生长的影响，发现当硼酸浓度为0.4~0.6g/L时，槟榔花粉萌发率和花粉管长度的影响效果最好；在糖浓度为40 g/L的固体培养基上花粉萌发率最高。最终得出槟榔花粉发芽最适宜的培养基配方为琼脂5g/L+硼酸0.4~0.6g/L+蔗糖40 g/L。还发现槟榔花粉在常温条件下离体培养1.5 h为最快速生长期，完全发育约需3 h，适宜的培养温度为30℃。

（三）人工杂交提高坐果率

槟榔杂交技术包括去雄、套袋、杂交过程。去雄主要是在雄花开放前用剪刀剪去带雄花的小穗，然后用尼龙网袋套着整个花序；收集完全开放的父本花粉，待雌蕊开放时，将采集的父本花粉授到雌花上。然后封紧袋口，此过程需每天操作，重复一周，因为雌花开放的时间不一致，授粉后20 d即可看到果实坐果。

商业杂交一般采用将完全开放的花粉收集到含有0.5%蔗糖水溶液中，轻轻摇动，形成悬浮液，然后用手动喷雾器喷射开放的雌花，每天重复1次，重复1周左右。此方法可以提高14.4%的坐果率，见表3-10。

表3-10　槟榔人工辅助授粉和坐果率

处理	试验株数	雌花总数	坐花数	坐果率/%
喷蔗糖水溶液	36	8969	1080	12.0
喷花粉蔗糖水溶液	36	10352	2727	26.4
对照（未做任何处理）	36	7960	958	12.0

引自《槟榔》，2010。

（四）杂交制种技术流程

杂交育种是培育植物新品种的主要途径，通过选用具有优良性状的品种、品系等进行杂交，繁殖出符合育种目标要求的群体。通过人工杂交的手段，选择两个或两个以上槟榔亲本通过杂交的手段将优良性状综合到一个植株个体上，可直接培育杂交新品种，或者从分离的后代群体中，通过人工定向选择、培育和比较鉴定，从而获得遗传性状相对稳定、有栽培利用价值的新品种。

（1）杂交父母本的选择。选择成龄高产槟榔树做父母本植株，最好优势性状能够互补，遗传差异大的材料，有利于产生杂种优势。

（2）去雄。在槟榔佛焰苞开裂前，用小刀纵向切开佛焰苞，然后在基部切除苞片，在离最后一个雌花上部剪除全部雄花小穗。

（3）套袋。去雄后用隔离育种袋套住槟榔整个花序；在花序基部缠上蘸有杀虫剂的脱脂棉，然后用尼龙绳绑紧棉花和隔离纱网袋。

（4）花粉的制备。选取目标父本，在雄花开放量占整个花序大约1/3时，离雌花上部5 cm处剪下花穗小枝，然后带回室内脱粒、放入粉碎机磨碎，之后放入可控制温度、湿度的恒温干燥箱中，在烘制过程中翻转2~3次，烘干24 h，之后过筛，将干燥后的花粉放入离心管保存，放置于4℃冰箱保存备用，保存时间最好不要超过50 d，授粉前进行槟榔花粉发芽力实验。

（5）槟榔花粉发芽率检测。花粉发芽培养基配方为琼脂5 g/L+硼酸0.4~0.6g/L+蔗糖40 g/L，适合培养槟榔花粉，常温条件下离体培养大约1.5 h，花粉为最快速生长期，完全发育约需3 h，一般培养2 h后显微镜观察花粉生活力。

（6）授粉。母本去雄后，每天观察去雄后雌花的开放情况，当有雌花的柱头露白时，呈"Y"字形，就可以进行授粉。用小头授粉笔蘸槟榔花粉，连续授粉5—7 d，挂上标签，至全部雌花开放完毕，再过一周后柱头全部变褐色，就可以撤除制种袋，果成熟后采收种果，进行育苗，即可培育出杂交种苗。

第三节　栽培技术

一、种苗繁殖

（一）选种

选母树以生长健壮的20—30年龄树为宜。每年有3个以上果穗，产果250~300个、产量稳定。叶片8片以上，叶柄短，叶色青绿而稍下垂。茎干粗壮，上下均匀，节间短。选果穗成龄槟榔一般有3~5个果穗，少数7个。第1穗果因发育条件较差，果实不饱满，一般应予淘汰。宜选5~6月果实多、充分成熟的第2~4穗果做种。选果实应充分成熟（呈金黄色），果大饱满，果皮薄，种仁重，大小均匀，每千克鲜果为18~22个的卵形和椭圆形果实为最好。未成熟的青果，发芽率底，一般不到20%，长出的苗生势差，成苗率仅70%左右，不宜做种。

（二）建立苗圃地

1.选地

土壤肥沃、土质疏松，经过1~2年轮作并且没有恶草（如茅草、香附子、硬骨草等）的熟地；或有机质丰富、质地疏松的新垦荒地。水源充足，靠近定植区。槟榔苗期长，怕旱，苗圃地应水源充足。由于苗木运输量大，应尽量靠近定植区或交通方便的地方。

2.整地及施基肥

苗圃地应提早整地，以利于土壤风化和消灭杂草。一般耕深25~30cm，清除石块、树根和杂物。采用苗床育苗须起畦，畦高15~20cm，畦宽1~1.3m（可种植槟榔苗3~4行），长度随地块大小及形状而定，以利于管理为原则，一般为10m。畦的走向，平地宜南北走向，缓坡地形成水平畦。畦间距离50~60cm。每畦（11~13㎡）施肥量为腐熟厩肥100~150kg，过磷酸钙0.5~1kg。按株行距33cm×33cm挖穴把肥料施下，与土壤充分拌均，上盖表土3~5cm。采用塑料袋育苗的苗圃，则按苗床育苗规格，整好苗畦，以便摆放袋育苗。

3.架设荫棚

槟榔苗期要求适当的光照。荫蔽度太大，幼苗假茎细弱，叶数减少，叶柄细长，叶面积小，叶片薄，叶片暗淡，介壳虫为害严重。而架设荫棚，合理调控荫蔽度的幼苗，假茎粗壮，叶片数增加，见表3-11、表3-12，叶柄增粗，叶面积增大，叶片增厚，叶色浓绿，抗病虫害能力增强。

表3-11　不同荫蔽处理幼苗假茎茎粗增长量（单位：cm）

处理 肥料	荫蔽量不变区		荫蔽量减区	
	1 区	2 区	1 区	2 区
氮	1.32	1.44	1.39	1.44
磷	1.25	1.16	1.30	1.31
钾	1.13	1.02	1.36	1.30
氮、磷	1.05	0.83	1.46	1.43
氮、钾	1.32	1.01	1.37	1.45
磷、钾	1.18	1.05	1.42	1.28
氮、磷、钾	1.24	1.26	1.47	1.63
不施肥	1.08	1.18	1.38	1.33
平均	1.16		1.40	

注：（1）表内数据为苗期9个月的增长量。

（2）施肥量：氮为尿素0.5g，磷为过磷酸钙2.0g，钾为硫酸钾0.2g。

（3）处理：荫蔽量不变区，荫蔽度为85%；荫蔽量渐减区，开始荫蔽度为85%，5个月后减为77%，出圃前接近全光照。

表3-12　不同荫蔽处理幼苗叶片数（单位：片）

处理 肥料	荫蔽量不变区		荫蔽量减区	
	1 区	2 区	1 区	2 区
氮	2.9	3.1	3.3	3.2
磷	2.9	2.9	3.3	3.0
钾	2.7	3.0	3.5	3.0

处理 肥料	荫蔽量不变区		荫蔽量减区	
	1 区	2 区	1 区	2 区
氮、磷	2.9	3.0	3.3	3.2
氮、钾	3.2	3.2	3.8	3.1
磷、钾	3.0	2.9	3.4	3.5
氮、磷、钾	3.0	2.9	3.4	3.5
不施肥	3.3	3.0	3.5	3.7
平均	3.0		3.4	

注：荫蔽度处理、肥料量及观测苗龄同表3—11。

荫棚可每畦设1个，棚顶盖以棕榈科植物的叶片或大芒等。如取材（木料或石柱）容易，可设数畦以上的大荫棚。大荫棚管理方便，透光均匀。也可利用农舍房前屋后树荫下的空地，用营养袋育苗，以减少投资。

（三）催芽

收果后将果实摊晒2—3d才进行催芽，可提早发芽5—7d。目前海南槟榔催芽的方法有多种，其中常用的有堆积催芽法、苗床催芽法、箩筐催芽法3种。以堆积催芽法较经济实用。

1.堆积催芽法

选择靠近水源、有树荫、通风、湿润的地方，将果实堆积成高15cm、宽80~100cm，长2~3m的果堆（约75kg果实），盖上稻草至不露种子。每天淋水1次保持湿润，日平均温度在30~35℃时约需10d，部分果实的果皮因发酵腐烂，随即用水冲洗，再堆积盖上稻草淋水。一般经催芽15~20d，种子开始萌发，30d达盛期，45d左右结束。发芽期间，每天需剥开果蒂检查，发现有白色小芽点的，即可取出育苗。用此法催芽发芽率在90%以上。

2.苗床催芽法

做宽1.3m、高10cm的苗床，铺上一层河沙，将果实按3cm的行距排好，果蒂向上，覆土至过果实1cm，再盖上稻草。每天淋水1次，25—30d开始萌发。定期检查，将有白色芽点的种子取出育苗。此法用地面积大，费工。

3.箩筐催芽法

将果实放在箩筐内，上面覆盖稻草，置于荫棚下或室内通风处，淋水保湿。果皮发酵腐烂时，取出稻草冲洗，再盖回稻草。进入发芽期后，每天检查，将发芽种子取出育苗。此法易发酵升温，通气性好，有利于种子萌发，但大量催芽时需箩筐多，成本高，故较少采用。

（四）育苗

通常采用的有营养袋育苗和地播育苗两种。营养袋育苗移植大田，恢复生机快，成苗率高，生长迅速，有利于提早进入生产期。

1.营养袋育苗

用高30cm、宽25cm的塑料袋，下部打4个孔。先装入3/5按6：4的表土和腐熟厩肥混合的营养土。再把发芽的种子移入袋中，芽点向上，覆土过种果1cm，再薄盖一层河沙，以避免表土板结。然后把塑料袋排列于苗畦上，最后淋水至袋土湿润。

2.地播育苗

在已备耕的苗床上，按株行距每穴播1粒发芽种子，覆土厚2~3cm，盖上稻草，淋湿苗床。经25—30天，小苗便陆续出土。

（五）苗圃地管理

苗出土以前，如果天气干旱，应每天淋水1次，保持土壤湿润，以提高成苗率。在叶片开展后施第1次肥，以后每隔30~40d施1次。第1次可施用1：10的稀释人粪尿，或浓度为1%的尿素水溶液，以后随着苗木的增长逐渐提高施肥浓度。出圃前的1次施肥配合施用少量钾肥。施肥应注意避免洒在叶片上，以免烧伤叶子。营养袋育苗较易受旱，应注意保持土壤湿润。人工荫蔽的苗圃，中后期要逐渐减少荫蔽度，至出圃前接近全光照。通过炼苗可提高种苗在大田的耐光和抗旱能力。

二、育苗技术

（一）苗圃地的选择、规划行育

1.苗圃地应具备的条件

苗圃地的选择要考虑当地的自然条件和经营条件等因素。自然条件为水源充足、土壤肥沃、排水良好、地形平坦的开阔地或坡度为1°~3°的缓坡地，周围有防护林为佳。经营条件主要为交通便利，如靠近公路、水路等，以利于苗木的出圃和苗圃所需物资的运输。

另外由于海南槟榔黄化病的蔓延危害，为保证苗木的安全生产，苗圃地选点建圃时应远离槟榔黄化区，周围最好有非槟榔树隔离林带。

2.苗圃地的规划

苗圃地应按地形走向及面积进行规划，首先要清除杂物，锄松土壤，平整起畦。按苗床育苗规格，整好苗畦。槟榔苗圃地按功能进行划分，可分为播种区和移植区。

播种区用于苗床催芽和标准苗的培育，一般苗床规格长10m、宽1~1.2 m，苗床间留人行道40~60 cm。移植区用于大苗和特大苗的培育，即在播种区繁育出来的苗木，在需要进一步培育成较大苗木用于定植或补苗时，可将苗木移植到移植区继续培育。有条件者可在苗圃地进行地膜覆盖，不仅可防止杂草生长，也有利于行走作业。另外苗圃地应按地形的缓坡度，挖好排水沟，以免雨水冲刷损坏。

（二）育苗技术

1.选种

海南槟榔果形丰富多样，有长椭圆形、椭圆形、卵形、圆形、倒卵形、枣形等。类型来源主要是中国和泰国、越南等地。在国内，海南本地种果实形状主要为椭圆形、卵形，台湾种多为枣形，泰国和越南种主要为球形、阔卵形。选种一般采用海南本地种，若考虑供应台湾省可采用台湾种。

（1）母树。

15—30年树龄（如果是表现特别优良的单株，可根据情况适当降低树龄），健壮（叶绿，叶片数8片以上，茎干适中、上下均匀，节间短），高产稳产（每年有3个果穗以上，单株产果多于300个），果形好（市场喜好型、适合加工）。

（2）果穗。

4—6月充分成熟的第2~4穗，果实发育佳，果实饱满，营养物质丰富，畸形果少，有利于种果发芽的一致性和整齐度，保证了种苗的优质性。而每年3月前开的第一穗花的果穗，由于正值旱季、水分不足、气温较低，果实发育不良，种仁细而不实，其发芽率通常不足60%，因此不作为选种。

（3）果实。

色橙黄，果大饱满，种仁重，大小均匀，无裂痕，无病斑，千粒重42~55 kg。目前海南槟榔鲜果主要用于烘干加工，对于果形的要求极其严格。在对大型加工厂的调研中发现商品喜好型的果形主要为椭圆形，此类果形两端收缩完整，烘干后纹理清晰漂亮。

2.播种催芽

（1）种子萌发温度。

不同种类植物种子的萌发温度要求不同，这是由植物本身特性所决定，也是植物长期适应环境的结果。槟榔属顽拗性种子，具有对温度、干旱等外界环境较为敏感的特性。槟榔生长于热带及南北回归线以内的热带地区，种果成熟月份集中在4—5月，恰逢海南高温季节，在种果槟榔采摘后进行装袋堆沤（一般海南农户的种子处理方法），袋内温度可高达50℃左右。如何控制合适的温度进行种果堆沤及萌发处理，避免因温度过高造成大批量种果失活是最为关键的一步。

黄丽云等采用双向温度梯度系统控制面板设置49个昼夜温度处理（最高温区48℃，最低温区20℃），研究其对种子萌发率、生长状况及生理响应的影响，见表3-13。结果表明，槟榔种子的最佳昼夜温度组合为29℃/25℃，最佳萌发恒温为23.3~31.0℃，日积温560~744（℃·h），萌发积温不宜超过24864（℃·h），在48℃/48℃条件下种子不萌发。从以上的研究结果来看，在进行种子堆沤时，不能长时间在太阳下暴晒，当温度达到48℃以上时，对种子发芽率有较大的影响。如条件允许，可将种子置于昼夜温度为29℃/25℃条件下，不仅可提高发芽率，也可以提早发芽。

表3-13　温度梯度板温度设置组合（℃/℃）

编号	A	B	C	D	E	F	G
1	（48/20）	（48/25）	（48/29）	（48/34）	（48/38）	（48/43）	（48/48）
2	（43/20）	（43/25）	（43/29）	（43/34）	（43/38）	（43/43）	（43/48）
3	（38/20）	（38/25）	（38/29）	（38/34）	（38/38）	（38/43）	（38/48）
4	（34/30）	（34/25）	（34/29）	（34/34）	（34/38）	（34/43）	（34/48）
5	（29/20）	（29/25）	（29/29）	（29/34）	（29/38）	（29/43）	（29/48）
6	（25/20）	（25/25）	（25/29）	（25/34）	（25/38）	（25/43）	（25/48）

编号	A	B	C	D	E	F	G
7	（20/20）	（20/25）	（20/29）	（20/34）	（20/38）	（20/43）	（20/48）

（2）选果与催芽。

堆沤后对种果进行分级处理：①一级种果经堆沤清洗消毒后直接播种至营养袋育苗；②二级种果经催芽后再播种至营养袋，可提高营养袋苗生长的整齐度和种苗的出圃率。

a.直接装袋播种。精挑细选出槟榔一级种果，具有果形好、色橙黄、种仁重、均匀一致的特性，直接进行装袋播种，发芽率可达98%以上。

b.苗床催芽法。二级种果采用苗床催芽法。在苗床底部淋水后铺一层沙，然后铺一层果（果蒂向上，以便发芽），覆土盖上椰糠或稻草，既可保水，又可抑制杂草生长。每天要淋足水，淋水时间应在早上或傍晚天气凉爽时，另外还须及时清除杂草。40—50d后可冒出绿色芽点，此时取出育苗，否则芽过长，根部缠绕，取种时易伤根。

（3）营养袋材质与规格。

无纺布袋透水、透气、保温，消除了极端温度的发生，使苗木长势平稳、健壮、安全。另外无纺育苗袋还能降低育苗成本，可降解利于保护环境。标准苗育苗袋17 cm×16 cm，大袋苗育苗袋25 cm×25 cm，特大苗育苗袋30 cm×28 cm，出圃时育苗袋完整，土柱无松散。

3.育苗基质

育苗基质是种苗培育的物质基础，营养土的配制对植物能够起到营养、透气和保水等作用。一般情况下，育苗基质提供养分，有利于疏松土壤、保留水分、增强透气性，所以必须将各种材料按照一定的比例混合。

育苗基质的选用一般以因地制宜、能够就地取材为主，这样才能有效地节约生产成本。我国椰糠产地在海南，椰糠具有良好的透气性、保水保肥性和缓慢的自然分解率。动物粪便所含的养分较为丰富，既有容易分解可被吸收利用的有效养分，又有不易分解的迟效养分，肥效快慢相结合有利于种苗的持续养分供应。

中国热带农业科学院椰子研究所开展了不同配比的栽培基质对槟榔苗生长影响的研究。试验共设5个处理，处理Ⅰ——红壤土：椰糠=7：3；处理Ⅱ——红壤土：羊粪=9：1；处理Ⅲ——红壤土：椰糠：羊粪=5：4：1；处理Ⅳ——红壤土：椰糠：羊粪=6：3：1；处理Ⅴ——红壤土：椰糠：羊粪=7：2：1。通过测定基质理化性质、植株动态生长状况、叶片营养成分、根系活力及根际微生物多样性等指标，并采用统计软件进行相关性分析，研究结果表明，红壤土：椰糠：羊粪=6：3：1配比的育苗基质最适合槟榔种苗培育。

4.苗期管理

（1）施肥。

根据苗木规格，每行放置6~12个营养袋不等，整个畦面不超过1.2 m，畦面留约50 cm的间距，以方便管理。由于栽培基质具备充足的养分，一般情况下，1—1.5年无须施肥，此后可视苗的长势决定施肥用量。待苗长出4~5片叶后便可定植。

（2）浇水。

天旱时每天淋水一至两次，视干旱程度，每次15~30 min。根据荫蔽情况，需搭荫棚，避免阳光暴晒，后期炼苗时可逐步打开遮荫网直至出圃。槟榔种苗需经过20—30 d炼苗，去除遮阴物，控水控肥，叶片由浓绿转至黄绿方可出圃。

（3）病虫害调查与防治。

对海南文昌、琼海、万宁、儋州等地的种苗基地开展了病虫害种类摸底调查。初步调查发现，目前槟榔种苗的病害有炭疽病、叶斑病、煤烟病等，种苗上的虫害有介壳虫、螨、蛞蝓、黑刺粉虱、线虫、蟋蟀、蜗牛等。针对苗圃病虫害发生种类与程度进行防治，一般情况下每年喷药1~2次。

5.种苗出圃标准

槟榔种苗按苗龄可分为一年苗和两年苗，再分别对不同苗龄进行2个等级质量的区分，以种苗的3个重要指标（茎粗、苗高、叶片数）为定级标准。选择经过严格育种程序培育出的种苗进行3次重复测量，在测量数据的基础上，提取90%的合格苗，进而在合格苗的基础上进行2个等级的划分。具体如表3-14、表3-15所示。

表3-14　合格苗木的质量指标

种苗	茎粗/cm	苗高/cm	叶片数/片	合格苗	茎粗/cm	苗高/cm	叶片数/片
一年苗	0.55~1.52	30.0~75.0	3~6	90%	>0.7	>35.0	>4
二年苗	1.0~1.8	45.0~158.5	4~8	90%	>1.0	>45	>4

表 3-15　不同等级苗木的质量指标

种苗	茎粗 /cm	苗高 /cm	叶片数 / 片	合格苗	茎粗 /cm	苗高 /cm	叶片数 / 片
一年苗	0.55~1.52	30.0~75.0	3~6	90%	> 0.7	> 35	> 4
二年苗	1.0~1.8	45.0~158.5	4~8	90%	> 1.0	> 45	> 4

三、园地建立

（一）园地选择

槟榔园的建立，应根据槟榔的习性及其所需的环境条件选择园地，做到全面规划、合理安排，充分利用有利的自然条件，克服不利因素，以获得槟榔的早产、高产、稳产、优质和高效益的效果。

1.气候条件

温度和雨量是我国槟榔产量和分布的限制因子。根据这两个主导因子，海南槟榔宜林地的气候区划如下。

（1）最适宜区。

最适宜区为东部沿海湿润气候区。本区主要包括琼海的南部、万宁和陵水的一部分。本区是全岛热量最丰富、越冬条件较优越的地区之一。这里平均温度在24℃以上；最冷月平均气温大于18℃，极端最低温度大于5℃，所以此区无寒害。该区降水也很充沛，年降雨量在2000mm以上，年降雨日数170d。但此区常风大，年平均风速大于2.5m/s，而且又常有强热带风暴和台风的侵袭，给种植槟榔带来一定的影响，所以积极营造防护林是十分重要的措施。

（2）适宜区。

适宜区分成3个亚区。

第一个亚区为东北部湿润气候区。本区主要包括文昌、屯昌部分地区及定安和琼海的一部分。本区年平均气温23~24℃，最冷月平均气温17~18℃，极端最低温3.4~4.7℃。年降雨量为1760~2200mm，年降雨日数165—185d。这里的热量和水分条件都是比较有利于槟榔良好生长的。但本区是全岛台风登陆最多的地区，常常给槟榔生产带来较大的危害。另外，有的年份冬春有轻度寒害。

第二个亚区为南部及西南部丘陵半湿润气候区。此区主要包括乐东、保亭和三亚的丘陵部分。本区热量和越冬条件与第一个亚区基本相同，但降雨量差异较显著。本区大部分地区年降雨量为1400~1700mm；年降雨日数140d左右，干旱对本区槟榔生长影响较大，应注意搞好水土保持和做好冬春防旱。

第三个亚区为北部半湿润气候区。本区主要包括儋州、临高、澄迈、海口及定安和屯昌、昌江的部分地区。该区热量条件和越冬条件较差，年平均气温为22~24℃，最冷月平均气温16~17℃，极端最低温≤3℃出现的概率2.5%~14%。降水条件较好，年降雨量1400~1900mm，年降雨日数135~165d。本区寒害较上述各亚区严重。另外，西北沿海地区降水条件比内陆差，冬春干旱也较严重，应选有灌溉条件的地区种植。

（3）次适宜区。

次适宜区分成2个亚区。

第一个亚区为南部沿海半干旱气候区。本区主要包括陵水一部分，三亚大部分。本区是全岛热量和越冬条件最好的地区，年平均气温在24.7℃以上；最冷月平均气温大于20℃，极端最低温大于5℃，无寒害。但本区降水量是全省第二少的地区，大部分地区年降雨量1200—1500mm。此外，风害也比较严重，干旱和风害是影响槟榔生长的主要问题，故必须营造防护林和防旱。

第二个亚区为西部沿海半干旱气候区。本区主要包括东方、乐东的莺歌海地区和昌江一小部分。这里的热量和越冬条件都比较好，无寒害，但降水量是全岛最少的地区，东方年降雨量不足1000mm，其中1/4年份低于750mm；降雨日数也是全岛最少的，仅92d。莺歌海年雨量也仅1076mm，昌江稍好些。本区冬春除旱期长，降水量少外；4—5月间还可能出现干热风，空气相对湿度在50%以下，此时正值开花稔实盛期，严重影响了开花授粉和幼果的生长发育，使产量不稳不高，必须营造防护林，或有灌溉条件才能种植槟榔。

（4）欠适宜区。

欠适宜区为中部山地湿润气候区。本区主要包括琼中、白沙、五指山及保亭北部山地部分。本区热量和越冬条件是全岛最差的地区，但降水条件又是全岛最好的地区。本区年平均气温为小于23℃，最冷月平均气温小于17℃，极端最低

温 -1.4~0.1℃，≤ 3℃出现的概率 26%~42%。这里是全岛寒害最严重的地区。必须选海拔低、小环境条件好的地方才能种植槟榔。

2.土壤条件

土壤条件对槟榔的树势、产量都有影响。一般以土层深厚、肥沃、疏松的红壤和砖红壤，排水良好的冲积土，及河沟边、房前屋后、田边等五边地最佳。

3.地形条件

主要包括海拔高度、坡向和坡度等。在对槟榔生长影响较大的低温地区，根据地形选择好避寒小环境，可以避免槟榔出现寒害，或把寒害减轻到最低程度。例如由于海拔高度每升高 100m，气温便下降 0.4~0.6℃。当寒潮入侵，因气温垂直递减及高处易受风寒，位于坡上的槟榔寒害便要比坡下的严重，见表 3-16。

表 3-16　不同坡位与槟榔寒害的关系

坡位	坡向	调查株数/株	无寒害		轻度寒害		中度寒者		严重寒者		死亡	
			株数/株	占比/%	株数/株	占比/%	株数/株	占比/%	株数/株	占比/%	株数/株	占比/%
坡下	南坡	180	150	83.3	18	10.0	9	5.0	1	0.6	2	1.1
坡上	南坡	181	55	30.4	73	40.3	23	12.7	14	7.7	16	8.9
坡下	北坡	132	19	14.4	54	40.9	25	19.0	22	16.6	12	9.1
坡上	北坡	199	10	5.0	20	10.0	58	29.1	82	41.2	29	14.6

注：（1）1965 年定植，1976 年 5 月调查。

（2）调查地点为同一山丘。

在海南种植槟榔，一般认为以海拔 300m 以下的地区较适宜，而且以坡下或坡中地段更有利于防寒。山地坡向不同，日照量、温度和风速等因素也不同，槟榔寒害的程度也不相同。由于阳坡（南、西南、东南坡）日照时间长，光量多，避风，寒害便比阴坡（北、东北、西北坡）的轻。如 1975—1976 年冬春强低温，海南屯昌药材场种于南坡的槟榔，寒害植株仅有 43.2%，而北坡寒害植株高达

91.2%，见表3-17。坡向对寒害的影响，其规律为，南坡和西南坡最轻，西坡和东南坡次之，北坡、东北坡和西北坡较重。但在高温无寒害地区，阳坡夏季升温快，土壤表层的细根易受热伤害，强光照射又造成旱害，易使树灼伤，不利生长。因此在高温干旱地区建立槟榔园，应有灌溉条件，或需积极营造小方格防护林以改造种植环境。

表3-17　不同坡向与槟榔寒害的关系

坡向	调查株数/株	无寒害		轻度寒害		中度寒者		严重寒者		死亡	
		株数/株	占比/%	株数/株	占比/%	株数/株	占比/%	株数/株	占比/%	株数/株	占比/%
南坡	361	205	56.8	91	25.2	32	8.9	15	4.2	18	5.0
北坡	331	29	8.8	74	22.4	83	25.1	104	31.4	41	12.4

注：定植和调查时间、调查地点同表3-16。

丘陵地建园，坡度一般以低于15°为宜，既有利于减轻寒害，又有利于水土保持工程的建设。

（二）园地建设

1.营造防护林

营造防护林是海南槟榔园一项重要的基本建设。它能减轻热带低压和台风所造成的叶片损伤和落花落果，有利于缓和寒潮降温所引起的寒害，有利于减少土壤水分蒸发和提高槟榔林间空气的相对湿度，有利于减缓地表径流，保持坡地水土，而且可以减轻台风季节病害的流行。丘陵地造林可分为山顶块状林带、山脊林带、纵行林带和等高林带4种。平地造林，分为主林带和副林带两种。主林带垂直于主风方向，副林带则与主林带相垂直。

2.建立排水系统

丘陵地建立排水系统主要是防止水土冲刷。可在最高一行梯田的上方，约相距10m处设等高的截水沟，在梯田内侧设排（蓄）水沟和顺坡设纵行排水沟，在冲积土区建立排水系统则有利于排除因水位过高带来的积水。可设立总排水渠和与总排水渠相通的田间排水渠。

3．开垦

如遇茅草、香附子、硬骨草地应先用除草剂喷灭后再进行耕地和修梯田。坡度超过15°的坡地要开内向倾斜15~20°的环山行，15°以下的要修建大梯田或沟埂梯田。最好在定植前2—3个月挖穴，植穴规格为宽、深各60~80cm，使穴土风化。定植前15—20d，结合表土回穴，每穴施腐熟厩肥5~10kg。近植穴边缘种上山毛豆、猪屎豆或田菁等速生绿肥，以提供幼苗遮阴和做有机肥。

4．定植

（1）选苗。

印度的有关研究表明，在幼苗的各种生长特性中，定植时的叶片数、根茎处的径围等具有高度遗传力，表型和基因型都与产量呈明显正相关，如果只选择5片以上的苗，总产量便可增加11%。根据海南的经验，经过1—2年的培育，具有6片以上叶片、根茎粗大、高60~100cm的苗适于出圃，凡同一管理条件下叶片少、生势弱、叶片纤细直生或生长习性反常的畸形苗，应一律淘汰。

（2）种植密度。

依气候、土壤条件和抚育管理水平而不同，一般株距2.0~2.5m，行距2.5~3.0m，每公顷种植槟榔1600~1650株。

（3）定植方法。

在春季2—3月或秋季8—9月移栽为宜。苗床培育的种苗，起苗前1d先淋足水，挖带土苗，使起苗时少伤根，蘸牛粪泥浆后运往大田定植。袋育苗移入植穴覆土前要将塑料袋除去。种植不要过深，以根茎入土3cm左右为适宜，并压实土壤。坡地或地下水位低的植地，穴面低于地面10~15cm，以利抗旱和以后培土；地下水位高或易积水地，平整穴面与地面，以免引起根系腐烂。植后盖草和立即淋定根水。如遇干旱，要适时淋水防旱，以提高成活率。

四、园地管理

（一）除草、松土和培土

幼龄槟榔园土地裸露疏松，极易滋生杂草，大量消耗土壤中的养分，抑制幼树的生长。每年应除草3~4次，将除下的杂草覆盖根圈。成龄园荫蔽度较大，杂草生长较为缓慢，每年除草2~3次，并结合松土，以提高土壤保水能力和通气性。槟榔的茎节在外界条件适宜时，能大量萌生不定根，定期培土不仅能保护茎基、因雨水冲刷而裸露的老根，而且能促进萌发新根，提高植株吸水、吸肥的能力，使植株生长良好，提高产量。

（二）间作

间作可以抑制杂草生长，保持水土，增加土壤有机质和养分的含量，改善土壤物理性状。间作物的选择需因地制宜，土壤结构差、肥力较低的园地，以间作绿肥为宜，如爪哇葛藤、田菁、猪屎豆等。土壤肥力高的槟榔园，如果行间光照较充足，可间作豆类、旱粮、水果类等作物；如果行间较荫蔽的，可间作耐荫的药材或香草兰，如益智、白豆蔻等。海南省利用中国热带农业科学院香料饮料研究所的科研成果，在万宁、五指山、屯昌、定安等市县，根据槟榔林能为香草兰提供50%~60%的荫蔽度，建立活荫蔽的栽植模式，种植高效作物香草兰。由于主作物槟榔和间作物香草兰之间没有交叉病害，既有利于香草兰的生长，又有助于减少病虫害；而且种植一亩香草兰前期投资比人工荫蔽栽植模式减少了5000元左右。定安县龙门镇农民符良在40亩槟榔林下套种香草兰，通过对香草兰的水肥管理，使槟榔的产量较纯槟榔林提高两成左右。据估算，间种可使每亩土地较单纯种槟榔增收约9000元。在国外，有一些槟榔生产国还在槟榔园内间作可可、胡椒等经济作物。20世纪60年代初，印度在Vittal等5个研究中心布置了多个槟榔园间、混作试验。在贾尔派古里的试验结果表明，间作香蕉的比对照多获纯利17.0%；间作蒌叶的多获纯利40.3%；间作胡椒的多获纯利39.7%；混作大薯和胡椒的多获纯利65.6%；混作胡椒和竹芋的多获纯利48.1%；混作菠萝和胡椒的多获纯利36.6%。

（三）施肥

幼龄期是生命周期中以营养生长（建造根、茎叶）为主的阶段，对元素的要求较高。因此施肥以氮肥为主，适当配合磷钾肥为原则。在定植后的第二年至开花前，每年每株可施飞机草等青肥15~20kg或堆肥、厩肥等5~10kg，混合过磷酸钙0.5~0.6kg，结合扩穴或在树冠外缘挖30~40cm深的半月形沟施下；沤制的水肥或化学肥料，则每年结合除草松土时施下，每年3~4次，每次每株施入人粪尿5~7.5kg，或尿素0.3kg，产果前1年加施氯化钾0.5kg，以有利提高初产期的产量。

成龄期槟榔营养生长和生殖生长（开花结果）同时进行。对营养的要求以钾元素较为强烈。成龄槟榔从第4张未张开的叶开始，相应的节上便孕育着不同发育阶段的花芽。根据中国热带农业科学院的分析，正常生长的槟榔，花芽生长后期含钾量达2.37%，比正常叶片（含量为0.8%~1.0%）高2.37~2.96倍。树上不同发育期的果实也大量消耗钾元素。据俞浩等1985年对海南大面积槟榔黄化树的调查，结果量愈高，叶片黄化愈严重，黄化树叶片钾元素含量只有正常树叶片的17%。因此，必须重视钾元素的施用，才能使槟榔生长正常、高产、稳产。

槟榔的开花结果和叶片生长有明显的季节性，因此要根据其生长规律施肥，一般每年可施3次。第一次为花前肥，在2月花开放以前施下。此时槟榔的花苞处于迅速生长阶段，进入3—5月则花序陆续开放，树上上一年的果实也处于成熟期，对钾的需要量大。因此本次施肥以钾为主，配合施用氮肥，可以促进花苞正常发育，提高开花稳实率和成熟期果实的饱满度，并使叶片正常生长。每株施厩肥10~15kg，人粪尿5~10kg，氯化钾150~200g（严重黄化树提高至250g）。第二次为青果期肥，在6—9月施下，此时果实体积处于迅速膨大期，也是一年抽生叶片的旺盛期，对氮元素的要求较迫切，应提高氮肥的施用比例，以促进叶片的生长，提高坐果率和使果实体积增大。每株施厩肥15~20kg，人粪尿10~15kg，尿素150~200g，氯化钾100~150g。第三次为入冬肥，在11月中施下，施用钾肥以补充植株对钾元素的需要，有利于提高槟榔冬季耐低温、耐干旱和增强光合作用的能力。每株可施用氯化钾150g或草木灰1kg。

磷肥由于其后效期长，可每隔1—2年施1次，每次0.75~1.25kg，与有机肥混合施下。

五、土壤管理和施肥

由于槟榔根系发达，几乎分布于全园土壤中，施肥的同时要注意全园土壤的管理，保持槟榔良好的土壤环境，以保证施入肥料供槟榔树高效利用。在保持良好的土壤状况基础上，进行科学合理的施肥，以保证槟榔树长势良好，同时能够促进槟榔开花结果，以获得高产、稳产。

（一）土壤管理

1.土壤耕作

所谓土壤管理就是通过耕作、栽培、施肥、灌溉等方法对槟榔园的土壤进行合理的科学管理，主要包括土壤理化性状（如质地、结构、有毒物质等）的改善，土壤培肥，土壤耕作，间作，除草剂使用，以及根据土壤诊断结果进行合理的施肥和灌溉等。

槟榔园土壤管理是高效栽培的重要措施之一，对槟榔园土壤进行科学管理，能给槟榔树体一个赖以生存的良好土壤环境，并保证各种所需养分和水分供应及时，不仅可以促使槟榔根系良好生长，而且能增强树体的代谢作用，促进树体生长健壮，提高槟榔产量和品质。

（1）土壤深翻熟化。

深翻对土壤和槟榔树体生长有极好的促进作用。槟榔根系深入土层的深浅，与树的生长结果有着密切的关系，影响根系分布的主要条件是十层厚度和理化性状。深翻结合施肥，可改善土壤结构和理化性状，有利于土壤团粒结构的形成。研究表明，深翻后土壤含水量平均增长7.6%，土壤孔隙度增加12.66%，土壤微生物总量增加1.2倍。由于土壤微生物活动加强，加速了土壤熟化，使难溶性营养物质转化为可溶性养分，提高了土壤肥力。深翻可加深土壤耕作层，促使根系向纵深发展，根的总量和根系密度均增加一倍以上。这是因为深翻能使底层疏松、熟化，为并槟榔树根系发育创造深厚、肥沃、疏松的土壤环境，从而使槟榔树体健壮、新梢长、叶片色浓。对于贫瘠的、板结的或含有石砾的槟榔园，深翻改土的效果尤其好。

（2）深翻时期。

槟榔园在气温较低时可进行深翻，温度较高会导致槟榔园水分过度蒸发、引起槟榔落果。所以应根据槟榔园的具体情况，因地制宜地采取相应措施、才会收到良好的效果。一年深翻一次或两次，在施肥前、雨水充裕时进行、一般为3—5月和9—10月，也可两年深翻一次。深翻常与施肥同时进行。在槟榔穴位松土，然后摊开农家肥，或者绿肥，包括细嫩的枝条和树叶、杂草等，最后在上面覆盖新土。

（3）深翻深度。

深翻深度以槟榔树体主要根系分布层稍深为度，同时考虑土壤结构和土质情况，如山地土层薄，下部为半风化岩石，或滩地在浅层有砾石层或土质较黏重等，深翻的深度一般要达10~40cm。相反，若为沙质土且土层较厚，其深翻深度可适当浅一些。

（4）深翻方式。

a.带状深翻。一般适用于三年以上的槟榔树，根据槟榔树龄、根系生长状况不同，离槟榔植株80~120cm处挖宽、深各30~40cm的壕沟，然后分层施入有机肥和磷肥，分层回土后，多余的土壤用于露根培土或维修小平台。

b.局部扩穴。适用于两年内的幼龄槟榔园，是在槟榔树两侧树冠幅边缘挖长 × 宽 × 深为 1.2m × 0.5m × 0.4m 的深沟 2 个，压青 25kg/株，施磷肥 0.25~0.50kg/株，然后回土。

c.全园深翻。将栽植穴以外的土壤一次深翻完毕。这种方法需要劳动力较多，但翻后便于平整土地，有利于槟榔园耕作。

以上三种深翻方式，要根据槟榔园的具体情况灵活运用。一般槟榔幼龄树体根量小，一次深翻伤根不多，对树体影响不大。成龄树体根系已遍布全园，以采用隔行深翻为宜。深翻要结合灌水，也要注意排水。坡地槟榔园应根据坡度及面积大小等因素来决定，以便于操作，有利于槟榔树体生长为原则。

2.土壤改良

土壤改良是针对土壤的不良质地和结构，采取相应的物理、生物或化学措施，改善土壤性状，提高土壤肥力，增加作物产量的过程。一般根据各地的自然条件、经济条件，因地制宜地制订切实可行的规划，逐步实施，以达到有效地改善土壤生产性状和环境条件的目的。

（1）土壤改良过程共分两个阶段。

a.保土阶段。采取工程或生物措施，使土壤流失量控制在容许流失量范围内。如果土壤流失量得不到控制，土壤改良亦无法进行。

b.改土阶段。其目的是增加土壤有机质和养分含量，改良土壤性状，提高土壤肥力。

（2）土壤改良技术方法。

主要包括土壤结构改良、酸化土壤改良、土壤科学耕作和治理土壤污染。

a.土壤结构改良是通过施用天然土壤改良剂（如腐殖酸类、纤维素类、沼渣等）

和人工土壤改良剂（如聚乙烯醇、聚丙烯腈等）来促进土壤团粒的形成，改良土壤结构，提高肥力和固定表土，保护土壤耕层，防止水土流失。

b.酸化土壤改良是已经酸化的土壤通过添加碳酸钠、生石灰等土壤改良剂来改善土壤肥力，增加土壤的透水性和透气性。

c.减少化肥、除草剂的使用，多施用生物有机肥、水溶性肥等栽培模式减少土壤板结问题。

（二）施肥

槟榔种植后，最主要的投入就是施肥，要根据槟榔园的土壤、设施、槟榔树的生长时期决定施肥方式、方法、配方。因地制订科学合理的施肥方案，不仅可以节省大量的肥料、人力，而且可以使槟榔获得高产和稳产。以下按槟榔的不同生长期，分为幼龄期和结果期槟榔施肥两阶段进行阐述施肥的措施。不同时期的施肥用量和方法要根据叶片等树体的长势及营养状况来决定。平衡施肥是指导槟榔施肥的科学方法，此方法需要对槟榔养分需求规律、土壤肥力等信息进行全面分析，从而提高作物单产，培肥土壤地力和减少肥料污染。生产中种植户不易获得该信息，因此针对槟榔在特定地区的专用肥，能相对合理地指导农户施肥，提高槟榔产量和品质，但由于槟榔品种、树龄及环境的变化，需要定期调整专用肥。

无论是基肥还是追肥均应施在根系集中分布区域内，以使根系最大限度吸收养分，提高肥料的利用率。因此，施肥应根据槟榔的生长发育特点，采用合理的施肥方法，避免肥料养分流失和固定。

槟榔常用的有环状沟施肥方法和条状沟施肥方法。环状沟施肥方法适合幼龄槟榔树，该法可结合深翻扩穴措施，在距树干内径30~80cm处挖一环形沟，沟深20~30cm，然后将有机肥填于环沟内，最后回土填平。第二次再施基肥时要以第一次外径为第二次环状沟的内径挖沟，直至邻株相接，再改变施肥方法。条状沟施法适合成龄槟榔，沿着槟榔行间或隔行开沟施肥。此施肥法便于机械化操作，但翻耕的深度和施肥的效果不如环状沟施和放射状沟施。水溶肥宜使用追肥枪进行土壤注射式施用。槟榔施肥不宜表施，表施氮肥易挥发、磷肥易流失，难以到达作物根部，表施或浅施不利于作物吸收，造成肥料利用率低，槟榔根系上浮于地表。

化肥与有机肥配合施用有利于槟榔的生长发育，长期单纯用化肥导致土壤板结、酸化等不良影响。单施有机肥对幼龄期槟榔的生长发育效果则不如上述两组显著。施肥能促进槟榔提早一年开花结果，且初产量较高，尤其有机肥配合化肥肥料效果最好。

1.营养诊断方法

在施肥之前需对槟榔园的叶片、花果在田间的表型进行观察，同时对叶片进行营养测试分析，然后进行施肥。

（1）田间表型诊断。

（2）叶片营养诊断。

槟榔营养诊断分析以采集植株叶片分析为主，土壤分析作为辅助手段，两种手段结合为施肥提供参考。

可以根据田间的地形情况，按对角线法、"S"形取样5株进行混合，每株选择第5片叶复叶的中部小叶（幼龄树一般取第3片叶），去掉中脉，剪去基部和末端，保留20cm长的中段叶片，擦净后100℃杀青，于80℃烘干、粉碎、干燥用于分析。如果田间发现个别单株有营养缺乏的症状，也取单株作为一个样品，采集8~10株，每株作为一个重复，同时取3~5株正常生长的槟榔树做对照。在实验室进行各种营养元素的含量分析，最后的结果为各种营养元素的净含量占单位称量的比例，以此反映元素的丰缺程度。

槟榔叶片营养元素的测定能较准确地反映田间各种元素的丰缺程度，了解施肥对树体营养状况的影响，比通过观察槟榔植株的表型和产量来判断营养状况要准确得多。只要正确掌握槟榔叶片采样和分析技术，便能对槟榔养分的丰缺状况，进行比较准确的判断。同时应用该项技术，还能迅速地估测作物养分潜在的不足，或不均衡趋势，避免槟榔在生长过程中，因养分的失调而造成生长不良、病害和减产等。但是，也必须指出，由于受到土壤、气候、光照、温度、季节等因素的影响，养分分析的结果基本上是定性的，其丰缺程度都是相对的，而且影响的计算还有赖于许多基本参数的获得，如槟榔正常植株的叶量、叶片养分量与整株树木、产量养分量间的相关性，以及当地槟榔对土壤养分和肥料养分的利用率等，所以说营养诊断对指导施肥仍是一种定性的方法，施肥最终的效果要经过槟榔生长和产量的试验，最终做一些调整。

2.施肥

（1）槟榔幼龄期施肥。

幼龄树以营养生长（根、茎、叶）为主，对氮素的要求较高。施肥原则以补充氮肥为主，适当施用磷、钾肥。

a.固体肥的使用。

如果种植时已打足基肥，在定植后3个月内可以只浇水，不施肥。定植3个月后，可以在离槟榔苗20 cm处的两边挖小穴，加入复合肥50 g，每个穴位施入25 g复合肥，也可以用背负式小型施肥机点施化肥，然后回土。9个月后，在离槟榔苗20 cm处，两边开挖长30 cm、深10 cm的浅沟，施入有机肥2 kg，化肥100 g，拌匀后回土。定植1—2年，其间可以一个季度施一次化肥，半年施一次化肥和有机肥，化肥用量100~150 g，有机肥用量3~5 kg，根据土壤肥力及树冠的大小调整施肥位置和用量。定植3—4年可以半年加一次化肥和有机肥，化肥用量200~300 g，有机肥用量5~10 kg，根据土壤肥力及树冠的大小调整施肥位置和用量。如果大量开花可加大磷肥和钾肥的施用量，而降低氮肥的用量。

b.液体肥的使用。

定植后2个月内，每株可施尿素5 g+氯化钾5 g或者5 g磷酸二氢钾+5 g水溶性好的复合肥，与水配成1∶1000倍以上，用水管于穴位四周浇入，若有生装滴灌或者微喷灌可随管道灌溉时施入；也可用水稀释为300倍溶液，用注射施肥枪，注入土层10 cm深处施肥。定植后2—6个月，每月每株可施尿素10 g，氯化钾5 g，磷酸二氢钾或者水溶性好的复合肥5 g，与水配成1∶300倍，用浇水管淋水穴位四周浇入，如果有安装滴灌或者微喷灌随灌溉时施入。也用水稀释为200倍液，用注射施肥枪，注入土层10 cm深处进行施肥。定植后6—12个月，每月每株可施尿素20 g，氯化钾10 g，磷酸二氢钾或者水溶性好的复合肥5 g，与水配成1∶（500~1000）倍，用水管于穴位四周浇入，若有安装滴灌或者微喷灌，可随管道灌溉时施入。也可用水稀释为300倍液，用注射施肥枪，注入土层10 cm深处进行施肥。定植后12—24个月，每月每株可施尿素25 g，氯化钾25 g，磷酸二氢钾或者水溶性好的复合肥5 g，与水配成1∶500~1∶1000倍液，用水管于穴位四周浇入，若有安装滴灌或者微喷灌，可随管道灌溉时施入。

水溶肥一般每两月施入一次，定植2年后可以根据槟榔树的长势加大肥料的用量，但原则上折算成的干肥用量不超过100 g，以少施多次为原则。追施两年后，可以以开条沟的形式追加有机肥，每株10~15 kg以防土壤板结。随后2—3年又可以追施水溶肥，如果定植的大量开花，应加大磷、钾肥的用量，而降低氮肥的用量，补充一些中微量元素，如镁肥、锌肥、硼肥等，促进开花结果。

（2）成龄期槟榔施肥。

a.固体肥施法。

营养生长和生殖生长同时进行，以补充磷、钾为主，辅以氮肥。要注意每年不同季节而采用不同的施肥方法。

花前肥：在当年12月至第二年2月花开放前施入，由于槟榔的花苞处于快速生长阶段，进入3—5月则花序陆续开放，树上头一年的果实也处于成熟期，故对钾需求量大。本次施以钾肥为主，配合施用氮肥。促进花苞正常发育，提高开花结实率和成熟期果实的饱满度，并使叶片正常生长。每株可以施厩肥10~15 kg+过磷酸钙400 g+尿素50 g+氯化钾125~150 g，在离树头80~100 cm处挖80 cm长、10 cm深半月形浅沟施入，然后覆土。

壮果肥：每年6—9月施入，此时果实处于迅速膨大期，也是一年抽生叶片的旺盛期，对氮的需求迫切，应提高氮肥的用量和比例，以促进叶片的生长，提高座果率使果实体积增大。施厩肥5~10 kg/株，尿素120~150 g/株+氯化钾75~100 g/株或用15：15：15的复合肥250~400 g/株，在离树头50~80 cm处挖60~80 cm长、10 cm深半月形浅沟施入，然后覆土。

b. 成龄槟榔液体肥的施用。

促花保果肥：在当年12月至第二年3月花开放前施入，每2—3个月，每株可施尿素20~50 g，氯化钾50~75 g，磷酸二氢钾或者水溶性好的复合肥50~75 g，与水配成1：500~1：1000倍液，用水管于穴位四周浇入，如果有安装滴灌或者微喷灌随灌溉施入；也可用水稀释为10倍液，用注射施肥枪，注入土层10 cm深处。4—7月开花和结果期间，可每株可施尿素25 g，氯化钾50 g，磷酸二氢钾或者水溶性较好的50 g，与水配成1：500~1：1000倍液，用水管于穴位四周浇入，如果有安装滴灌或者微喷灌，可随管道灌溉施入；也可用水稀释10倍液，用注射施肥枪，注入土层10 cm深处。

壮果肥：7—11月采果期间，每株可施尿素50 g，氯化钾50 g，与水配成1：500~1：1000倍液，用水管于穴位四周浇入，如果有安装滴灌或者微喷灌，可随灌溉施入；也可用水稀释10倍液，用注射施肥枪，注入土层10 cm深处。

使用水溶肥的槟榔园，2—3年必须进行一次翻土，且每株补充施入有机肥15~20 kg，以防土壤板结，每2—3年一个周期交替进行，达到省工、省肥而土壤肥力又不下降的目的。

c.叶面肥施肥法。

高度8 m以下的槟榔树，每季度可结合病虫害防治，使用尿素、氯化钾、磷酸二氢钾，加些微量元素肥料和促花保果剂等与水配成1∶500倍液，喷施于叶片的背面和心叶处。高度超过8 m以上的槟榔树，由于喷施的工作量过大，不推荐叶面喷施。

d.中、微量元素肥料的补充。

正常施入有机肥的槟榔园一般无须补充中、微量元素，但一些滨海地区有机质含量很低的槟榔园容易出现缺镁、缺硼、缺锌肥等现象，可根据症状有针对性地施入中、微量元素肥料。成龄树施钙镁磷肥300~500 g（不能再施入其他磷肥，以免引起缺锌）、硫酸镁100~150 g、硼砂50~75 g、硫酸锌50~100 g。幼龄树根据树体的大小酌情减少施入量，不宜每年施入，以免产生微量元素毒害作用，一般2—3年补充一次。如果是叶面喷施，可以在开花、保果期间与别的农药一起混合，酌情喷施叶面和花穗。

李佳等以海南文昌市、琼中县、万宁市、保亭县、陵水县、白沙县、乐东县主要槟榔主产区，选择3个产量水平（高产为20~30 kg/株，中产为4~8 kg/株，低产为0~2 kg/株）的槟榔园采集叶片，进行了对比试验，研究叶片中氮、磷、钾、钙、镁、硫、铁、镁、锌、铜、硼、钼12种矿物质元素含量的差异及其与产量的关系。结果表明，槟榔叶片中12种矿物质营养元素的含量高低依次是氮＞硫＞钾＞钙＞磷＞镁＞硫＞铁＞锌＞硼＞铜＞钼。高产槟榔钙、镁、铁、锌、硼、钼含量显著高于低产槟榔，而铜含量则相反。槟榔叶片中锌与氮、磷、钙、硼呈极显著正相关，锌对氮、磷、钙、硼存在一定的增效作用。叶片主要矿物质营养元素含量与产量的相关分析表明，氮、磷、镁、锌与产量达到（极）显著正相关，相关系数分别为0.619、0.419、0880、0.891。

（3）弱树和徒长树的施肥管理。

槟榔种植3—5年后，由于植株的个性差异、土壤肥力差异、病虫害、台风等的影响，有些槟榔树势较弱，还有些槟榔植株出现徒长现象，长得过于旺盛，导致节间过长，或者华而不实，两者都会影响槟榔的产量和经济寿命。

对于槟榔园的树势较弱的树，可以在离槟榔树头 40~50 cm 处，在东西方向或者南北方对称挖长 50~60 cm、深 20 cm、宽 20 cm 的半月形弯沟，每条沟施入有机肥 10 kg，加入尿素 + 磷酸二氢钾 + 生根粉 + 保水剂，与表土混合后回土覆盖，半年后换方向重复操作一次，第二年后在离树头 60~80 cm 处，再重复操作两次，天旱时施肥后多浇水，基本可以实现弱树复壮。

对于槟榔园常出现的徒长情况，如树干节间特长，超过 15 cm，树干颜色绿而发黑，犹如竹竿。这类槟榔树易出现在密种、树林附近或者房前屋后，采光较差的槟榔园，或者养殖场旁边、水田地等有机质过剩的土壤（含量大于 3.0%），这类槟榔易出现槟榔只长叶不开花，或者开花后，坐果率低，花穗干枯后出现扫把状。以上这类槟榔树，可连续两年以上不施有机肥，也不施入含氮肥料，加大磷、钾肥的用量，再配合适量的硼肥等微肥，可以实现控制节间长度，促进树干木质化，从而实现促进开花和保果，达到高产的目的，并且可以延长经济寿命。

第四节　病虫害防治

海南岛地处热带边缘地区，高温高湿，病虫害种类较多。对海南岛槟榔危害较大的病害有槟榔黄化病、槟榔炭疽病、槟榔叶枯病、槟榔细菌性条斑病、槟榔幼苗枯萎病、槟榔芽腐病、槟榔果穗枯萎病、槟榔根部及茎部病害、槟榔生理性缺钾"黄化病"等；对海南岛槟榔危害较大的虫害有椰心叶甲、槟榔红脉穗螟、介壳虫等。

目前，槟榔价值高，种植户不轻易听从科技人员的建议将病害早期的病株销毁，同时，由于没有进行系统的病害普查，发病疫区没有明确划定，槟榔的种子、种苗调运无序，种植者无意识地将带病种子种苗带入新开垦的槟榔园，加快了病害的扩展速度。如果没有果断地控制措施，槟榔黄化病将在海南岛大面积迅速蔓延。

为此，政府对于产业进行政策引导，科技界提供优质科技服务，种植者密切配合。贯彻"预防为主，综合防治"的植保方针，因地制宜，提倡科学施肥，提高槟榔植株抵抗能力，减少槟榔黄化病等病害的发生，从而不断地提高海南省槟榔的种植效益。

一、槟榔黄化病

槟榔黄化病是20世纪传入海南岛的一种毁灭性病害，1981年首次在屯昌县乌坡镇境内药材场发现。目前，海南省槟榔黄化病发病面积已扩大到2000hm^2（约30000亩）以上，琼海、万宁、定安等地呈蔓延之势，重病园发病率高达90%，减产70%~80%，严重威胁海南省槟榔产业的发展。据报道，印度中央作物研究中心对槟榔黄化病进行了50多年的专项研究，到现在还未找到能根治槟榔黄化病的有效药物；但有针对性地施肥可以减少或预防槟榔黄化病的发生。印度农作物研究中心的专家认为，加强田间管理，适度增施钾肥（在印度，高产槟榔园NPK的配比为100∶40∶140），并增施少量镁锌或硼肥，可以减轻槟榔黄化病的发生。

（一）槟榔黄化病分黄化型和束顶型

（1）黄化型。发病初期植株中下层叶片开始变黄，逐渐发展到整株叶片黄化，心叶变小，花穗枯萎。

（2）束顶型。病株顶部叶片缩小，节间缩短，呈束顶状。槟榔黄化病的病源物是植原体。目前尚无有效的防治药剂。

（二）防治措施

（1）加强管理，及时清除病株，增施有机肥，以提高植株抗病力。

（2）杜绝从槟榔黄化病区引种。

（3）需加强田间调查，如发现种植园内有类似黄化病症状发生，应及时清除病株并焚毁。

（4）在槟榔抽生新叶期间，喷施20%速灭杀丁、2.5%敌杀死等1500~2000倍药液保护。

二、槟榔炭疽病

炭疽病是海南槟榔的主要病害之一，海南各县市都有发生；小苗和成龄树均可发病。小苗受害时，生势衰弱，叶色淡黄，严重的则整株死亡。成龄树受害，可造成落花落果。

（一）症状

病菌可为害叶片、花序和果实。由于为害部位不同，呈现的症状也不相同，叶片初期呈现暗绿色水渍状小病斑，随后变褐色，有云纹状。病斑多时，可像麻点般遍及整张叶片。随着病斑进一步扩散，其形状可呈圆形、椭圆形或不规则形等。病斑呈灰褐色至褐色，其上密生小黑点，重病后期病部组织破裂。花序始时花枝变黄，然后变成褐色，雌花脱落，最后花穗枯死。

果实，不同龄的果实及其果蒂都可感病。绿果感病后，出现圆形或椭圆形的暗绿色病斑，略凹陷。成熟果实发病，病斑近圆形、褐色、凹陷，病斑进一步发展可使整个果实腐烂。果蒂发病，病斑呈不规则形，灰褐色，上生小黑点。天气潮湿时，各个发病部位都可以产生粉红色孢子堆。

（二）发病条件

病菌主要借风雨传播到健株上，从伤口和自然孔口侵入寄主，致使寄主发病。因此病害多发生于多雨高湿季节。槟榔园施肥不合理，使植株生长衰弱，抗病能力下降；或荫蔽度过大、通风透光差、湿度大都影响病害的发生和发展。

（三）防治方法

（1）加强槟榔园管理，促使植株生长健壮，增强抗病能力；苗圃不宜过于荫蔽，以利通风透光，降低湿度。

（2）搞好田间卫生，槟榔园中的病死叶片和植株，要清除干净，集中烧毁。

（3）在发病初期，用1∶1∶100倍波尔多液喷雾保护，每隔15d喷1次，连喷2~3次；或用70%甲基布托津800~1000倍液；或80%代森锌可湿性粉剂600~800倍药液喷雾防治；或50%多菌灵1000倍液喷雾防治。

三、槟榔叶枯病

叶枯病是槟榔主要病害之一，小苗至成龄树均可发病,分布广,发病率高。

（一）症状

发病严重时小苗致死，成龄树则严重影响生势。病菌主要从叶尖侵入并向叶基部扩散。病斑卵圆形或不规则形，大小不一，0.5~35cm。中央灰褐色，边缘深褐色，其上散生大量小黑点。后期病部组织纵裂破碎。

（二）发病条件

气温偏高多湿影响病害的发生发展。管理粗放树势衰弱也易发病。

（三）防治方法

加强田间管理，清除落叶。用1:1:100倍波尔多液、50%托布津可湿性粉剂、1000倍或75%百菌清可湿性粉剂600~800倍液喷雾，每隔10—15d喷1次，连喷3次可控制病害蔓延扩展。

四、槟榔细菌性条斑病

细菌性条斑病是海南槟榔主要病害之一。

（一）症状

病菌主要浸染各龄槟榔的叶片，也能为害叶鞘。由于侵染部位不同，其症状也不一样。叶片病斑初期为暗绿色至淡褐色、水渍状的椭圆形小斑点，或形成1~4mm宽的短条斑，黄晕明显，病斑穿透叶片两面。后期条斑宽度可扩大至1cm以上，长度不一，有的病斑可延伸至整个羽片的长度。一张叶片上可出现多条并列的条斑或汇合成不规则大斑块。在潮湿条件下，病叶变褐破裂、枯死。叶轴基部病斑棕褐色，无黄晕，形状长椭圆形或不规则形。病斑深度可达2~5mm。叶鞘病斑褐色，无黄晕，微凸起，单个病斑近圆形，后期汇合成不规则大斑块。病斑可连续穿透3片叶鞘。病情严重时，叶片枯死。

（二）发生规律

本病的主要侵染来源是带病种苗、田间病株及其残体。病菌主要靠雨水和水流传播，尤其是台风雨，能使病菌远距离传播，是本病流行的主导因素。昆虫、人工田间劳动操作时也能传病。病菌从伤口和自然孔口侵入。本病害周年可发生，尤其下半年高温多雨，在台风发生的季节，病害发展快。发病的高峰期通常出现在8—12月；1—2月低温干旱，病情减弱。

（三）防治方法

（1）调运种苗必须严格检查，淘汰病株，以杜绝病害侵入新区。

（2）建立完整的防护林网，防止台风雨的迅速传播。

（3）加强田间管理，合理施肥，防止偏施氮肥，排除积水，清除病株残体。

（4）发病前期，一般选用下列药剂及浓度：25%绿乳铜600倍液；72%农用链霉素3000倍液；25%青枯灵600倍液；30%氧氯化铜500倍液等，每隔7d喷施1次，共2~3次。

五、槟榔幼苗枯萎病

幼苗枯萎病是槟榔的主要病害之一。患槟榔幼苗枯萎病的病苗死亡率达30%以上。未开展或刚开展的幼苗（2叶龄）叶缘出现长条形、水渍状、淡褐色病斑，而后病斑扩展呈不规则形、灰黑色，其上散生大量小黑粒。重病株叶片纵卷枯萎，终至死亡。夏秋季雨水多是最重要的发病因素。苗圃荒芜、地势低洼、排水不良也易发病。加强苗圃管理，排除积水，清除（焚烧）已死亡病株。喷施1 ∶ 0.5 ∶ 100倍波尔多液，或50%多菌灵可湿性粉剂800倍液，或50%托布津可湿性粉剂1000倍液。

六、槟榔芽腐病

虽然此病发生不普遍，但病株受害严重，损失较大。小苗和结果树受害时，病株心叶褪绿、卷曲，而后呈现不规则的红褐色斑块。幼芽腐烂，有臭味；病部可见粉红色或朱红色黏液。高温多湿是本病发生发展的主要条件。台风雨后，发病尤重。

七、槟榔果穗枯萎病

此病发生较普遍，病穗枯萎，病果脱落。感病果皮呈暗褐色枯萎；果实上病斑灰褐色，略下陷，病部散生大量小黑粒。防治方法与槟榔炭疽病的相同。

八、槟榔根部及茎部病害

槟榔根部病害有褐根病、黑纹根病、红根病、根茎腐烂病、茎腐病、茎泻血病、鞘腐病等。在海南儋州、澄迈、海口、琼海、文昌、陵水、万宁、保亭、琼中、五指山、白沙、三亚、乐东等市县均有不同程度发生，但个别地区病情较严重，植株死亡率高达25%左右。

（一）症状

（1）褐根病。发病初期，植株外层叶片褪绿、黄化，并逐渐向里层发展，茎干干缩，呈灰褐色，随后叶片脱落，整株死亡。病根表面黏泥沙，有时可见铁锈色至褐色菌膜。干缩的木质部具褐色网纹，呈蜂窝状结构，并有白色菌丝杂交在其中。病树1—2年死亡。

（2）黑纹根病。病菌多从根颈部的受伤处侵入，植株发病后，叶片褪绿变黄，病根表面不黏泥沙，无菌丝菌膜。在根皮与木质部之间有灰白色菌丝层，木质部剖面有双重黑线纹。

（二）防治方法

（1）开垦时彻底清除林地中的初次浸染来源，即感病的树桩、树根和槟榔园周围的野生寄主。

（2）加强管理，消灭荒芜，增强槟榔植株的抗病能力。

（3）定期检查，发现病株，及时处理，可试用0.5%啉水剂淋灌病树周围土壤，每株3~6kg药液；对死株或无救治病株，要连根挖除。

九、槟榔生理性缺钾"黄化病"

1985年上半年海南屯昌、万宁、琼海等地曾严重发生此病，极大地妨碍了植株的正常生长，产量剧减，损失很大。

（一）症状

此病没有明显的中心病株，同时发现多株黄叶。严重时黄叶3~4片，个别植株全部黄化。发病初期最下层老叶变黄，然后依次向上一片片黄化脱落。黄化的叶片先为枯黄色，然后坏死呈灰褐色大斑，病健交界处不分明，脱落的叶片不见任何病原菌，患病株花序瘦小、过早枯萎，雌花小而多败育，幼果脱落。

（二）防治方法

（1）增施钾肥，配合施用氮、磷肥，另加施适量镁肥（每株可施硫酸镁5~10g）。

（2）在酸性过强的土壤中施少量石灰以中和土壤酸性；因过量施用鱼盐肥造成土壤碱化时，应采取综合措施改良土壤。

（3）修建保水保肥工程，减少水土流失。据冯美利等调查，海南槟榔树的NPK养分含量普遍偏低，Ca含量高低不平衡，低产槟榔树的Mn含量偏离适宜值较多；这样易产生槟榔生理性病害，但仍需做进一步的研究。

十、椰心叶甲

自2002年6月在海口及三亚入侵暴发成灾后，由于缺少天敌制约，迅速扩散蔓延。受害的槟榔等棕榈植物产量下降60%~80%。椰心叶甲主要为害槟榔心叶，受害槟榔出现新叶枯萎、干枯和落花等现象。椰心叶甲的天敌椰心叶甲姬小蜂和椰心叶甲啮小蜂。经大批量的培养、繁殖和田间释放，使全省椰心叶甲的虫口密度不断地下降，防治效果较好。

化学防治：以使用椰甲清粉剂挂包法防治效果较好。

十一、槟榔红脉穗螟

红脉穗螟是槟榔的重要害虫，俗名"蛀果虫""钻心虫"。20世纪80年代，海南岛槟榔丰收在望，但槟榔红脉穗螟为害严重，导致落花落果，造成经济损失30%~40%。

（一）症状

红脉穗螟的幼虫钻入槟榔的佛焰苞，被害花苞不能展开而慢慢枯萎。已展开的花序也会被幼虫为害。幼虫用其吐出的丝把数条花枝黏结起来，加上其排泄物而筑成隧道，隐藏其中，取食雄花和雌花，幼虫也钻食果实的果肉，造成严重落果。此外钻食心叶及生长点，导致整株槟榔死亡。海南槟榔红脉穗螟每年发生10代，世代重叠，无明显的越冬现象，周年可发现幼虫和蛹。幼虫在大田出现的第一个高峰期是6月下旬至7月，主要为害花穗。第二个高峰期9月底至10月上旬，主要为害成龄果，引起严重落果。成虫对槟榔不为害，白天静伏在槟榔叶背面，多在夜间活动，趋光性不强。卵散产或堆产在花序或果实的果蒂附近的幼嫩组织的表面上。

（二）防治方法

（1）及时清除被红脉穗螟为害的花穗和果实，集中烧毁以减少虫源。红脉穗螟也为害椰子的花、果，故附近的椰子园也要清理。

（2）用2.5%敌杀死3000倍或20%速灭杀丁3000~4000倍液喷雾，效果良好，可杀死若虫达98%以上。

（3）喷施0.1%敌百虫或马拉硫磷杀虫剂。

十二、介壳虫

介壳虫主要为害叶片。

防治措施：可用40%杀扑磷、48%乐斯本1000倍液喷杀。

十三、白蚁

主要是在种果催芽期间蛀食槟榔种子，影响种子发芽。

防治方法：在种子催芽处理时喷洒90%敌百虫晶体800~1000倍液，或50%抗蚜威可湿性粉剂2000~4000倍液，或80%敌敌畏乳油1000~1200液等防治。

十四、蚜虫

其若虫和成虫聚集在叶背，汲取叶肉汁液导致叶片萎缩，多在3—4月发生。

防治方法：药剂防治可用2.5%鱼藤精乳油800~1000倍液，或90%敌百虫晶体1000~1500倍液，或80%敌敌畏乳油1000~1200倍液，乐果乳油1000~1500倍液，或50%杀螟松乳剂1000倍液，或50%抗蚜威可湿性粉剂2000~4000倍液，或20%速灭杀丁乳油2000倍液等喷杀。

十五、吹绵蚧

成虫和若虫为害槟榔的花蕾和幼果后造成煤烟病。多发生于阴湿多雨季节。

防治方法：

（1）剪除虫枝、捕捉雌性成虫。在2—3月吹绵蚧虫卵孵化前剪除虫枝并集中烧毁；在雌性成虫出现时进行人工捕杀。

（2）药剂防治可喷洒松脂合剂10~20倍液（冬、春季用10~15倍液，夏、秋季用15~20倍液）防治，每隔15天1次，连续2~3次。也可用40%乐果乳油800~1000倍液等喷雾防治。

第五节　收获加工

一、收获与加工

（一）椰干

椰干商品名称为枣槟榔，是由当年9月至翌年1月间采摘的果实经充分生长而种仁未变硬的青果加工制成的产品。摘果时勿弄掉果蒂，洗干净后煮沸0.5h，即可取出烘焙。

1.加工方法

（1）木柴烘焙法。

椰干外表呈黑色，称黑果；其焦油含量较高。采用木柴烘焙法，烘焙时间约需7d，可分为3个阶段。

文火烘焙：即用干柴燃3cm高的火焰，连烘两昼夜，然后第一次翻炉。熏烟：用多烟湿柴对槟榔果进行浓烟熏焙染色，两昼夜后停火翻动，湿的置于下层，干的上层，半干湿的在中层。旺火烘焙：用9cm高的火焰烘焙2—3d后翻动，当烘至用锤轻敲果仁即碎时，即可取出包装出售。100kg鲜果可产椰干22~25kg。

（2）煤炭熏烤。

椰干外表呈白色，称白果。产品外观和卫生标准有较大改善和提高，焦油含量较少。

（3）蒸气烘烤。

椰干品质更优，一致性更好，稳定性更高。

2.药材性状

多呈长椭圆形，长4~6cm，宽1.5~2.5cm。表面黑棕色，有纵皱纹及隆起的横纹，顶端有花柱基痕，基部有果柄痕及残存的萼片。质坚硬，断面果皮纤维性，棕紫色，内含种子1枚。由于采摘时的成熟度不同，形状不一，幼果一般细长，如大枣核状，称"椰软"，近成熟的果实干燥后呈长椭圆形，称"椰干"。该两种在商品上统称枣槟榔。呈紫棕色，有明显的皱纹，断面暗棕色，味微涩，其功效较成熟槟榔果制成的椰干缓和，主要做副食品。

3.烘制椰干新设备及其优点

琼海市农民王春桂，在技术人员的指导下，经过4年的反复试验，成功制造出多功能箱式槟榔烘干机，并于2006年投入生产。这种烘干机一次可烘干槟榔果4000kg，容量为传统烘炉的8倍，却比传统方式节能3/4。与传统的烘焙法相比较，具有烘烤时间短、能源消耗低、成本低、节省工作量、占地面积小和环境污染小等优点。

（二）椰玉

1.加工方法

椰玉是用3月以后成熟的果实加工制成的产品。将采下的果晒2—3d，再用干柴文火均匀烘焙，每天翻动1次，约3d果皮变黑可取出，冷却后用锤子打破果皮取出种仁，再晒1—2d，即可成椰玉。100kg鲜果可制成17~19kg椰玉。

2.药材性状

椰玉呈圆锥形或扁圆球形，高1.5~3cm，底部直径2~3cm。顶端圆锥形，基部有疤痕状的种脐，表面粗糙，淡棕色或黄棕色，有颜色稍浅的明显凹陷网状纹，有时还有银色斑片状内果皮附着，质坚硬，不易破碎。气无，味涩而微苦。以个大、体重、不破裂、坚实而不空泡者质量为佳。椰玉可用麻袋装载，存放于通风干燥处。

（三）大腹皮

为制成榔玉而剥取的果皮经晒干或熏干而成的制品，也称榔壳。对开的纵剖面呈椭圆形，长3.5~4.5cm，中部直径2.5~3cm。表面黑褐色或棕黄色，微有光泽，具明显纵皱纹，内表面淡棕红色，具纵向脉纹。质坚实，难折断，纵向劈裂呈棕色纤维质。微具特殊气味，味淡。以坚实不松散、无杂质、无霉变者为佳。一般用麻袋装载，存放于通风干燥处。商品中的"大腹毛"是取"大腹皮"用清水浸泡7d以上，取出用木棒打松，去掉表皮上的棕黑色部分，晒干而成。"大腹毛"一般呈黄白色纤维团状，长3~4cm，松散乱絮，质松，气微。

（四）槟榔花

槟榔花由尚未开放的雄花干燥而成，呈不规则长方体至菱角形，米粒状，表面黄白色，密布细微的纵纹，剥开可见黄白色短小花丝，味淡。可用麻袋盛装，存放于通风干燥处。

二、槟榔的保鲜

据海南大学最新报道，槟榔在低温状态下可延缓果实的呼吸高峰，有利于贮存保鲜。采用涂膜处理和硅窗气调贮存相结合的方法最佳，能使槟榔保鲜贮存4个月以上，果实损耗率低，商品率较高。嚼用槟榔的微波灭菌研究表明，采用2450 MHz、850 W微波处理40s后，室温下（20~35℃）嚼用槟榔保质期可达3个月，微波处理对嚼用槟榔的槟榔碱含量、口味、咀嚼性没有明显的影响。

第六节　采收与贮运

一、采收

槟榔全身是宝，其种子、果皮、花等均可入药。槟榔的采收主要包括槟榔果的采收和槟榔花的采收。

（一）槟榔果采收

1.槟榔果简介

在中国，槟榔果实常被用作药材，是中国四大南药（槟榔、砂仁、益智仁、巴戟天）之首。槟榔性味苦、辛、温，归胃、大肠经，具有杀虫、消积、下气、行水、截疟等功效，主要用于治疗虫积食滞、脘腹胀痛、水肿、脚气、痢疾、绦虫病、胆道蛔虫、血吸虫病、青光眼等症。同时，槟榔也是世界四大嗜好物品（尼古丁、乙醇、咖啡因、槟榔）之一，嚼用方式主要分为鲜果嚼用和干果嚼用。嚼用槟榔可使胃肠平滑肌张力升高，增加肠蠕动，促进消化液分泌，增加食欲，适量嚼用槟榔具有保健作用。

2.槟榔果采收标准和时间

适时采收槟榔果是获得高质量产品和良好经济效益的重要保障。在海南，成龄槟榔树一般2月开始开花，当年8月进入果实采收季节，槟榔采收期一般从8月至第二年5月。槟榔果实的具体采收时间主要根据其槟榔品种、果实成熟度、开发用途和市场价格行情等因素综合确定，同时各地气候不同也存在一定差异。海南槟榔主要嚼用和药用，槟榔青果主要嚼用，槟榔成熟果主要药用和作为种果，槟榔的初加工产品一般有榔干、榔玉和大腹皮。因此，根据果实的主要用途和成熟度，槟榔采收时间一般分为青果采收期和成熟果采收期两个时期。

（1）青果采收标准和时间

槟榔青果，其主要是嚼用，包括鲜食和加工嚼用槟榔干。青果采收期以采收果皮呈深绿色、果形长椭圆形或椭圆形、基部带宿萼、剖开内有未成熟瘦长形种子的青果为佳，通常是果实定型，果仁刚好饱满充实前的果实。每千克槟榔青果有40~50个。青果采收期的采收时间一般从当年8月至第二年1月，每隔12~15d采收1次，一个生长周期一般采收9~11批次。

（2）成熟果采收标准和时间

成熟的槟榔果实，其主要是药用和作为种果，宜采收果皮呈橙黄或鲜红色、果形圆形或卵形、剖开内有饱满种子的成熟果实为佳。此外，育苗所用成熟果要求较高，其母株宜选择远离黄化病区的盛果期槟榔树，叶片青绿、叶柄短而柔软、茎干上下粗细一致、节间均匀、长势旺、开花早、结果多而稳定、每年抽生三蓬以上果穗，单株产果300个以上，叶片8片以上且浓绿而稍下垂的植株；同时宜选第二蓬、第三蓬，5—6月开花的，果大量多的果穗，要求果实饱满无裂痕无病斑，充分成熟，大小均匀。每千克槟榔成熟果有18~22个。成熟期采收时间一般是第二年3—5月，一般根据成熟度，分批次采收。

3.槟榔果采前准备

槟榔种植户在每年槟榔果开始采收前需提前做好统筹规划和相关准备。首先，要时刻关注槟榔市场价格行情，根据槟榔品种、果实成熟度和当前的市场价格行情，以及自身和市场的需求情况，确定槟榔果的产品功能用途和采收时间，制定详细的槟榔果采收方案。其次，根据制定的槟榔果采收方案，提前联系确定客商，商定具体采收事宜，达成协议。最后，如需自己采收，还需提前准备好采收工具和确定采收人员等。

4.槟榔果采收方法

槟榔树较高且树干纤细，而槟榔果实悬挂于槟榔树叶下，所以槟榔果实的采摘较为困难。槟榔果的采收时间宜安排在非雨天。在海南，槟榔果的采收方法普遍都是用锋利镰刀绑紧在所需高度的竹竿或可伸缩型的铝合金金属杆上，按每株槟榔的果托顺序由下而上将果托基部割下，将果穗整穗切下，注意切割时勿割伤茎干或果托基部下面的叶柄，以免影响生长。同时，如槟榔树干超过6m时，应使用塑料网或网罩将割下的果实接住，以免果实摔在地上使部分果实的果萼脱落，影响槟榔果的商品品质。此外，采摘在电力线路附近的槟榔时，一定要做好防触电措施，选择天气晴朗的时候，使用绝缘杆（如竹竿等器具），在保证绝缘杆干燥的情况下进行采摘。

（二）槟榔花采收

1.槟榔花苞产品简介

槟榔花是槟榔挂果前所开的花，其开花量大、开花周期长，是除槟榔果之外的重要产品。外界条件适宜时，槟榔植株可整年开花，其成果花期主要集中在每年的3—8月，通常冬花不结果。槟榔花中含有生物碱、多酚类、果胶类、代谢相关酶类和维生素C等生物活性物质以及各种丰富的微量元素，是人们食疗、保健的佳品。

据《中药志》记载，槟榔花具有清热除火、生津止渴、化痰止咳、养胃等功效。槟榔花自古以来就是海南和台湾极为推崇的食疗珍材。经人们广泛嚼用证实，槟榔花有祛痰生津、驱胃肠道寄生虫的效果，还有消炎，降血脂、血糖、血压，治疗痔疮，健脾养胃，清热利尿，祛湿热，强心，固肾气，护肝，驱除疲劳等功效。

近年来，海南槟榔种植面积成倍增加，通常每株槟榔每年要开花3~8穗，在栽培上为了减少营养物质的消耗，大量的槟榔花因加工技术和产业发展滞后而被丢弃，这是很大的资源浪费。随着现代食品加工技术的发展，人们的生活水平不断提高后越来越追求健康的生活方式，追捧健康养生环保产品，以槟榔花为主要原料的产品深加工行业面临重大机遇。当前，市场上已经出现了少量的以槟榔花为主要原料的加工产品，如槟榔花茶、槟榔花酒、槟榔花口服液等，但远不能满足当前市场和产业发展需求。槟榔花的加工和利用面临重大机遇与挑战，同时具有重大意义，是变废为宝，稳定槟榔鲜果市场价格，提高槟榔种植业综合收益，促进海南槟榔产业的健康发展和提质增效的重要举措。

2.槟榔花苞采前准备

槟榔种植户每年在槟榔花开始采收前需提前做好规划和相关准备。因当前槟榔花苞交易市场规模较小，所以在槟榔花采收前要时刻关注槟榔花市场价格，提前联系客商，制定槟榔花的采收方案，并与槟榔花收购商商定具体采收事宜，达成协议。另外，如需自己采收，还需提前准备好采收工具及包装袋、箱等。

3.槟榔花采收标准和方法

槟榔花平均开放周期为31d，大致可分为初花期、盛花期和末花期3个阶段，适时采收槟榔花是获得高质量产品和良好经济效益的重要保障。槟榔花的花苞期是其槟榔碱等有效成分和特征物质最丰富的时间段，是槟榔花利用的高效期，因此花苞期是槟榔花的最佳采收期。槟榔花的采收方法与槟榔果的采收方法相同。

二、采后处理

（一）槟榔青果采后处理和保鲜

将槟榔果穗整穗采摘下来后，需要去枝头，将槟榔果与枝茎分离，摘取单果，现有的处理方法大都是人工用手拧断或用剪刀剪断，处理时要注意保留槟榔果头部帽子状的果蒂。

槟榔具有显著的采收季节性，且槟榔鲜果采摘后不耐贮藏，通常在采摘一周后会出现果蒂霉变、果皮皱缩黄化、果肉木质化、果仁褐变甚至流汁，失去原有的嚼用价值。槟榔青果采收后一般是鲜嚼和干嚼。经加工处理后的榔干能长期贮藏，不易变质，但质地和营养下降严重；而鲜嚼槟榔能保持原有的营养成分。现有槟榔采后处理主要集中在槟榔干加工上，鲜槟榔的保鲜贮藏研究较少。当前，加强槟榔鲜果保鲜技术的研究，对鲜食槟榔青果的周年稳定供应和槟榔青果市场价格的稳定具有重要意义。

国内槟榔保鲜贮藏工艺大多只是进行初步的试验，尚未完善，不能达到长期贮藏的要求。目前槟榔主要采用的保鲜贮藏方法主要有化学保鲜、低温保鲜、气调保鲜、微波灭菌、辐照灭菌等。每种保鲜贮藏方法都有其局限性，采用多项保鲜技术协同作用是槟榔长期贮藏保鲜的趋势之一。槟榔鲜果的主要保鲜贮藏方法如下：

1.化学保鲜贮藏法

防腐剂和杀菌剂是最传统的化学保鲜方法。目前，在中国的槟榔加工行业中普遍采用食品添加剂（防腐剂、杀菌剂、抗氧化剂等）进行保鲜。槟榔采后使用化学药剂处理，可以对其呼吸作用、果皮褐变等产生抑制作用，从而达到保鲜贮藏的目的。

涂膜保鲜法是一种较新的化学保鲜法，因其简单、方便、经济环保等特点而被广泛应用。涂膜保鲜技术就是在槟榔果实表面涂上一层高分子的液态膜，干燥后成为一层很均匀的膜，可以隔离果实与空气进行气体交换，从而抑制了果实的呼吸作用，减少营养物质的消耗，抑制水分蒸发，抑制微生物侵染，防止果实腐败变质。另外，涂膜可以有效地抑制果实褐变。涂膜方法主要有浸染法、喷涂法和刷涂法3种。浸染法最简单，即将涂料配成适当浓度的溶液，将果实浸入，蘸上一层薄薄的涂料，取出晾干即可。此外，涂膜保鲜剂绝大部分是一种可嚼用的天然高分子材料，不会对果蔬造成污染，涂膜表层也容易清洗。槟榔如果常温贮藏，采用3%柠檬酸+2% CaCl溶液+0.1%施保功溶液处理的效果较理想。

2.低温保鲜贮藏法

低温可以抑制微生物的繁殖，在高于果蔬组织冻结点的较低温度下贮藏可降低果蔬的呼吸代谢，延缓果蔬的氧化腐烂。果蔬低温贮藏就是利用低温技术将果蔬温度降低，并维持在低温状态，以阻止果蔬腐败变质，延长果蔬保质期。果蔬采摘后立即预冷入库，可有效地抑制果蔬内酶的活性，防止果蔬褐变腐烂。但是不适宜的低温会影响贮藏寿命，丧失商品价值。果蔬低温贮藏的关键是根据各果蔬的习性特点，防止冷害和冻害。低温贮藏通常投资大，成本高，不易普及推广。

槟榔果实是典型的热带果实，采后品质极易劣变。槟榔采后有明显的呼吸高峰，属于呼吸跃变型果实，采用低温条件贮藏可以降低其呼吸强度，推迟呼吸高峰出现，部分抑制白色丝状真菌繁殖。然而，槟榔果实对低温比较敏感，处于5~10℃条件下，2~3d内即发生果实颜色由鲜绿向暗绿色转变，在4℃以下贮藏至5d即表现出冷害症状，随着贮藏时间的延长，症状更加明显，冷害的表现是果皮颜色由鲜绿色变成黑绿色、果皮出现斑纹、果皮出现凹陷直至全果腐烂，且低温并不能完全抑制白色丝状真菌的繁殖。

槟榔短期贮藏（5d以内）可以使用4℃条件，长期贮藏须采用大于10℃的低温条件。另外，作为槟榔速冻的前处理，热烫处理效果甚微；而不同功率的微波处理结果表明，在446W功率下处理30 s的效果较好。

3.气调保鲜贮藏法

槟榔在贮藏保鲜过程中，仍然是具有活力的生物体，不能在缺氧的条件下生存。研究表明，贮藏环境中的气体组成以氧4.5%~5.5%，二氧化碳5.5%~6.5%比较适宜。硅窗气调贮藏法，是在塑料薄膜袋的中部设有硅窗。用此来调节袋内气体成分的比例，抑制果蔬的呼吸强度，从而延缓其后熟过程，达到保鲜的目的。采用硅窗气调贮藏方法，在低氧低温的条件下，有效降低了槟榔的呼吸强度，减少了对呼吸底物的消耗和水分的散失，减少了自然损耗率。研究表明，一定剂量的乙烯，对果实的呼吸有刺激作用和催熟作用，贮藏袋袋内放乙烯吸附剂，能及时地吸附槟榔贮藏过程中产生的乙烯，使袋内乙烯浓度始终保持在较低的水平，因而能明显地抑制槟榔的成熟过程，保证了贮藏的质量。

4.微波灭菌法

微波是指频率在300 MHz到300 GHz的电磁波。微波杀菌是借助微波的热效应和生物效应综合作用对生物体进行破坏，微波的热效应使蛋白质变性，从而使微生物失去营养、繁殖和生存的条件而死亡。微波的生物效应一方面是微波电场改变细胞膜的电位分布，影响细胞膜电子和离子浓度，从而改变细胞膜的通透性；另一方面是足够强的微波电场可以导致微生物核酸和脱氧核糖核酸氢键松弛、断裂和重排，从而诱发基因突变或染色体畸变。微波灭菌具有加热迅速、低温杀菌、节能高效、均匀彻底、安全无毒等特征，对槟榔有效成分含量、口感和咀嚼性等品质亦无显著影响，在嚼用槟榔加工业广泛应用。

嚼用槟榔经2450 MHz、650 W微波处理50 s，可使细菌总数低于10 cfu/g，细菌总数远低于检测水平。经2450 MHz、850 W微波处理40 s的嚼用槟榔，室温下（20~35℃）保质期可达3个月。实际生产中嚼用槟榔微波灭菌可选择2450 MHz、850 W微波处理40 s。

5.辐照灭菌法

辐照杀菌是基于电离辐射在物质内直接和间接的作用，引起生物体内 DNA失活的一种生物效应。当被照射食品通过高能电子束辐照区时会吸收齐量，当电子束剂量达到足够大后，被辐照物品中的生物细菌就会被全部杀死，以达到长期贮藏的目的，是食品灭菌的重要手段之一。

嚼用槟榔经6.0 kGy辐射剂量照射后，细菌总数低于100 cfu/g，8.0 kGy可使细菌总数低于检测水平。经6~8 kGy处理的嚼用槟榔，室温下（20~35℃）保质期可达3个月；辐照处理对嚼用槟榔的口味、咀嚼性没有明显影响。

（二）槟榔成熟果实采后处理

作为药用的槟榔成熟果实采摘下来后，要清洗干净晾干，然后用刀划破果皮，剥开，将种子和果皮分别晒干即可。种子即椰玉，果皮即大腹皮。槟榔种果采摘下来后，要清洗干净，置于带有底漏的篮筐中，把洗干净的种果铺开，在阴凉处晾干后筛选出符合要求的种果。

槟榔成熟果实宜随采随用，在常温、阴凉、通风地方能保存7 d；低温4℃时，能保存20 d。

（三）槟榔花采后处理

槟榔花采后不耐贮藏，易发生褐变腐烂，而干制是解决槟榔花不耐贮藏的主要方法。槟榔花晒干或烘干后便成了有药膳功效的槟榔花干制品。槟榔花干制品主要有干槟榔花子，是槟榔花干燥后的雄性花蕾，粒大如米，表面土黄色至淡棕色，气无味淡；干槟榔花序，是槟榔在开花时期采摘后经干燥并脱除雄性花蕾后所保留的部分，包括花序和槟榔的雌性花蕾；雌性花蕾干，是槟榔花干燥后的雌性花蕾。

三、包装

包装规格按传统习惯或按客户要求执行，通常每件包装30 kg。包装材料必须使用食品包装用的包装材料，包装材料应洁净、干燥、无污染，符合国家有关卫生要求，可使用透气的编织袋、麻袋等包装。有研究表明，在低温低潮环境下，使用自封袋可更好地贮藏槟榔药材。同时，不得与有害、有毒和有异味的物品混装。

每件包装物上宜标明产品名称、产地、规格、等级、净重、毛重、生产日期等信息。

四、运输

运输工具应具有较好的通气性，运输过程中应保持一定的湿度和通风透气，避免日晒、雨淋和防潮。运输时不应接触和靠近潮湿、有腐蚀性和易于发潮的货物，不得与农药、化肥等其他有毒有害的物质或易串味的物质混运。

五、贮藏

产品包装好后，宜放置于通风、干燥、阴凉处，或专门冷库贮藏。仓储应具备透风除湿设备及条件，货架与墙壁的距离不得少于1m，离地面距离不得少于50 cm。库房应有专人管理，防潮，防霉变，防虫蛀，防鼠，防有害物污染等；不得与其他有毒、有异味、发霉、易挥发以及易于传播病虫的物品混合存贮，库存商品应定期检查。

第四章

中药槟榔

第一节　药用槟榔

槟榔为棕榈科植物槟榔（*Areca catechu* L.）的干燥成熟种子。药用槟榔分为槟榔饮片和大腹皮。

一、槟榔饮片

槟榔果经过炮制之后得到槟榔饮片。本品呈类圆形的薄片。切面可见棕色种皮与白色胚乳相间的大理石样花纹。气微，味涩、微苦。除去杂质，浸泡，润透，切薄片，阴干。味苦、辛，性温。

（一）功能主治

杀虫，破积，下气，行水。治虫积、食滞，脘腹胀痛，泻痢后重，疟疾，水肿，脚气，痰癖，症结。宣利五脏六腑壅滞，破坚满气。生肌肉止痛。兼有健胃作用。

（二）用法用量

内服：煎汤，1.5~3钱（如单味驱虫，可用至2~3两）；或入丸、散。外用：煎水洗或研末调敷。

（三）临床运用

1.治疗绦虫病

槟榔对猪肉绦虫的治愈率多在90%以上。但也有报告8例，仅治愈4例（50%），认为与药质不良，制法不当有关。对短小绦虫的疗效，文献报告不一：报告的少致病例（1~6例）都获治愈；8例治愈6例（75%）；32例的排虫率为37.5%，而大便虫卵的阴转率为82.8%。但亦有报告14例，仅治愈3例；治疗儿童8例均属无效。对阔节裂头绦虫，报告虽均为个别病例，但均获治愈。对牛肉绦虫，疗效较差，治愈率一般在30%~50%之间，如与南瓜子合并应用，则疗效可大大提高，治愈率达90%~95%或以上；然亦有报告治疗23例，结果见虫头驱出者5例，驱出大部虫体（未见虫头驱出）者14例，无效4例。实践证明：槟榔与南瓜子对绦虫均有使之瘫痪的作用，但槟榔主要作用于绦虫的头节和未成熟节片（即前段），南瓜子主要作用于中段与后段的孕卵节片，两者合用，可以提高治疗效果。用法：一般采用煎剂口服。常用量为60~100g，但也有用至120g或更多的。有人认为，超出有效剂量范围之外的增加剂量，并不能提高疗效。煎剂的制备，一般是将槟榔切碎，先用热水300~500mL浸泡数小时，而后用温火煎成200mL左右，于清晨空腹时1次服下。服药前1日晚禁食或进少量流质饮食。服药后可视具体情况在0.5h至2h左右服硫酸镁20~30g。合并应用南瓜子的，则先服南瓜子粉80~125g，待0.5h至2h左右再服槟榔煎剂，而后再服硫酸镁。服药完毕至排虫时间由半小时至数小时不等。治愈病例大多只服药1次。但亦有少数需服药2次或2次以上的。根据临床观察，新鲜槟榔较放置已久的效力大；槟榔煎煮前用水浸泡数小时，较即时煎者疗效高；服用泻剂较不服泻剂的效果佳；槟榔煎剂采用十二指肠管注入法较口服法效果好而副作用少。槟榔与南瓜子合并应用，不但对牛肉绦虫效果显著，而且对短小绦虫亦可提高疗效。副作用有恶心、呕吐、腹痛及头昏、心慌，亦有引起呕血或肠阻塞者。经验认为，服药后保持安静，或煎剂冷服，或用2.5%明胶液滴定去除槟榔煎剂中的鞣酸，可以减少恶心、呕吐等副作用。此外，槟榔与阿的平联合可提高治牛肉绦虫的疗效；槟榔与南瓜子、石榴皮联合治疗猪肉绦虫、短小绦虫亦有较好效果。

2.治疗姜片虫病

治愈率47.2%~90%不等。一般服药后1—3h即可排出虫体。最快者为15—40min。药物制备与用法大体与治疗绦虫病相同。除采用单味煎剂外,尚有配合乌梅、甘草使用的。如配合黑丑研末内服,其疗效优于单味煎剂。

3.治疗鞭虫病

槟榔切片或打碎,取100g,加水500mL浸渍12h以上,再煎至100~200mL,分成2~3等份于清晨空腹时分次咽下,以防呕吐。服药前1日先服硫酸镁20~30g,服药后经3h不泻者可再服硫酸镁1次。也有主张服药前后不服泻剂的。服药1次无效者,5d后可再服1次。根据20例大便复查结果,其中转阴者占13例。另报告2例均治愈。

4.治疗蛲虫病

报告的少数病例（3例）均获治愈,而多数病例（71例儿童）,治愈率仅占38%,且反应较多;更有报告24例儿童,治疗结果无1例治愈。用法:成人用3~4两;儿童5—7岁用25~30g。水煎,清晨空腹1次服,3d后再服1次。

5.治疗钩虫病

报告的疗效很不一致。有效率一般在55%或以上,最高的达91%,低的为32%。认为槟榔煎剂对于四氧乙烯无效病例更有卓效。用槟榔子制备煎剂才能奏效,用槟榔片则无效。但也有不少报告指出,无论槟榔子或片、煎剂,对于驱除钩虫均无效果或效果极差。槟榔用量一般为100~125g。槟榔煎浓加糖调味可防止发生恶心、呕吐等副作用。肝脏有实质病变,肝功能减退时不宜服用。

6.治疗蛔虫病

有效率为40%~68%。大多数于服药后24h内排虫。用法:以新鲜槟榔切片做煎剂,14岁以上用60~90g,10—13岁50g,7—9岁40g。煎液可1次服完,或分3次于半小时内服完。据观察,1次服的效果较分次服者为佳,但易引起呕吐。服药后数小时服用硫酸镁1剂,可提高疗效。

7.治疗青光眼

用槟榔片制成1:1滴眼液,每5min滴1次,共6次;随后每30min滴1次,共3次;以后按病情每2h滴1次。眼压控制在正常范围后,每日滴2~3次,每次1~2滴,以防复发。对急慢性青光眼有缩瞳、降眼压作用。控制眼压效果较毛果芸香碱为优，而缩瞳作用比毛果芸香碱维持时间短。刺激性较毛果芸香碱稍大，一般点药后均有轻度疼痛和结膜充血，几分钟后可完全消失。

（四）医家论述

（1）《名医别录》："主消谷逐水，除痰癖；杀三虫，疗寸白。"

（2）《药性论》："宣利五脏六腑壅滞，破坚满气，下水肿。治心痛，风血积聚。"

（3）《唐本草》："主腹胀，生捣末服，利水谷。敷疮，生肌肉止痛。"

（4）《脚气论》："治脚气壅毒，水气浮肿。"

（5）《海药本草》："主奔豚诸气，五膈气，风冷气，宿食不消。"

（6）《日华子本草》："除一切风，下一切气，通关节，利九窍，补五劳七伤，健脾调中，除烦，破症结，下五膈气。"

（7）《医学启原》："治后重。"

（8）王好古："治冲脉为病，气逆里急。"

（9）《本草纲目》："治泻痢后重，心腹诸痛，大小便气秘，痰气喘急。疗诸疟，御瘴疠。"

（五）配伍

（1）槟榔配南瓜子。槟榔体重而实，味厚而沉，为杀绦虫之要药，尤以驱猪肉绦虫有效，可使绦虫全虫瘫痪；南瓜子有之功，且性味甘平，不伤正气。故二药伍用，其效益彰，驱除绦虫甚效。每用槟榔60g，杵细，清水浸一宿，配南瓜子60g，同煎去渣，早晨空腹服，杀虫效果更为显著。

（2）槟榔配高良姜。槟榔苦温降下，消导寒湿积滞；高良姜温中散寒，行气止痛。二药相伍，可使寒散湿除，脾络畅通，腹痛即止耳，此所谓"通则不痛"也。治疗脾阳不振，寒湿内盛，经脉凝滞，腹中冷痛。

（3）槟榔配半夏。槟榔下气宽中、逐水消肿；半夏燥湿化饮、开胸降逆。二药相合，相辅相成，则湿毒去，水饮消，邪不上攻。治疗水湿毒邪上冲于心，心神被扰，烦闷气急，坐卧不安。

（4）槟榔配黄连。槟榔气味苦温，偏入气分，能行气破积，下气导滞，黄连气味苦寒，偏入血分，能清热燥湿，兼以止血。二药相合，寒热相佐，气血并调，为治痢之良法。治疗小儿赤白痢。

（5）槟榔配常山。槟榔辛苦而温，功专破积杀虫，下行降气；常山辛苦而寒，功专消痰截疟，上行涌吐。二药相伍，辛开苦降，寒温相济，升降相因，能使疟邪上下分消，实截疟之佳配。治疗外邪客于脏腑，生冷之物内伤脾胃所致一切疟病。

（六）中成药运用

1.木香槟榔丸

（1）组成：木香、槟榔、青皮、陈皮、广茂、枳壳、黄连、黄柏、大黄、香附子、牵牛。

（2）用量：木香、槟榔、青皮、陈皮、广茂（烧）、枳壳、黄连各30g，黄柏、大黄各90g，香附子（炒）、牵牛各120g。

（3）用法：上为细末，水泛为丸，如小豆大，每服三十丸，食后生姜汤送下。现代用法：为细末，水泛小丸，每服3~6g，食后生姜汤或温开水送下，一日2次。

（4）功效应用：行气导滞，攻积泄热。

（5）主治：积滞内停，湿蕴生热证。脘腹痞满胀痛，赤白痢疾，里急后重，或大便秘结，舌苔黄腻，脉沉实者。

（6）配伍特点：本方集行气、破气、下气于一方，配伍清热燥湿、泻下攻积之品，虽为丸剂，仍有较强的行气攻积之力。

（7）禁忌：本方破气攻积之力较强，宜于积滞较重而行气俱实者，老人、体弱者慎用，孕妇禁用。

2.槟榔四消丸

（1）组成：槟榔（焦）32两、枳实（炒）12两、山楂（焦）12两、木香4两、砂仁4两、厚朴（炙)16两、陈皮12两、香附（炙)12两、二丑（炒）8两、大黄12两、麦芽（炒焦）8两、青皮（炒）12两、芒硝4两、黄芩8两。

（2）用法：每服2钱，温开水送下。

（3）功能主治：消食导滞，行气泻水。用于食积痰饮，消化不良，脘腹胀满，嗳气吞酸，大便秘结。

（4）禁忌：孕妇忌服。

3.木香顺气丸

（1）组成：木香、醋香附、厚朴、青皮、枳壳（炒）、槟榔、陈皮、砂仁、苍术（炒）、生姜、甘草。

（2）用法用量：口服，一次6~9g，一日2~3次。

（3）功效：行气化湿，健脾和胃。

（4）性状：本品为棕褐色的水丸；气香，味苦。

（5）使用注意：孕妇及肝胃郁热型胃痛、痞满者慎用。

4.槟榔散

（1）组成：木香、槟榔、人参、黄连、甘草（炙）各等分。

（2）用法用量：上为末。每服一钱，小者半钱，熟水调服。

（3）主治：肾疳宣露。

5.四磨汤口服液

（1）组成：木香、枳壳、槟榔、乌药。

（2）性状：本品为棕黄色至棕色的澄清液体；气芳香，味甜、微苦。

（3）功能主治：顺气降逆，消积止痛。用于婴幼儿乳食内滞证，症见腹胀、腹痛、啼哭不安、厌食纳差、腹泻或便秘；中老年气滞、食积证，症见脘腹胀满、腹痛、便秘；以及腹部手术后促进肠胃功能的恢复。

（4）用法用量：口服，成人一次20mL，一日3次，疗程一周；新生儿一次3~5mL，一日3次，疗程2 d；幼儿一次10mL，一日3次，疗程3—5 d。

（5）禁忌：孕妇、肠梗阻、肠道肿瘤、消化道术后禁用。

二、大腹皮

本品为棕榈科植物槟榔的干燥果皮。冬季至次春采收未成熟的果实，煮后干燥，纵剖两瓣，剥取果皮，习称大腹皮；春末至秋初采收成熟果实，煮后干燥，剥取果皮，打松，晒干，习称大腹毛。略呈椭圆形或长卵形瓢状，长4~7cm，宽2~3.5cm，厚0.2~0.5cm。外果皮深棕色至近黑色，具不规则的纵皱纹及隆起的横纹，顶端有花柱残痕，基部有果梗及残存萼片。内果皮凹陷，褐色或深棕色，光滑呈硬壳状。体轻，质硬，纵向撕裂后可见中果皮纤维。气微，味微涩。大腹毛：略呈椭圆形或瓢状。外果皮多已脱落或残存。中果皮棕毛状，黄白色或淡棕色，疏松质柔。内果皮硬壳状，黄棕色或棕色，内表面光滑，有时纵向破裂。气微，味淡。性微温，味辛。归脾经、胃经、大肠经、小肠经。

（一）功能主治

下气宽中，行水。治脘腹痞胀，脚气，水肿。

（二）用法用量

（1）内服：煎汤，5~10 g；或入丸、散。
（2）外用：适量，煎水洗；或研末调敷。

（三）药理作用

大腹皮煎剂能使兔离体肠管紧张性升高，收缩幅度减少，其作用可被阿托品所拮抗。能促进胃肠运动。

（四）临床运用

内服：煎汤，6~12g；或入丸、散。外用：适量，研末调敷；或煎水洗。用于湿阻气滞，脘腹胀闷，大便不爽，水肿胀满，脚气浮肿，小便不利。

（五）医家论述

（1）《日华子本草》："下一切气，止霍乱，通大小肠，健脾开胃，调中。"
（2）《本草备要》："下气行水，通大、小肠。治水肿香港脚，痞胀痰膈，瘴疟霍乱。"
（3）《开宝本草》："主冷热气攻心腹，大肠壅毒，痰膈，醋心。并以姜盐同煎，入疏气药良。"
（4）《本草便读》："宣胸腹之邪氛，行脾达胃，散肺肠之气滞，逐水宽中。"
（5）《本草撮要》："功专泄肺和脾，下气行水，通大小肠。主治水肿香港脚、痞胀痰膈、瘴疟霍乱。"
（6）《本草纲目》："降逆气，消肌肤中水气浮肿，脚气壅逆，瘴疟痞满，胎气恶阻胀闷。"

（7）《本草再新》："泻肺，和胃气，利湿追风，宽肠消肿，理腰脚气，治疟疾泻痢。"

（8）《本草新编》："主冷热诸气，通大、小二肠，止霍乱痰隔醋心，攻心腹大肠壅毒，消浮肿。亦佐使之药。若望其一味以攻邪，则单寒力薄，必至覆亡矣。"

（9）《本草易读》："解水气之浮肿，除诸气之上攻；止霍乱而通二肠，理香港脚而消痞满。"

（10）《得配本草》："降逆气以除胀，利肠胃以去滞。一切膜原冷热之气，致阴阳不能升降，鼓胀浮肿等症，此为良剂。"

（11）《雷公炮制药性解》："主冷热气攻心腹，疏通关格，除胀满，祛壅滞，消浮肿，酒洗去沙，复以大豆汁洗用。"

（12）《药鉴》："疏脾胃有余之气，定霍乱吐泻之疾。胀满者用之。气虚则忌。"

（13）《药笼小品》："泄肺运脾，宽胸利水，为诸腹肿胀之首。"

（14）《药性切用》："性味辛温，入脾肺而宽中下水；泄肺利脾，为水肿初起专药。虚者忌之。"

（15）《冯氏锦囊秘录》："大腹皮，下膈气实佳，消浮肿甚捷，宽膨胀去水气之要药也。然病虚者勿用。子疏冷热诸气、大小二肠，止霍乱痰膈醋心，功心腹大肠痈毒，实症相宜，虚症亦忌。"

（16）《顾松园医镜》："降逆气，消水肿。"

（17）《医学入门》："大腹皮辛温无毒，消肿宽膨定喘促，止霍乱通大小肠，痰膈醋心气攻腹。"

（18）《中药大辞典》："下气宽中，行水。治脘腹痞胀，脚气，水肿。"

（19）《玉楸药解》："大腹皮专治皮肤肿胀，亦甚不宜虚家。肿胀有根本，皮肤是肿胀之处所，非肿胀之根本也。"

（20）《饮片新参》："除胀满脚气，化湿浊，利小便，止泻。"

（21）《本经逢原》："槟榔性沉重，泄有形之积滞，腹皮性轻浮，散无形之滞气。故痞满胀，水气浮肿，脚气壅逆者宜之。惟虚胀禁用，以其能泄真气也。"

（22）《药性歌括四百味》："腹皮微温，能下膈气。安胃健脾，浮肿消去。（多有鸩粪毒，用黑豆汤洗净）"

（23）《本草发明》："下气疏脾胃有余之气，消腹胀满及肿。"

（24）《本草求真》："槟榔性苦沉重，能泄有形之积滞。腹皮其性轻浮，能散无形之积滞，故痞满膨胀，水气浮肿，脚气壅逆者宜之。惟虚胀禁用，以其能泄真气也。"

（25）《中华本草》："下气宽中；行水消肿。主胸腹胀闷；水肿；脚气；小便不利。"

（26）《药性类明》："丹溪常用之以治肺气喘促，及水肿药中又多用之，盖亦取其泄肺，以杀水之源。"

（六）配伍

（1）大腹皮配槟榔，辛温行散，专行无形之滞气而行气宽中，利水消肿；槟榔质体沉重，辛苦降下，善行有形之积滞，以消积、行水。二药伍用，相互促进，行气消胀、利水消肿之力倍增。治疗腹水，气滞停食，脘腹胀满等症。

（2）大腹皮配抽葫芦善走，有畅利肠胃之气滞，泄散布于腹皮之水邪；抽葫芦又称陈葫芦，味甘性平，功能利水而消皮肤肿胀。两药配伍，消肿除满。治疗气滞水停之大腹水肿，面目浮肿等症。

（3）大腹皮配青皮肝行于小腹，肝气郁滞，结于小肠，肠道传导不利，腹部胀急。大腹皮下气宽中除胀，青皮疏肝行气化滞。二药相合，则气散结通而腹胀自止。治疗气结小腹胀急。

（4）大腹皮配杏仁能下气行水，主冷热气功心腹，消上下水湿浮肿；杏仁能开胸降气，除心下烦满。二药相伍，能导湿毒下行。治疗湿毒脚气攻心烦满，脚膝浮肿。

（七）中成药运用

1.藿香正气水

（1）组成：苍术、陈皮、厚朴（姜制）、白芷、茯苓、大腹皮、生半夏、甘草浸膏、广藿香油、紫苏叶油。

（2）性状：本品为深棕色的澄清液体（贮存略有沉淀）；味辛、苦。

（3）适用病症：外感风寒、内伤湿滞或夏伤暑湿所致的感冒，症见头痛昏重、胸膈痞闷、脘腹胀痛、呕吐泄泻，肠胃型感冒见上述症候者。

（4）用法用量：口服。一次半支（5mL）~1支（10mL），一日2次，用时摇匀。

2.玉液丸

（1）组成：人参、山楂、沉香、甘草、阿胶、莲子、大腹皮、山药、川芎、枳壳、麦冬、砂仁、紫苏叶、艾叶、地黄、香附、黄芪、琥珀、黄芩、羌活、陈皮、丹参、白芍、木香、厚朴、续断、浙贝母、肉苁蓉、茯苓、杜仲、菟丝子、白术。

（2）功效：益气养血。用于妇女气血不调，经期不准，产后血虚。

（3）用法用量：口服，一次1丸，一日2次。

3.外感平安颗粒

（1）组成：金丝草、连翘、香薷、土荆芥、山芝麻、布渣叶、大腹皮、土茯苓、广藿香、水翁花、金刚头、芒果核、枳壳、甘草、厚朴、大头陈、岗梅。

（2）功效：清热解表，化湿消滞。用于四时感冒，恶寒发热，周身骨痛，头重乏力，感冒挟湿，胸闷食滞。

（3）用法用量：开水冲服一次1.5g，一日2~3次。

4.四正丸

（1）组成：广藿香、香薷、紫苏叶、白芷、檀香、木瓜、法半夏、厚朴（姜炙）、大腹皮、陈皮、白术（麸炒）、桔梗、茯苓、槟榔、枳壳（麸炒）、山楂（炒）、六神曲（麸炒）、麦芽（炒）、白扁豆（去皮）、甘草。

（2）功效：祛暑解表，化湿止泻。用于内伤湿滞，外感风寒，头晕身重，恶寒发热，恶心呕吐，饮食无味，腹胀泄泻。

（3）用法用量：姜汤或温开水送服，一次2丸，一日2次。

第二节　槟榔的炮制

一、槟榔的炮制目的

（1）纯净药材，保证质量，分拣药物，区分等级。

（2）切制饮片，便于调剂制剂。

（3）干燥药材，利于贮藏。

（4）矫味、矫臭，便于服用。

（5）降低毒副作用，保证安全用药。

（6）增强药物功能，提高临床疗效。

（7）改变药物性能，扩大应用范围。

（8）引药入经，便于定向用药。

二、槟榔的炮制作用

（一）槟榔

生品力峻，以杀虫、降气、行水消肿力胜。多用于治绦虫、姜片虫、蛔虫病及水肿、脚气、疟疾。炒后使药性缓和，用于挟虚患者，不致因克伐太过耗损正气，并能减少服后恶心、腹泻腹痛的副作用。炒焦或炒炭则增强消积治血痢功能。

常见的槟榔饮片有生品、炒黄品、炒焦品3种规格，中医临床常用生品来治疗肠道寄生虫病，各炮制品还能用于食积气滞、泻痢后重、水肿脚气和疟疾等。槟榔作为我国具有悠久使用历史的传统中药材之一，人们普遍认为其无毒或仅有小毒，在实际应用中也未曾出现过严重的不良反应，历代文献只是提到槟榔有轻微不良反应以及气虚体弱者不宜用，如《本草蒙筌》云"槟榔，久服则损真气，多服则泻至高之气，较诸枳壳、青皮，此尤甚也"，《本经逢原》记载"凡泻后、疟后虚痢，切不可用也"，是驱虫、消食的良药，且在《中国药典》（2015年版）收载的83类有毒中药中，并不包括槟榔。

据研究表明，槟榔在进行饮片炮制后，鞣酸的含量会随着炮制方法的不同增多或降低。槟榔中槟榔碱的含量升高率依次为制槟榔、炒槟榔、焦槟榔。这表明炮制工艺的不同对于槟榔中含有的鞣酸具有一定的影响性。而加热时间是导致鞣酸含量下降的主要因素，加热的温度越高、时间越长，槟榔中的鞣酸含量就会越低。有专门研究结果表明槟榔的几种不用炮制品中脂肪油的含量会随着炮制方法的不同升高。

炮制是降低药材毒性和增强药物疗效的常用方法之一，是在中医药理论指导下，中药材特有的处理方法。中药槟榔传统的炮制方法繁多，如净制、切制、炒制、醋制、蜜制和酒制等。槟榔经炮制加工之后，其药性有所缓和，且各化学成分含量会有所增减，从而达到减毒的目的。汪锦飘等研究不同炮制方法对槟榔中槟榔碱含量的影响，发现炮制时间越长，槟榔碱的损耗越多，其含量越低。有研究对槟榔不同炒制品的毒性进行对比研究，发现随着炒制程度的加深，槟榔的毒性逐渐降低，槟榔饮片（生品）对小鼠致死量（LD_{50}）为65.69~129.64 g/kg，炒黄后LD_{50}为67.18~147.35 g/kg，焦品的LD50则为71.83~148.90 g/kg，而炭品未出现小鼠死亡。

药物的毒性与药材煎煮的时间也密切相关，古桂花等研究发现槟榔饮片在100℃烘烤8 h后生物碱的损失率约为50%，而煮沸0.5 h后损失率甚至高达80%，这说明相较于烘烤而言，煎煮时间对槟榔总生物碱的含量的影响甚至更大。槟榔在体内的毒性也与服药时间长短有关，而"槟榔入药"一般是在中医思维指导下短期煎服，临床并未曾见明显不良反应。此外，中医还讲究因人制宜，即个体差异也是毒性差异的原因之一，如有研究发现雷公藤的肝脏毒性及其个体易感性受年龄、性别和遗传易感性等因素的影响。

（二）大腹皮

大腹皮味辛，性微温。归脾经、胃经、大肠经、小肠经。具有行气宽中，利水消肿的功能。生品行气除满的作用较强，并能利水消肿。最适于湿阻气滞之脘腹胀满及水肿尿少之证；生品虽然行气除胀作用较强，但亦能泄真气。制大腹皮行气作用缓和，利水而不易伤正，并有清洁药物的作用。可用于脾虚腹胀、虚证水肿。大腹皮在古代炮制方法中，以采用各种辅料汁水反复洗涤的方法最多，其中先以酒洗，然后再用黑豆汁洗的方法为历代所采用，但近代只有少数地区保留了甘草水洗的方法。古代用辅料汁水洗大腹皮的目的似乎仅仅是为了去毒，如张景岳云："凡用时，必须酒洗，炒过，恐有鸩毒也。"所以古方中大腹皮制用者亦较多，近代用甘草水洗，亦云为了去其毒性。

三、槟榔的炮制方法

（一）历史沿革

1.槟榔炮制历史沿革

南北朝刘宋时代有细切法（《雷公》）。唐代有煮熟，捣末法（《新修》）。

宋代有炒（《圣惠方》），火炮（《博济》），烧灰存性（《旅舍》），饭裹湿纸包煨（《总录》）、面裹煨、吴茱萸炒（《总微》），火煅法（《朱氏》）等。元代有纸裹煨（《丹溪》）。明代基本沿用宋元时代的炮制方法，灰火煨、牵牛子醋共制（《普济方》）、火炮、湿纸裹煨（《奇效》）、炒制（《医学》）、石灰制（《仁术》）、牙皂汁浸焙（《保元》）、烧存性（《济阴》）等法，并增加了麸炒法（《普济方》）。清代有煨法（《握灵》）、醋制（《本草述》）、童便洗晒（《幼幼》）、煅存性（《拾遗》）、酒浸法（《大全》）等。明、清两代对炮制目的也有较多的论述。现行有炒、炒焦〔《中国药典》（1995年版）〕、炒炭（《汇典》）、蜜制（《北京》）、盐制（《山东》）、烤制法（《烤制法》）。槟榔传统炮制有净制、切制、煮制、炒制、火制等三大类约11种方法，而今沿用的有净制、切制和炒制方法，其他方法未传承使用。

2. 大腹皮炮制历史沿革

宋代有煨法（《博济》）、炙法（《苏沈》）、酒黑豆汁洗（《脚气》）、炒法（《指迷》）、黑豆水浸洗（《妇人》）、黑豆汁煮后炒干（《疮疡》）等炮制方法。元代有炙焦黄（《世医》）的方法。明代有黑豆汁洗（《撮要》）、火焙（《入门》）、"入灰火烧煨"（《纲目》）、酒洗、姜汁浸（《仁术》）、斑蝥制（《准绳》）、甘草汤洗（《保元》）、酒洗后炒制（《景岳》）、姜汁洗（《济阴》）等炮制方法。清代则沿用酒黑豆汁洗（《握灵》）、黑豆水洗（《暑疫》）、煨制（《增广》）等方法。"凡使，先须以酒洗，再以大豆汁洗过，挫细焙干"（《局方》）。"孙恩邈曰，鸩鸟多栖槟榔树上，凡用槟榔大腹子皮，宜先酒洗，以大豆汁再洗过晒干，人灰火烧煨切用"（《害利》）。近代个别地区还有酒制法。其方法是将酒加适量清水稀释，与药物拌匀，晒干（每大腹皮100kg用酒30kg）。

（二）炮制方法

1. 修治

修制是最简单的炮制方法，是药物进行炮制的准备阶段。修制的方法包括拣、摘、揉、擦、磨、刷、刮、镑、刨、剥、切、捣、敲、碾、簸、箩、筛、劈、锯、轧、榨等项目。

历代槟榔净选的方法主要有去粗皮（《普济方》《本草通玄》等）和刮去底（《雷

公炮炙论》等）。

（1）拣：用于拣去不入药的部分和杂质，一般是除净核粒、果柄、枝梗、皮壳、沙石等。

（2）簸、箩、筛：都是用来除净药物中的非药用部分和杂质，去掉叶屑可用簸法，除去枝梗可用筛法，除净灰屑可用箩法，一般都是同时采用的净杂方法。

（3）刮：用铁刀、竹刀或瓷片刮去药材外面的粗皮。

（4）切：将原药或润软后的药材，按不同的药物用刀或切片机切成片或小块。切片既利于药材的干燥和制剂时的粉碎，又便于配方时的称量和煎药时有效成分的煎出。

由于药物软硬不一，大小不一，除了少药材可以干货直接切制外，一般都须通过不同程度的水浸、水洗，喷洒淋水等法，使其湿润回软后才可切制，也有需要先经烘煨、蒸软后才能切制的。

（5）碾：将药材置碾槽（铁船）中碾碎或成粉。

槟榔修治过程：浸泡润透后切薄片，阴干。拣去杂质，除去皮壳，洗净泥沙，捞出晒干，打碎成黄豆大颗粒用；或埋入湿砂中，闷润至透，洗去泥沙，沥干，切0.3~0.9 mm圆片，晾干即得。

大腹皮修治过程：取原药材，除去杂质，洗净干燥后碾松，去硬皮，切段，筛去灰屑。

2. 水制

在药材的炮制中，用液体对药材进行辅助处理我们统一称为水制法，主要是为了清洁、软化、除杂质等。我们常用的水质方法有淘、洗、浸、润、漂等。

（1）淘。

将体积细小的种子类药材放在数倍于药的清水中淘去泥土、砂粒。附有泥土的药材，需放在箩筐或笪箕内，再放入清水中，边搓擦，边搅动，淘去泥土，并利用水的悬浮作用，漂去轻浮的皮壳及杂物。夹有砂粒的药材，需放在瓢内，再放入清水中舀动，通过舀动操作，倾出上浮的药材，将沉降瓢底的砂粒弃去。最后将淘净的药材滤水晒干。药材经过淘洗，达到清洁纯净的目的。

（2）洗。

将药材放在数倍于药的清水中或液体辅料中翻动擦洗。质地轻松或富含纤维的药材，要求动作迅速，进行抢洗。质地稍硬或表面黏附泥沙杂质的药材，洗时可用一般速度，或进行充分洗涤。有些药材为了改变性能，需用液体辅料洗。药材经过洗涤，达到清洁纯净，吸水变软，便于切制和改变性能的目的。

（3）浸。

将药材放在宽水中或液体辅料中，浸泡至一定程度取出。含有大量淀粉及质地坚硬的药材，洗净后，放在清水中浸泡至软取出。动物的甲、骨放在清水中浸泡至皮、甲、肉、骨分离时取出。有些药材为了改变性能，用相适应的液体辅料浸泡至透取出。药材经过浸泡，使水分或液体辅料渗透到药材内部，达到吸水变软便于切制、除去非药用部分、改变药物性能等目的。但必须浸的才浸，浸泡的时间应根据具体情况而定。

（4）润。

将经过清水或液体辅料处理的药材置于容器内，使其表面所吸附的水分向内渗透，达到全部湿润变软的润药方法。质地轻松或柔润的药材，先用清水抢洗，取出滤去水分，然后进行盖润。质地较硬的药材，水洗后装入篾篓，上盖麻布，使其润透。根据药材的软化情况，必要时中途可淋水1~2次，以辅助水洗时吸水的不足。质地坚硬的药材，经过一定时间的清水浸泡，捞起装入篾篓，上盖麻布，根据药材的软化情况，可进行多次淋水，使其润透。有些药材须放在缸内，用一定的液体辅料（约为药材的1/4）浸渍，经常翻动，使其一边吸入辅料，一边向内渗透，至药材润透，辅料吸尽取出。润药的时间须根据药材的坚硬程度、体积大小以及季节、气候而定，一般以润透变软为准。检查方法：长条形药材用手折时，以能发弯为润透；块状或球形药材用手捏时，以内部似有柔软感为润透，有时须用刀切断检查，以内面无硬心为润透。润的目的是为了软化药材，便于切制；用辅料浸润则是为了改变药物性能。如当归（为伞形科多年生草本植物当归的干燥根）炮制方法：拣去杂质，清水洗净，捞起，滤去水分，稍晾，每斤用白酒一两加适量水，均匀喷上盖严，润透，切片，晒干。炮制目的：清洁药物，便于切片和制剂；酒洗增强活血散瘀作用。

（5）漂。

将药材放在宽水中或液体辅料中漂去药材的某些内含物质。漂时须根据季节气候和药物的体积、质量，适当地掌握漂的时间、换水次数，并选择漂药的位置。漂药目的是利用水的溶出作用，除去药物的杂质以及部分挥发性、毒性物质，使药物纯净，药性缓和，毒性减低。

在炮制槟榔的过程中，多采用少浸多润的原则，传统的炮制方法是将槟榔采用清水进行浸泡，继而润透进行切片处理，这种方法对槟榔浸泡的时间过长，会导致槟榔碱的流失，随着现如今对于槟榔炮制改进的方法有很多，如先将槟榔浸湿后再埋入洞中进行焖至、将槟榔埋入潮湿的糟糠中，继而进行浸润切片等。为了防止槟榔碱的流失，传统软化法是将槟榔用河沙填埋，这种方法能有效减少槟榔成分流失，并且保证了槟榔饮片外观的完好。

传统法与减压浸润法，在不同季节（以水温表示），槟榔的浸泡效果明显不同（以达到浸泡标准的浸泡天数表示）。浸泡时间由夏季7h、冬季26h减至2—6h，由此可见，温度越高，越易浸泡，传统法浸泡易出现醋酸变质。浸泡时间越长，水温越高，酸败霉变程度越严重，减压浸润则可明显缩短软化浸泡时间，有效地防止酸败霉变发生。槟榔软化切制的最佳工艺为先减压后加水25~26℃水浸泡，切0.5 mm以下极薄片，阴干。

槟榔的炮制研究目前基本上是以生物碱，特别是槟榔碱含量为核心，并未涉及化学成分质的变化，也很少对其他成分进行研究。药效学方面的研究目前还是空白，今后需要加强对炮制品药效变化方面的研究。槟榔由于质地坚硬，软化很困难，传统的软化方法存在较多的问题，不易保证饮片的质量，所以软化是制作槟榔饮片中较为棘手的问题。近年来，不少人对槟榔的软化方法做了很多探索工作，也颇有成效，有些方法值得推广。如砂碛法和减压冷浸法就很有实用价值，分别适用于小生产和大生产。但对其他软化方法还需进一步研究，不断改进和完善。

不同软化方法对槟榔有效成分的影响差异较大。据报道，槟榔用冷水浸泡21d后切片，槟榔碱损失达30.09%。在浸泡过程中，生物碱含量换水又比不换水的方法损失大。樟帮不换水浸泡法虽然简便，槟榔碱损失7%左右，但药材易变色和腐败；而换水浸泡法槟榔碱损失达18%~20%，使其饮片含量（0.2583%）达不到药典要求。槟榔经浸泡后切片醚溶性生物碱损失了24.7%。若用冷水浸泡6d，每天换水一次，切片阴干，醚溶性生物碱损失了16.29%。可见槟榔不宜用浸泡法软化。槟榔饮片的干燥方法对生物碱含量也有影响。切片后暴干其生物碱损失比阴干大得多，晒干也比阴干的含量低，烘干则与阴干含量差不多。加热对槟榔的成分也有影响。采用薄层扫描法对槟榔的生品、炒黄品、炒焦品、炒炭品中槟榔碱进行含量测定，结果表明，随着加热时间的增加，槟榔碱有不同程度的挥发，含量下降。炒黄品低于生品，炒焦品很低，炒炭品含量很微。但随着加热时间的增加，其油性则有所增加，槟榔炭油性最大，在薄层板上靠近溶剂前沿的几个斑点的量也随之增加。另有人用相同方法测定，结果也表明炮制品（清炒、炒焦、炒炭）随着受热时间的增加，槟榔碱的含量逐渐降低。

鉴于传统的水浸泡对槟榔的有效成分损失很大，故对槟榔的软化提出了很多改进方法。有人提出先将槟榔浸润再埋入洞中闷，该法简单易行，有效成分槟榔碱几乎不受影响。

还有报道，用淋法软化，对槟榔碱影响较小，生产周期短，无须特殊设备，而临床疗效好。砂润法是槟榔吸收砂中水分，逐渐软化，便于切片，并能保留药物原有色、香、味。即使夏天也不易产生黏滑、变色、"伤水"等现象。有人比较了砂磺法（用湿河沙淹埋）和浸泡法软化槟榔，其醚溶性生物碱（按槟榔碱计算）经砂磺法损失7.91%，水浸法损失15.27%；砂磺法炮制品外形美观，利于贮存、调配和煎煮。还有实验证明，采用10%米醋喷润槟榔，切薄片阴干的方法较好，省工，效率高片形完整美观，而且生物碱含量也较高。冷压浸泡法软化，其槟榔碱损失也比传统的浸泡软化法小。采用减压冷浸软化法，经小型试验和中试生产规模，观察不同季节软化效果，测定饮片质量，结果表明，该法能提高软化效率，缩短浸泡时间，保证饮片质量。在具体操作时，槟榔浸入水中减压和减压后加水的方法，其吸水量相同；但要达到软化要求，前者减压时间远比后者长。比较槟榔传统浸润法、减压冷浸法、粉碎颗粒法、减压蒸气焖润法，结果表明，减压蒸气焖润法槟榔碱损失少，软化时间短。比较冷浸法、热浸法、蒸制法、轧碎法制备的槟榔片，结果表明，蒸制法和轧碎法的薄层层析比冷浸法和热浸法多一个斑点；通过水溶性浸出物及醚溶性生物碱的含量测定，证明以蒸法切片较理想，煎出效果亦佳，饮片外观颜色比水制法深，且饮片平整光滑，外形美观，容易干燥。

实验按现行的传统方法浸润处理加工，槟榔碱损失高达25%以上，采用冷压浸渍法可使槟榔碱保留率达90%以上，而将原药材直接打碎成颗粒饮片，更能使槟榔碱完全保留。

大腹皮的水制分为两种：大腹皮洗净；制大腹皮用甘草水略浸后洗净（大腹皮每100kg用甘草6kg）。二者中的洗净都是为了清洁、除杂。而第二种中用甘草水略浸是为了改变大腹皮性能，缓和其药性。

3. 火制

关于槟榔的火制法对生槟榔、炒槟榔和盐槟榔中的驱绦虫成分槟榔碱的含量测定结果依次为0.40%~0.52%、0.31%~0.33%和0.23%~0.27%，这说明炒制可使部分槟榔碱受到破坏，驱虫疗效降低。这与《雷公炮炙论》等指出"易经火，恐无力效"是一致的，故槟榔驱虫杀虫必当生用。但在消积、降气、行水等方面，生用则过猛。为了缓和药性和增强消积等作用，历代发展了炒、烧、煨、炮、煅等多种火制法，其中以炒、煨居多。然而目前实际的火制品主要为炒槟榔、焦槟榔和槟榔炭。煨法在各地应用甚少。从传统炮制理论角度而言，用于食积气滞，里急后重之证，煨制品当胜于其他炮制品。

历代槟榔炮制辅料达16种之多，《本草述钩元》曰："急治生用，经火则无力，缓治醋煮或略炒过。"可见古人在槟榔炮制过程中应用各种辅料的目的主要是缓和其峻烈之性，以免克伐正气及伤损脾胃，如麸炒、醋煮等；同时不可忽视某些辅料的协同作用，如皂角汁炙、童便炙等。然而，目前槟榔炮制已大多不用辅料，仅北京地区有蜜炙的焦槟榔。故今后应进一步结合临床的应用进行研究，尤其是对醋炙、皂角汁炙等要进行临床药理的观察，以丰富祖国医药的炮制内容。

（1）炒制。

a.炒黄取槟榔片，置热锅中，用文火炒至微黄色，取出，放凉。

b.炒焦取槟榔片，置热锅中，用武火炒至焦黄色，有焦香气透出时，取出，摊开放凉。

c.炒炭取净槟榔片，置锅内用武火炒至外表呈黑色，内呈黑褐色为度。喷洒凉水适量，灭尽火星，取出，摊开凉一夜。

（2）蜜制。

取打碎的槟榔，大小块分开，置热锅内，不断翻动，取炼蜜化开，加沸水少许，喷洒均匀，用武火炒至焦黄色，取出凉凉，大小块掺匀，入库即得。每槟榔片100 kg，用炼蜜5 kg。

（3）盐制。

将净槟榔片用食盐水拌匀，稍闷，置锅内，文火炒干，取出，放凉。每槟榔片100 kg，用食盐2 kg。

（4）烤制。

a.烤黄：先预热中药烤制箱，箱内温度达到130℃时，将铺薄层槟榔片的烤盘放入烤箱，烤制20min，取出。

b.烤焦：先预热中药烤制箱，箱内温度达到180℃时，将铺薄层槟榔片的烤盘放入烤箱，烤制20min，取出。

（5）煅制。

将槟榔用猛火直接或间接煅烧，使质地松脆，易于粉碎，充分发挥疗效。现未传承使用。

a.明煅将槟榔直接放炉火上或容器内而不密闭加热。

b.密闭或焖煅将槟榔置于密闭容器内加热煅烧，制成可炭化的药材。

（6）煨制。

将槟榔包裹于湿面粉、湿纸中，放入热火灰中加热。《圣济总录》记载："酸粟米饭裹，湿纸包灰火中煨令纸焦，去饭。"现未传承使用。

其中以面糊包裹者，称为面裹煨；以湿草纸包裹者，称纸裹煨，以草纸分层隔开者，称隔纸煨；将药材直接埋入火灰中，使其高热发泡者，称为直接煨。

（7）烘焙。

将槟榔用微火加热，使之干燥。现未传承使用。

槟榔的炮制虽然《雷公炮炙论》就已言及，但主张生用，唐代始用加热方法。以后历代虽然炮制方法都有所变化和发展，但只有始于宋代的炒法被近代沿用，并对炒制的火候有不同要求。尽管历代炮制方法不少，但对生用与制用的问题各医家认识并不一致。有的从雷敩之说，认为熟用无效，这种认识似乎有些片面。槟榔究竟宜生用或制用，应视用途而定。另外，古代的醋制法似有研究的价值，但具体方法尚需改进和完善。

文献记载测定槟榔生品、5种传统不同炮制品及现代烘品中槟榔碱含量。各炮制品中槟榔碱含量与生品比较有显著性差异，80℃ 20min烘品和酒炙品含量较高，炒黄低于生品，炒焦低于炒黄，炒炭含量甚微。

4.水火共制

将槟榔通过水、火共同加热，由生变热，由硬变软，由坚变酥，以改变性能，减低毒性和烈性，增强疗效，同时也起矫味作用。

煮是将槟榔置于水或药液中加热煮的方法，以消除药物的毒性、刺激性或副作用。《医学入门》记载："急治生用，经火则无力，缓治略炒，或醋煮过。"现未传承使用。

5.成品性状及质量要求

（1）成品简要操作过程。

a.槟榔。《雷公炮炙论》："欲使，先以刀刮去底，细切，勿经火，恐无力效，若熟使，不如不用。"现行，取净槟榔用减压法软化适宜，再切片，干燥用。取原药材，除去杂质，用水浸泡3—5 d，捞出，置容器内，经常淋水，润透，切薄片，干燥。洗净灰尘，按气温情况换水浸泡，以免发臭，泡透为止，捞起滤干水分，切横片或刨片，放通风处晾干。

b.炒槟榔。《太平圣惠方》："微炒捣末。"现行，取均匀的槟榔片，用文火炒成微黄色。取槟榔片，置炒制容器内，用文火加热，炒至微黄色，取出凉凉。

c.焦槟榔。取均匀的槟榔片，用中火炒成焦褐色。取槟榔片，置炒制容器内，用中火加热，炒至焦黄色，取出凉凉。

d.槟榔炭。《证类本草》："烧灰细研。"《济阴纲目》："烧存性，研末。"现行，取净槟榔片，用武火炒成焦黑色，即可。

e.大腹皮。取原药材，除去杂质，洗净，干燥，碾松，去硬皮，切段，筛去灰屑。

f.制大腹皮。取大腹皮，除去杂质，用甘草水略浸后洗净，晒干，碾松，切段，筛去灰屑。（大腹皮每100kg用甘草6kg）。

（2）成品性状。

a.本品呈类圆形的薄片。切面可见棕色种皮与白色胚乳相间的大理石样花纹。气微，味涩、微苦。

b.本品粉末红棕色至棕色。内胚乳细胞极多，多破碎，完整者呈不规则多角形或类方形，直径56~112 μm，纹孔较多，甚大，类圆形或矩圆形，外胚乳细胞呈类方形、类多角形或长条状，胞腔内大多数充满红棕色至深棕色物。种皮石细胞呈纺锤形、多角形或长条形，淡黄棕色，纹孔少数，裂缝状，有的胞腔内充满红棕色物。

c.槟榔片：为类圆形薄片。表面有灰白色与棕色交错的大理石样纹理。质坚脆易碎。气微，味涩而苦。

d.炒槟榔：微黄色，偶见焦黄斑。性状本品形如槟榔片，表面微黄色，可见大理石样花纹。

e.焦槟榔：焦黄色。有焦香气，味微苦涩。

f.槟榔炭：黑褐色。味涩。

g.蜜制槟榔：焦黄色。味微甘。

h.盐槟榔：颜色加深。微有咸味。

i.大腹皮为不规则的小段，呈纤维性，黄白色或黄棕色，有时带有外果和内果皮碎片。体轻松，质柔韧，无臭，味淡，色稍深，味微甜。

（3）检验标准。

槟榔饮片、炒槟榔的检查、含量测定同药材。

a.检查。水分不得过10.0%（通则0832第二法）。黄曲霉毒素照真菌毒素测定法（通则2351）测定。本品每1000g含黄曲霉毒素B1不得过5μg，含黄曲霉毒素G2、黄曲霉毒素G1、黄曲霉毒素B2和黄曲霉毒素B1总量不得过10μg。

b.含量测定。照高效液相色谱法（通则0512）测定。色谱条件与系统适用性试验以强阳离子交换键合硅胶为填充剂（SCX–强阳离子交换树脂柱）；以乙腈–磷酸溶液（2→1000，浓氨试液调节pH至3.8（55∶45）为流动相；检测波长为215nm。理论板数按槟榔碱峰计算应不低于3000。对照品溶液的制备取氢溴酸槟榔碱对照品适量，精密称定，加流动相制成每1ml含0.1mg的溶液，即得（槟榔碱重量=氢溴酸槟榔碱重量/1.5214）。供试品溶液的制备取本品粉末（过五号筛）约0.3g，精密称定，置具塞锥形瓶中，加乙醚50mL，再加碳酸盐缓冲液（取碳酸钠1.91g和碳酸氢钠0.56g，加水使溶解成100mL，即得）3mL，放置30min，时时振摇；加热回流30min，分取乙醚液，加入盛有磷酸溶液（5→1000）1mL的蒸发皿中；残渣加乙醚加热回流提取2次（30mL、20mL），每次15min，合并乙醚液置同一蒸发皿中，挥去乙醚，残渣加50%乙腈溶液溶解，转移至25mL量瓶中，加50%乙腈至刻度；摇匀，滤过，取续滤液，即得。测定法分别精密吸取对照品溶液与供试品溶液各10μL，注入液相色谱仪，测定，即得。本品按干燥品计算，含槟榔碱（$C_8H_{13}NO_2$）不得少于0.20%。

c.鉴别。本品粉末红棕色至棕色。内胚乳细胞极多，多破碎，完整者呈不规则多角形或类方形，直径56~112μm，纹孔较多，甚大，类圆形或矩圆形，外胚乳细胞呈类方形、类多角形或作长条状，胞腔内大多数充满红棕色至深棕色物。种皮石细胞呈纺锤形，多角形或长条形，淡黄棕色，纹孔少数，裂缝状，有的胞腔内充满红棕色物。

大腹皮，大腹毛的饮片鉴别同药材。

a.本品粉末黄白色或黄棕色。中果皮纤维成束，细长，直径8~15μm，微木化，纹孔明显，周围细胞中含有圆簇状硅质块，直径约8μm。内果皮细胞呈不规则多角形、类圆形或椭圆形，直径48~88μm，纹孔明显。

b.取本品粉末5g，加甲醇50mL，超声处理30min，滤过，滤液回收溶剂至干，加甲醇2mL使溶解，滤过，取续滤液，作为供试品溶液。另取大腹皮对照药材5g，同法制成对照药材溶液。照薄层色谱法（通则0502）试验，吸取上述两种溶液各5μL，分别点于同一硅胶G薄层板上，以三氯甲烷-甲醇-甲酸（7：0.1：0.02）为展开剂，展开，取出，晾干，喷以10%硫酸乙醇溶液，在105℃加热至斑点显色清晰，置紫外光灯（365nm）下检视。供试品色谱中，在与对照药材色谱相应的位置上，显相同颜色的荧光斑点。

（4）其他。

槟榔采收季节为春末至秋初，采收成熟果实，用水煮后，干燥，除去果皮，取出种子，干燥。《中国药典》收载饮片有槟榔、炒槟榔、焦槟榔。贮藏置通风干燥处，防蛀。

大腹皮采收季节为冬季至次春，采收未成熟的果实，煮后干燥，纵剖两瓣，剥取果皮，习称大腹皮；春末至秋初采收成熟果实，煮后干燥，剥取果皮，打松，晒干，习称大腹毛。《中国药典》收载饮片有大腹皮、大腹毛。贮藏于干燥处。

第三节　槟榔的毒性

中药毒性历来为人们所关注，我国现存最早的药物学专著《神农本草经》，共收载药物365种，并根据药物的功用与毒性，分为上、中、下三品。广义的"毒"是指一切药物的偏性、烈性总称，而狭义的"毒"即现今的药物毒性。古今对中药毒性的认知存在出入，是因为古代医者对传统中药毒性的认知一般来源于临床应用，以临床观察到的生理现象为依据。而现代医学对中药毒性的认知还包括其单体成分的毒理数据，认为中药某些单体物质的活性在一定程度上能够代表或反映中药个体的作用。但将单体成分毒性完全视作中药毒性的认知有所偏颇。根据中医辨证，临床实际用药时会对应证候调整，较为灵活。中药材根据药用部位的不同还会有所区分，因此同一来源的中药在功效上也会存在差异。炮制、配伍、加工过程中药物有效成分的种类及其含量也会有所不同，进而表现出药效、毒性关系上的差异。由于中药及其复方是个巨大的活性成分聚集体，若从单体成分角度思考单味中药和复方整体的毒性问题，可能会以偏概全，引起公众的过度关注，甚至恐慌。中药及其复方与中药单体成分之间的毒性之争已成为当今国内外学者研究的热点，一系列基于物质基础、生物拮抗等不同角度进行的中药毒效整合分析，为解释中药复方毒效机制提供了新的方向。

一、槟榔的化学成分

实验研究发现，槟榔中主要化学成分为鞣质、生物碱、脂肪酸、氨基酸，另外还有多糖、槟榔红色素及皂苷等成分。槟榔饮片含鞣质约15%，生物碱0.3%~0.6%。生物碱主要为槟榔碱，其次为槟榔次碱、去甲基槟榔次碱、去甲基槟榔碱、槟榔副碱、高槟榔碱、异去甲基槟榔次碱等。其中，槟榔碱是主要活性和毒性物质，且部分生物碱与鞣质结合存在。

另有文献说明，在大腹皮中，所含生物碱以槟榔次碱为主，几乎不含槟榔碱。Srimany A等研究发现，随着槟榔果实逐渐趋于成熟，种皮中4种生物碱（槟榔碱、槟榔次碱、去甲基槟榔碱、去甲基槟榔次碱）总量逐渐减少。刘蕊亦指出，槟榔碱的含量会因花果的逐渐成熟而发生变化；成熟槟榔果皮中槟榔碱含量最低，成熟种子中槟榔碱含量较多，槟榔花中槟榔碱含量较少，解释了大腹皮所含生物碱以槟榔次碱为主的可能原因。

（一）槟榔碱

槟榔碱具有致癌性、遗传毒性、生殖毒性、神经毒性、肝毒性、肾毒性以及耳毒性等。其中，以致癌性最引关注。以槟榔碱为主的生物碱会通过促进成纤维细胞生成、损害DNA、抑制细胞周期、激活转录蛋白等途径诱发癌变。受嚼用槟榔危害的报道影响，国内外学者对槟榔口腔细胞毒性的研究较多。有研究表明，高剂量的槟榔碱会抑制内皮细胞增殖，且在碱性环境中，槟榔碱能够增加活性氧（ROS）含量，通过系列通路，启动内皮细胞-间质细胞转化，并诱导口腔黏膜下纤维化（OSF）。此外，槟榔碱可以诱导口腔黏膜角质形成细胞的凋亡，以及胶原蛋白在口腔黏膜下层组织沉积，进而诱发口腔病变，甚至口腔癌。在碱性条件下，槟榔碱易与鞣质解离，快速被人体吸收。同时，在碱性环境中，槟榔碱与槟榔红色素可发生水解反应，产生亚硝基胺类致癌因子。有研究表明，槟榔碱口服给药比口腔给药产生的毒性更大，细胞DNA的损伤及细胞周期的延迟与槟榔碱接触时间呈一定的线性相关。总的来说，槟榔碱在细胞层面的毒性呈剂量依赖性，对肝、肾等实质器官的损伤则是慢性积累的过程。槟榔碱既是毒性成分，也是槟榔的主要活性成分，是槟榔物质基础研究的重点。

（二）槟榔次碱

槟榔碱在碱性条件下容易水解成为槟榔次碱。槟榔碱在体内代谢时，往往会先水解成为槟榔次碱。有研究报道，槟榔次碱具有一定的药理毒理作用，对小鼠自主活动和探究行为会产生影响；槟榔次碱本身可能无法通过血脑屏障，对中枢神经的作用可能是通过 γ-氨基丁酸（GAGB）以外的递质系统实现的。Harvey W 等研究发现，在体外培养体系中，槟榔次碱有显著刺激成纤维细胞合成胶原蛋白的作用，呈剂量依赖性，且槟榔次碱对成纤维细胞刺激性大于槟榔碱。Panigrahi G B 等将槟榔次碱以不同剂量喂给小鼠，发现其对姐妹染色单体互换频率的毒性呈剂量依赖性，且姐妹染色单体互换频率的变化与给药时间无关。另外，在碱性条件及有 Cu^{2+} 存在的环境中，槟榔次碱能损伤DNA。大剂量的槟榔次碱还具有致肿瘤协同作用。Lin L M 等人以高浓度的槟榔次碱（3000 μg/mL）涂抹仓鼠颊袋，发现并未见肿瘤生长，仅能观察到角化过度和炎症。而在经过9，10-二甲基-1，2-苯并蒽（DMBA）预处理4周与8周后，分别涂抹400 μg/mL与900 μg/mL浓度的槟榔次碱，肿瘤发生率为100%。在大鼠腹腔注射实验中，槟榔次碱的半数致死量（LD_{50}）远高于槟榔碱。大鼠被给予槟榔次碱后并没有立即出现拟副交感神经作用，相较于槟榔碱，表现出较弱的急性毒性。有学者由此解释槟榔碱损失、转化为槟榔次碱出现毒性减弱的原因。综上所述，槟榔次碱存在相关毒性报道，主要表现为对细胞的诱变毒性，但现今普遍认为槟榔次碱的综合毒副作用弱于槟榔碱，并非槟榔有毒成分关注的重点；

槟榔次碱毒效关系缺乏较为全面的研究，尚存争议，还有待揭示。

（三）槟榔鞣质

研究发现，槟榔的总生物碱对斑马鱼的 LD_{50} 为 136.14 μg/mL，而总鞣质对斑马鱼的 LD_{50} 为 21.52 μg/mL，表明槟榔中总鞣质类成分的急性毒性大于总生物碱，槟榔鞣质具有毒副作用。此外，口腔黏膜下纤维化可能与成纤维细胞、胶原蛋白增多有关，而槟榔中的鞣质成分（如儿茶酚等）又能使胶原蛋白稳定，槟榔鞣质可能协同生物碱诱导口腔黏膜下纤维化，进而导致口腔癌的发生。

二、槟榔的毒性

槟榔在我国入药历史悠久，一般认为无毒或小毒，如《千金翼方》中载"槟榔味辛温，无毒。主消谷逐水，除痰癖，杀三虫伏尸，疗寸白，生南海"。古籍中仅提到多用槟榔有耗气、发热的不良反应，《本草蒙筌》记载"槟榔，久服则损真气，多服则泻至高之气，较诸枳壳、青皮，此尤甚也"；《本草汇言》又云"（槟榔）多用大伤元气"。使用禁忌为气虚体弱者不宜用，如《玉楸药解》记载"若气虚作满，则损正益邪，不能奏效矣"。

侯文珍等查阅 36 部本草文献，仅《本草便读》提到"宣胸腹之邪氛，行脾达胃，散肺肠之气滞，逐水宽中，辛苦而温，轻疏有毒"的明确有毒记载。Lin Q 等将槟榔水提取液以每日 75 mg/kg 给药大鼠，在此剂量下是安全的。而长期、高剂量口服的条件下，槟榔的水提取物表现出毒性。有研究表明，槟榔水提取液可引起肝细胞超微结构的改变与破坏。药用槟榔与嚼用槟榔所含化学成分种类相似，但是药用槟榔引起的临床不良反应较少，常见为恶心呕吐（20%~30%）、腹痛、头昏与心慌，冷服可减少呕吐，很少出现消化性溃疡并发呕血，这与单体槟榔碱的毒性研究报道大相径庭。由此推测，中医临床除了对单味药适应证的准确界定以及用量、适宜人群的把握，可能还会存在有效的减毒途径。例如，入药的炮制、配伍环节是否影响了槟榔中成分的毒性表现？在加工过程中，是否也达到了"减毒"的目的？

孙敬昌指出：中药毒性的现代研究，需要结合中医理论的指导，并且要界定中药个体的毒性，需要对单味中药毒性有一个指标性的研究。中药与其单体成分的药理毒理作用具有一定的对应关系，如槟榔所含的主要成分槟榔碱，在许多的研究中符合我们对于槟榔"消食逐水、行气杀虫"的认知。但是临床使用时，经过炮制、配伍后的中药槟榔，我们却很少发现有类似单体"槟榔碱"的毒性表现。

分析近年来关于槟榔不良反应的报道，药用槟榔实际发生不良反应的概率很小。故可从中得到一个规律：评价单味中药毒性时，能够将中药所含主要毒性成分作为指标从而实现中药毒性的量化。但是当评价临床复方用药真实世界的毒性时，还需要综合考虑到炮制、配伍等方法所造成的毒性成分含量的变化，以及与其他化学成分之间在机体中相互作用的影响。槟榔在临床使用中被视为"无毒"中药，想必与此有关。中医药的毒性认知是一个不断发展的过程，尤其是现代技术手段越发接近穷尽解析中药所含微量甚至痕量毒性物质，但不能脱离中医药理论简单以化学成分毒性评价体系探讨中药乃至复方毒性。

目前，槟榔的毒性报道主要集中于槟榔的嚼用产品上，包括槟榔果、槟榔干及其他槟榔制品等，但在实际临床应用中关于药用槟榔的安全性争议很少，且按照《中国药典》（2015 年版）所记载的临床用药配伍及剂量使用槟榔饮片尚未出现相关不良反应的报道，并且槟榔不属于国家明令限制的 28 种毒麻中药及饮片（砒霜、生半夏、生马钱子、生川乌、生草乌、生附子、水银、生南星等）。

关于槟榔致癌的报道中，国外嚼用槟榔居多，国际上的槟榔致癌依据来源于一些嚼用槟榔的南亚、东南亚国家，这些国家槟榔嚼用的方法为干果加石灰、蒌叶一起入口咀嚼，有的甚至在粗槟榔果中添加烟草一同嚼食，与我国药用槟榔的加工方式和服用方法完全不同，这也成为制约我国药用槟榔走向国际化的决定性因素之一。槟榔作为我国四大南药之一，且在国际中药制剂排名中位列前百，贡献了较大的药。用价值与经济价值，但目前由于中医药面临着背景文化差异、法律法规缺位、缺乏系统性的质量及安全性研究等问题，导致槟榔国际标准化之路举步维艰，至今仍无法进入西方主流医疗体系，也严重影响槟榔在国际上的竞争力。

目前，我国药用槟榔中的主要化学成分及药理作用基本明确，且有着广阔的市场应用前景，因此制定一个药用槟榔的国际标准能够进一步消除全球人民对槟榔的片面认识和对该药材安全性方面的误解，也能通过制定槟榔的国际标准来规范槟榔的质量、安全与用法用量，保证其在国际范围内能合理安全地使用该药材。同时，槟榔国际标准的制定对我国掌握槟榔等中药材的国际话语权和提升国际影响力有着非常重要的意义。

第四节 药用槟榔的配伍

中药是具有毒性的，只是不同的药物毒性大小不一样，只要在药用的剂量范围内就是安全的，而超过药用安全范围就会引起毒副作用，在临床治疗中槟榔也常配伍使用。

一、配伍

配伍是指在中医药理论指导下，依据病情需要和药物的特性，按照一定的法则，将两种及两种以上的药物配合使用。（参考临床中药学）中药配伍后，药与药之间会呈现种种变化关系。临床防治疾病，通常需要采取合理的配伍应用。

二、七情

而这里探讨的配伍关系是指《神农本草经》中提及的"七情"，即包括单行、相须、相使、相畏、相杀、相恶、相反这七个内容。

单行：现有两种含义，一种是指两味中药配伍使用后，各自起效，互不影响对方临床效应的配伍关系，另一种则是指单味药物治疗某种病情单一的疾病。

相须：则是指性能功效相似的药物配合使用，以增强药物疗效的配伍关系。

相使：则是指某一方面性味功效相似的药物配合使用，以一药为主，一药为辅，辅药则能起到提高主药在某一方面治疗作用的配伍关系。

相畏：是指一种药物的毒副作用能被另一种药物降低或者消除的配伍关系。

相杀：是指一种药物能够降低或消除另一种药物的毒副作用的配伍关系。

相恶：是指当两种药物配合使用时，一种药物能使另一种药物治疗效果降低或者丧失治疗效果的配伍关系。但是由于中药的功效复杂，一般是指降低或丧失某一方面治疗效果，并非是两药的治疗效果全部减弱。

相反：是指两药合用后，使原有的毒副作用增强或产生新的毒副作用的配伍关系。

三、中药的配伍意义

（1）增强疗效（相须、相使）。

（2）降低或消除毒副作用（相畏、相杀）。

（3）避免使用（相恶、相反）。

四、临床应用及配伍经验

（1）水肿、脚气肿痛。本品辛行苦泄，有行气利水之功。用于水湿内停，水肿实证，二便不利。用槟榔行气利水，常配伍泽泻、木通等。又为治疗脚气肿痛之要药，用于寒湿脚气肿者，常配伍木通、吴茱萸、橘皮。

（2）肠道寄生虫病。本品所含槟榔碱是驱虫的有效成分，能驱杀肠内多种寄生虫，并有行气止泻作用，有利于排出虫体。对绦虫的驱杀作用最好。用于肠内寄生虫病，常配伍胡椒粉、鹤虱、苦楝根、枯矾。绦虫者，常单用或配伍木香或石榴根皮或与南瓜子同用。

（3）食积气喘，泻痢后重。本品苦泄辛散，入胃、大肠经，能行胃肠气滞，有行气消积、导食利湿、轻泻通便之功，用于腹胀便秘、泻痢后重等症。用槟榔行气消积泻下，常配伍木香；食积气滞者，配伍木香、青皮、大黄；湿热痢疾带下者，配伍木香、黄连、赤芍。

（4）疟疾。本品有截疟之功。用于疟疾，常配伍常山、草果等。

五、槟榔的配伍

（一）常用药对

（1）槟榔配南瓜子。槟榔体重而实，味厚而沉，为杀绦虫之要药，尤以驱猪肉绦虫有效，可使绦虫全虫瘫痪；南瓜子有之功，且性味甘平不伤正气。故二药伍用，其效益彰，驱除绦虫甚效。每用槟榔60g，杵细，清水浸一宿，配南瓜子60g，同煎去渣，早晨空腹服，杀虫效果更为显著。

（2）槟榔配高良姜。槟榔苦温降下，消导寒湿积滞；高良姜温中散寒，行气止痛。二药相伍，可使寒散湿除，脾络畅通，腹痛即止耳，此所谓"通则不痛"也。

治疗脾阳不振，寒湿内盛，经脉凝滞，腹中冷痛。

（3）槟榔配半夏。槟榔下气宽中、逐水消肿；半夏燥湿化饮、开胸降逆。二药相合，相辅相成，则湿毒去，水饮消，邪不上攻。治疗水湿毒邪上冲于心，心神被扰，烦闷气急，坐卧不安。

（4）槟榔配黄连。槟榔气味苦温，偏入气分，能行气破积，下气导滞，黄连气味苦寒，偏入血分，能清热燥湿，兼以止血。二药相合，寒热相佐，气血并调，为治痢之良法。治疗小儿赤白痢。

（5）槟榔配常山。槟榔辛苦而温，功专破积杀虫，下行降气；常山辛苦而寒，功专消痰截疟，上行涌吐。二药相伍，辛开苦降，寒温相济，升降相因，能使疟邪上下分消，实截疟之佳配。治疗外邪客于脏腑，生冷之物内伤脾胃所致一切疟病。

（二）名方应用

（1）疏凿饮子（《济生方》）。方中以商陆泻下逐水，以通利二便；伍入槟榔、大腹皮行气导水；茯苓皮、泽泻、木通、椒目、赤小豆利水祛湿，使在里之水从二便而去；羌活、秦艽、生姜善走皮肤，疏风发表，使在表之水从肌肤而泄，诸药合用，疏表攻里，内消外散，犹如疏江凿河，使壅盛于表里之水湿迅速分消，故得疏凿之名。正如汪昂所述："外而一身尽肿，内而口渴便秘，是上下表里俱痛也；羌活、秦艽解表疏风，使湿以风胜，邪由汗出，而升之于上；腹皮、苓皮、姜皮辛散淡湿，所以行水于皮肤；商陆、槟榔、椒目、赤小豆去胀攻坚，所以行水于腹里；木通泻心肺之水，达于小肠、泽泻脾肾之水，通于膀胱。上下内外分消其势，亦就夏禹疏江凿河之意也。"

（2）肥儿丸（《太平惠民和剂局方》）。方中取神曲、麦芽谷类药以健脾、和中、消积食，伍入黄连泻郁热，肉豆蔻芳香健脾止泻；木香理中气而止腹痛；槟榔、使君子驱虫；更以胆汁和药为丸，与黄连相合，泻肝肾热积。全方构成健脾、消积、清热、驱虫之剂。可治虫积腹痛，消化不良所致的诸如面黄体瘦、肚腹胀满、发热口臭、大便稀溏等症。

（3）截疟七宝饮（《杨氏家藏方》）。据《日华子诸家本草》论槟榔说："除一切风，下一切气，通关节，利九窍，补五劳七伤，健脾调中，除烦，破症结，下五膈气。"方中由槟榔伍入常山、草果仁、姜、厚朴、青皮、陈皮、炙甘草以健脾和胃，行气化湿，煮沸后入黄酒一匙，于发作前2—3 h服，治疟疾数发不止，体壮痰湿盛，舌苔白腻，脉弦滑浮大者。本方是治疟的代表方剂，然性偏温燥，对中气虚弱、内有郁火者应慎用。

（4）证治鸡鸣散（《证治准绳》）。据《辨药指南》论槟榔说："槟榔体重而实，味厚而沉，沉实主降，专坠诸药，以守中焦、下焦结滞之气也。故能逐水气，消谷食，除痰癖，削积块，追诸虫，攻脚气，通痢疾后重数证之功，性若铁石，验如奔马……"神曲、槟榔伍入陈皮、木香、吴茱萸、紫苏叶、桔梗、生姜，用槟榔苦辛而温，质重达下，既能行气，又能逐湿，故为治湿脚气的重要药物之一，再伍入诸健脾化湿、舒筋活络之品，以治湿脚气。其症如足胫肿重，行走不利，麻木冷痛，或挛急上冲，甚至胸闷泛恶者。

（三）经典名方用量与配伍

古代医家常用槟榔配伍不同中药治疗痢疾、痞满胀痛、疟疾等疾病。配伍木香，如木香槟榔丸（金《儒门事亲》；上为细末，水泛为丸，小豆大，每服三十丸，食后生姜汤送下），槟榔（一两约41.4 g，每日服用量约0.13 g）破气坠积，配伍木香通行肠胃，两药合用消痞满胀痛，治疗积滞内停、脘腹痞满胀痛，以及赤白下痢、里急后重等；如芍药汤（金《素问病机气宜保命集》；上吹咀，水煎服，每服半两，水二盏，煎至一盏，食后温服），槟榔（二钱约8.28 g，每服1/4钱约1.1 g）行气导滞，配伍木香、芍药、当归调气和血，诸药合用调气则后重自除，主治湿热痢疾。如配伍常山，如截疟七宝饮（宋《杨氏家藏方》），槟榔（半钱约2.07 g）行气散结截疟，配伍常山、草果截疟祛痰，主治正疟。如配伍厚朴、草果，如达原饮（明《瘟疫论》），槟榔（二钱约7.4 g）辛散湿邪、化痰破结，配伍厚朴、草果祛湿化浊，三药合用使邪气溃败、祛邪外出，治疗瘟疫、疟疾、邪伏膜原证等。

（四）名老中医用量与配伍经验

朱良春自创仙桔汤治疗慢性痢疾及结肠炎，在仙鹤草、木槿花止痢、泻湿热的基础上，加槟榔伍桔梗升清降浊，伍木香调节肠腑湿热滞留所致气滞，伍乌梅炭通塞互用，槟榔用量为1.2 g；槟榔单味药使用可用于驱虫，但需大量生品才可有效，槟榔用30 g、45 g时无效，用量达75~90 g才可见效，但75 g应用时有心力衰竭反应出现，所以对于贫血或体质虚弱者而言，需先服补气血之品调理才可使用。李玉奇认为，溃疡性结肠炎的病机是肠道湿热蕴毒，灼伤血络从而成脓成痈，应清热凉血解毒，治疗大肠郁滞型溃疡性结肠炎，槟榔、厚朴行气利水，配伍黄连、白头翁清热燥湿、凉血解毒，槟榔用量为15 g；治疗湿热内蕴所致便秘，在麻子仁丸行气润肠的基础上配伍槟榔、厚朴、沉香，行气通腑、利水消肿，诸药合用润肠通便，槟榔用量为20 g。熊继柏认为，腹痛表现为刺痛感为血瘀证，伴有腹胀者为气滞型腹痛，槟榔行气化滞除满，沉香顺气降逆，乌药疏肝解郁，诸药合用调理上、中、下三焦之气，可行气降逆、散结开闭，槟榔用量为10 g。

（五）方药量效研究委员会专家用量与配伍

全小林自创中气流转方（槟榔片9 ~15 g，陈皮9 ~30 g，茯苓15 ~30 g，黄芪15 ~30 g）用于治疗消化性溃疡，方中槟榔行气通腑，配伍陈皮辛香理气，全方有健脾益气、祛湿外出之效；以大黄黄连泻心汤（酒制大黄6 g，黄连15 g）治疗便秘型肠易激综合征，加槟榔、黑白牵牛子、枳实等行气导滞、清胃肠实热，诸药合用通腑泻浊、燥化湿热，槟榔用量为15 g；以三仁汤加减化湿和胃，合槟榔、生大黄、二丑降气通腑、和胃降逆，治疗肠梗阻术后肠粘连所致重度呕吐，槟榔用量为9 g；同时，全小林将槟榔片称为胃肠动力药，其作用部位为小肠，配伍二丑（黑、白牵牛子）降气通腑，治疗肠梗阻，槟榔用量为6 g。

黄飞剑自创化气汤（焦槟榔3 g，香附9 g，佛手9 g，大腹皮9 g），焦槟榔理气化痰，香附理气入血，佛手和胃止痛，大腹皮理气利水，四药合用行气消滞、调理脏腑深处气机，此方配伍白芥子、鹅不食草等宣通鼻窍治疗变应性鼻炎，焦槟榔用量为3 ~6 g。

李赛美治疗成人Still病，认为延时发病、误治、正虚邪陷与病根未除都可说明有伏邪存在，且病人发病缠绵难愈、寒热交替发作，故用达原饮加减，槟榔、厚朴、草果苦温燥湿，配伍黄芩、白芍苦酸寒泻热，诸药合用开达膜原、除伏邪使邪气外透，其中槟榔用量为15 g；治疗肝气郁结型郁证，以槟榔行气，配伍路路通、茯苓行气活络，三药合用疏肝理气，槟榔用量为15 g；治疗腹胀，槟榔行气通腑，配伍厚朴下气除满，两药合用通腑消胀，槟榔用量为10 g。

马融倡导体质辨证在小儿癫痫疾病中的运用，分为实热质热痫证、湿热质痰痫证，以及不足质虚痫证，以槟榔配伍三仁汤加减治疗肺胃实质热痫，三仁汤清热利湿，槟榔行气消积配伍焦三仙等和胃理气，诸药合用清肺胃实热，槟榔用量为10 g。

（六）现代医者用量与配伍

1. 配伍枳实

谷云飞治疗便秘时，以槟榔破滞坠下，枳实消痞行气，两药合用行气通便，槟榔用量10 g，枳实用量多在10 g；孙玉信治疗胃痛，以槟榔宣利脏腑壅滞、破坚满气，配伍枳实破气除痞、消积导滞，两药合用梳理气机、复气机升降之序以缓解胃痛，槟榔用量10 g，枳实用量10 g；唐瑜之治疗不全性肠梗阻及胃潴留，以槟榔消痞除满，配伍枳实健脾和胃，两药合用运脾导滞、通下和胃，槟榔用量12~15 g，枳实用量15 g；潘月丽等治疗过敏性紫癜及肾病综合征，以枳实导滞汤加减，槟榔苦降辛通、善导里滞，枳实消导化积，诸药合用消食导滞、清热利湿。

2. 配伍大腹皮

危北海治疗萎缩性胃炎及糜烂性胃炎，以焦槟榔行气宽中、消食导滞，配伍大腹皮理气消胀，两药合用和胃降逆、通腑气、消食积，焦槟榔用量为9~15 g，大腹皮用量为15 g；蔡枝明等以槟榔配伍大腹皮促进阑尾炎术后胃肠功能恢复，两药合用泻下消积、行气导滞，槟榔用量为10 g，大腹皮用量为10 g；孔利君等治疗血瘀水停型肝硬化腹水，以槟榔消胀除满合大腹皮行气利水，两药合用利水消肿，槟榔用量为12 g，大腹皮用量为15 g。

3. 配伍莱菔子

何俊余等治疗急性胰腺炎，槟榔行气导滞，配伍莱菔子行气通腑，以加强肠胃蠕动，避免肠蠕动发生障碍而加重全身性症状反应，槟榔用量为10~15 g，莱菔子用量为15~20 g；叶进治疗小儿再发性腹痛，以槟榔理气导滞，配伍莱菔子理气润肠，两药合用消食导滞、理气健脾，槟榔用量为10 g，莱菔子用量为10 g；宋明锁治疗小儿扁桃体炎，因小儿外感多夹食滞或食滞后易外感故以焦槟榔、炒莱菔子和胃化积。此外，还以焦槟榔配伍莱菔子治疗小儿湿疹、乳蛾，焦槟榔、莱菔子消谷以泻热，槟榔用量为6~8 g，莱菔子用量为6~8 g。

4. 配伍焦山楂

徐克国治疗小儿厌食症，以槟榔和胃消积，配伍焦三仙（焦山楂、焦神曲、焦麦芽）增进食欲，两药合用开胃消积，槟榔用量为4 g，焦山楂用量为10 g；马秀山等治疗幽门螺杆菌致消化性溃疡伴食欲缺乏、腹胀者，以槟榔消胀配伍焦山楂健脾开胃，两药合用开胃消食，槟榔用量为15g，焦山楂用量为10g；彭玉治疗小儿痰热咳嗽，以槟榔消积助运，配伍焦山楂开胃健脾，两药合用醒脾助运、行气化痰，水谷得运则痰化积消、气畅咳止，槟榔用量为3g，焦山楂用量为3g。

5.配伍木香

吴泽林治疗胃肠功能紊乱症，以槟榔降气通腑，配伍木香顺气解滞行气止痛、调中导滞，两药合用疏通腑肠气机，槟榔用量为12g，木香用量为6g。刘乃勤治疗脾胃湿热型慢性浅表性胃炎，以槟榔消积涤荡，配伍木香理气和中，两药合用消痞散结、和中止痛，槟榔用量为10g，木香用量为10g；王檀治疗慢性咳嗽以槟榔行气导滞合木香宽中下气，两药皆善行腑气以导肠中湿热下行，避免其对肺的熏蒸以宣肺止咳，槟榔用量为10g，木香用量为6g。

6.配伍乌梅

肖君治疗溃疡性结肠炎、消化系统恶性肿瘤，以槟榔理气行气、消积导滞，配伍乌梅酸敛止泻，两药合用理气畅中、清肠化湿，槟榔用量为10g，乌梅用量为5g；郑伟达治疗蛔虫病，以槟榔可杀虫、行气导滞促使虫体排出，配伍乌梅可安蛔止痛，两药合用驱杀诸虫，槟榔用量为10g，乌梅用量为10g。

六、大腹皮的配伍

（一）常用药对

（1）大腹皮配白术：白术补脾益胃，健脾运湿，善治脾虚湿停、胃弱纳少诸证；大腹皮有行气消胀、利水消肿之功。二者并用，一补一消，消补兼施，补以扶正而助祛邪，攻以祛邪而益正复，合用有健脾助运、疏滞开壅、利水消肿之功。

（2）大腹皮配槟榔：大腹皮行气疏滞，宽中除胀；槟榔行气利水，破气消积作用显著。二药配伍，相互促进，行气消肿力量倍增，主治气滞水壅，症见脘腹胀满，水肿脚气，食滞内停，嗳腐酸臭等证。

（3）大腹皮配木瓜：木瓜有舒筋活络，化湿和胃之功，大腹皮行气宽中，宣通水道，化湿利水，二药配用，以治脚气肿满、小便不利，或湿浊不化、腹满水肿。

（4）大腹皮配厚朴：厚朴温能祛寒，长于行气，燥湿消积，为消除胀满之要药；

大腹皮体轻，行气疏滞，性善下行，兼能利水消肿。二药相伍，相辅相成，相互促进，使理气宽中、化湿行水作用增强，可用于湿阻气滞、脘腹胀痛等。

（5）大腹皮配生姜：生姜有温胃和中降呕之效，大腹皮可降逆气，除胀满，且能利水化湿。二药伍用，相得益彰，降逆止呕、消胀除满力量增强，临床用于胎气恶阻胀闷等。

（6）大腹皮配葫芦：善走，有畅利肠胃之气滞，泄散布于腹皮之水邪；抽葫芦又称陈葫芦，味甘性平，功能利水而消皮肤肿胀。两药配伍，消肿除满。治疗气滞水停之大腹水肿，面目浮肿等症。

（7）大腹皮配青皮 肝行于小腹，肝气郁滞，结于小肠，肠道传导不利，腹部胀急。大腹皮下气宽中除胀，青皮疏肝行气化滞。二药相合，则气散结通而腹胀自止。治疗气结小腹胀急。

（8）大腹皮配杏仁 能下气行水，主冷热气功心腹，消上下水湿浮肿；杏仁能开胸降气，除心下烦满。二药相伍，能导湿毒下行。治疗湿毒脚气攻心烦满，脚膝浮肿。

（二）名方应用

（1）治脚气，肿满腹胀，大小便秘涩：大腹皮一两（锉）、槟榔一两、木香半两、木通二两（锉）、郁李仁一两（汤浸去皮，微炒）、桑根白皮二两（锉）、牵牛子二两（微炒）。上药捣筛为散。每服四钱，以水一中盏，入生姜半分，葱白二七寸，煎至六分，去滓。不计时候，温服，以利为度。（《圣惠方》）

（2）治男子妇人脾气停滞，风湿客搏，脾经受湿，气不流行，致头面虚浮，四肢肿满，心腹膨胀，上气喘急，腹胁如鼓，绕脐胀闷，有妨饮食，上攻下疰，来去不定，举动喘乏：刺五加、地骨皮、生姜皮、大腹皮、茯苓皮各等分。上为粗末。每眼三钱，水一盏半，煎至八分，去滓，稍热服之，不拘时候。切忌生冷油腻坚硬等物。（《局方》五皮散）

（3）治漏疮恶秽：大腹皮煎汤洗之。（《仁斋直指方》）

（4）大三脘散：据《日华子本草》大腹皮"下一切气，止霍乱，通大小肠，健脾开胃，调中"。方中由大腹皮伍入紫菀、独活、沉香、川芎、白术、木瓜、木香、槟榔、橘皮一派疏肝理气，宽中消积之品，以治三焦气逆，解大便秘滞，下胸胁胀满。（《传家秘宝方》）

（5）木白散：据《本草纲目》大腹皮"降逆气，消肌肤中水气，浮肿，脚气壅逆……"方中伍入干木瓜、紫苏、木香、羌活、甘草宽中理气，舒筋活络。以治脚气冲心胸膈烦闷。(《传家秘宝方》)

（6）九宝散：据《本草再新》大腹皮"理肺，和胃气，利湿追风，宽肠消肿，理腰脚气，治疟疾泻痢"。方中由大腹皮伍入肉桂、麻黄、杏仁、紫苏、桑白皮、陈皮、甘草、薄荷、乌梅、生姜、童便一派宜泄肺气，温中健脾，以治积年肺气。(《苏沈良方》)

（7）紫苏饮：据《本草纲目》大腹皮"降逆气，消肌肤中水气浮肿；脚气壅逆……"方中大腹皮伍入人参、川芎、白芍、陈皮、当归、紫苏叶、甘草、生姜、葱白益气养血，理气宽中。以治胎气不和，扰上心腹，胀满疼痛，谓之子悬，兼治临床惊恐，气结连日不产。(《产经》)

第五节　槟榔的用药禁忌

一、配伍禁忌

（1）槟榔+橙：容易造成身体不适。

（2）槟榔+酒：这两种食物一起吃会使身体中的血压升高，对我们的身体是非常不利的。

（3）槟榔+烟：烟本身就会对我们的身体产生不好的影响，和槟榔一起吃会使坏的影响加重，对我们身体造成影响。

二、证候用药禁忌

槟榔缓泻，并易耗气，故脾虚便溏或气虚下陷者忌用槟榔；槟榔常见的副作用为恶心呕吐（20%~30%）、腹痛、头昏与心慌，冷服可减少呕吐。极少数会出现消化性溃疡并发呕血。过量服用槟榔碱可引起流涎、呕吐。昏睡与惊厥，如系内服引起者，可用高锰酸钾洗胃，并注射阿托品以解毒。

三、妊娠用药禁忌

因槟榔中含有多种生物碱成分，如过量进入人体中，能导致出现流口水、呕吐、昏睡等中毒反应，故不宜多吃，槟榔中含有极高的鞣质化学成分，能引起怀孕子宫痉挛，所以孕妇也应该忌食。

四、服药饮食禁忌

（1）过量槟榔碱引起流涎、呕吐、利尿、昏睡及惊厥。可诱发口腔癌，常见于颊黏膜，其次为颚区，刚开始是口腔黏膜下纤维化，或者出现黏膜白斑，口腔黏膜会有烧灼感，溃疡、变白，最后造成张口及吞咽困难，有部分病人会变成口腔癌。

（2）伤害牙齿。因为咀嚼频繁，工作量加大，造成牙齿磨损及牙床松动。过量的槟榔碱可引起流涎、呕吐、利尿、昏睡及惊厥，甚至胸闷、出汗、头昏致休克、不可吞食等症状，对健康危害较大。

（3）影响消化系统。槟榔部分成分会损害味觉神经与唾液分泌，影响消化功能。此外，槟榔渣也刺激胃壁，严重可导致胃黏膜发炎甚至穿孔。

（4）凡中虚气弱、病后、产后者忌食。另外，据流行病学和临床发现，长期嚼用槟榔可导致口腔黏膜纤维性变、吞咽障碍，甚至癌变。在某些口腔癌高发区，90%的患者有嚼槟榔嗜好。现代研究也发现，槟榔中含有致癌物质，因此，对长期嚼槟榔者，应注意定期检查。

第六节　槟榔的剂量与用法

一、槟榔的剂量

（一）药物性质与剂量的关系

（1）槟榔：生用力佳，炒用力缓；鲜者优于陈旧者。处方写槟榔、生槟榔片；

写焦槟榔、槟榔炭、炒槟榔、蜜槟榔、盐槟榔各随方付给，常规用量为3~9g；有文献记载槟榔用于驱绦虫、姜片虫时，用量为30~60g。

（2）大腹皮：生品行气除满的作用较强，并能利水消肿。最适于湿阻气滞之脘腹胀满及水肿尿少之证；生品虽然行气除胀作用较强，但亦能泄真气。制大腹皮行气作用缓和，利水而不易伤正，并有清洁药物的作用。可用于脾虚腹胀，虚证水肿。用量为5~10g。

（二）剂型、配伍、用药目的与剂量的关系

1.古代

（1）槟榔。宋代太医局经验：治诸虫在脏，久不瘥者。槟榔半两（炮）（20g）为末。每服二钱（8g），以葱、蜜煎汤调服一钱（4g）。（《太平圣惠方》）卢和经验：治蛔虫攻痛。槟榔二两（73.8g）。酒二盏，煎一盏，匀二次服。（《食物本草》）徐益民经验：治绦虫病。槟榔片80~100g，10岁以下小儿用30g或更少，妇女和体格小的成年男子一般用50~60g，体格大者用80g。用法：将槟榔片置于500mL水中，煮1h，至最后余150~200mL为止，于早晨空腹时1次服用；治十二指肠钩虫病。槟榔子100g扣碎，然后放入盛有六分水的瓷壶内，煎沸2h，但火力不可过于猛烈，约待水煎剩8min后加糖。用法：于早晨6时空腹一次服完，剩余的药渣依法再煎煮一次，于早晨7时再服。2h后服白色合剂30mL（内含硫酸镁15g，碳酸镁0.6g），并多饮开水。（《中级医刊》，1958年第3期）。王焘经验：治脚气病，小便少。槟榔（切）四十枚，大豆三升（600mL），桑白皮（切）三升（600mL）。上三味，以水二斗（4000mL），煮取六分（1200mL），分六服，间粥亦得。若冷胀加吴茱萸二升（400mL），生姜二两（100g），效亦良。（《外台秘要》）梅师经验：治醋心。槟榔四两（56g），橘皮二两（27g）。细捣为散。空心，生蜜汤下方寸匕。（《梅师集验方》）方肇权经验：治脾胃两虚，水谷不能以时消化，腹中为胀满痛者。槟榔二两（74g），白术三两（110g），麦芽二两（74g），砂仁一两（37g）。俱炒燥为末，每早服三钱（11g），白汤调服。（《方脉正宗》）李世君经验：李氏认为槟榔伍山楂能使水津四布，五精并行，中州健旺，气血充沛，故常以槟榔与山楂为伍，配入他药之中，用治"哮喘""痹证""疳积"等病，收效显著。治一哮喘患者，辨证为痰郁血瘀，肺失宣降，在健脾和胃、行瘀逐痰的基础上，用槟榔片30g，生山楂15g。

治小儿"疳积"，因元气不足，脾胃升降失司所致者。以大补元气，开胃健脾为基本法，加槟榔片15 g、生山楂15 g。治痊症属寒湿下注，湿郁血瘀者。用温脾利湿，行瘀通痹之法，加槟榔片60 g、生山楂30 g。（《四川中医》，1985年第1期）。

（2）大腹皮。①生用。（《中药临床应用》）脘腹胀痛：本品辛散温通，下气除满，消胀散滞，常与厚朴、陈皮、麦芽、茵陈等同用，治脘腹胀满而大便不爽，如加减正气散。若湿滞脾胃较明显，口黏腻较甚，可再加藿香、佩兰、白蔻。（《华氏中藏经》）水肿：若水气溢于肌肤，一身悉肿，上气喘促，小便不利，常与桑白皮、茯苓、陈橘皮、生姜皮同用，能行水消肿，如五皮散。若腰以下肿甚者，还常与五苓散合方应用，以增强利水消肿之功。（《准绳》）脚气肿满：常与木瓜、紫苏叶、桑白皮、沉香等合用，治脚气肿满，小便不利，有下气行水之功，如大腹皮散。②制用。脾虚腹胀：因中气虚弱、湿阻气滞而致的腹胀，可用本品与六君子汤合用，能补脾益气，散满除湿，脾健则湿运，气行则胀消。脾虚水肿：若脾阳不运，水湿内阻，小便不利，腹胀水肿，可与胃苓汤合用，能燥湿健脾，行气利水。若中阳虚弱较甚，气不化水，下焦水邪泛滥，腰以下肿甚者，可与白术、附子、干姜、茯苓等同用，在温阳的基础上，能增强行气利水作用。

2.现代

在临床上，槟榔以生用为主，而且主要用于实证。消积导滞用炒制品旨在避免生品的副作用。但在积滞较重，时间不久，患者身体较强健，特别是便秘者，可选用生品，取其力猛而速，又兼具轻泻作用；有时还与大黄等药合用，使积滞速消，以免积久伤脾。但本品毕竟为利气消积之品，不利于正气，故气虚下陷的患者即使是炒制品也不宜用；若积滞明显，而身体又较虚弱的患者，用炒制品也要控制剂量和注意配伍扶正的药物。

传统槟榔入药以复方水煎为主，赵淑英等报道，治疗肥胖症每剂使用槟榔剂量为120 g；治疗绦虫病每剂使用槟榔剂量为120 g；治疗肠腹便秘每剂使用槟榔剂量为30 g。张慧娟报道，应用槟榔治疗支气管哮喘每剂使用槟榔剂量为15 g；治疗病毒性心肌炎每剂使用槟榔剂量为9 g；治疗小儿腹痛每剂使用槟榔剂量为3~10 g；治疗慢性结肠炎每剂使用槟榔剂量为3~10 g。贾美华等报道应用槟榔治疗支气管哮喘每剂使用槟榔剂量为15 g；治疗病毒性心肌炎每剂使用槟榔剂量为9 g；治疗黄疸型肝炎每剂使用槟榔剂量为12 g；治疗泄泻每剂使用槟榔剂量为9 g。黄英报道，应用槟榔100 g煎汤剂，同南瓜子、芒硝分别煎煮，按时间前后服用，治疗绦虫病8例均有效。邓世荣等报道，应用槟榔治疗幽门螺杆菌感染，每剂使用槟榔剂量为8 g，每日2次。

对于槟榔单方或复方散剂内服，赵淑英等报道，应用槟榔制成复方散剂治疗小儿疳积，每日使用槟榔剂量为1~1.7 g。贾美华等报道，应用槟榔治疗类风湿关节炎每剂使用槟榔剂量为1000 g，复方制成大蜜丸，每日早晚各服20g。臧胜民报道，应用槟榔粉温水冲服治疗呃逆有效率达87.5%，槟榔剂量为每次3 g，每日3次。

对于槟榔单方或复方外用，张慧娟报道，应用槟榔复方研末醋调外用，治疗手足癣每剂使用槟榔剂量为15 g；应用槟榔制备成1∶1滴眼液治疗青光眼有效；治疗化脓性中耳炎，用槟榔适量研末吹之有效；用槟榔、黄连粉末外敷治疗金疮有效。

（三）年龄、体质、病情、性别、职业、生活习惯与剂量的关系

（1）槟榔。

《食疗本草》："多食发热。"《本草经疏》："病属气虚者忌之。脾胃虚，虽有积滞者不宜用；心腹痛无留结及非虫攻咬者不宜用；症非山岚瘴气者不宜用。凡病属阴阳两虚、中气不足，而非肠胃壅滞、宿食胀满者，悉在所忌。"《本经逢原》："凡泻后、疟后虚痢，切不可用也。"槟榔缓泻，并易耗气，故脾虚便溏或气虚下陷者忌用槟榔；孕妇慎用槟榔。

（2）大腹皮。

一方面能辛散行气，气行则水行，有利于消退水肿；另一方面又有直接的利水作用，所以最适于湿阻气滞之脘腹胀满，水肿尿少之证。大腹皮能行气利水，若用之不当，则会耗气伤阴，故古代本草书谓其能泄真气，近代中药书籍亦告诫体弱气虚者慎用。在临床上，为了避免克伐正气之弊，发挥行气宽中，利水消肿之长，除了根据病人的病情及身体素质作恰当的配伍外，还可通过炮制调整药性。如甘草既能补脾益气，又能甘凉生津，大腹皮通过甘草水浸洗，即可缓和药性，减少耗气伤阴之弊，可用于气虚体弱者，但仍需与补益药同用，方能扬长避短，发挥其应有的作用。

（四）地区、季节、居处环境与剂量的关系

湖南在1949年前后曾经是血吸虫感染的大省，据说嚼用槟榔原只是湘潭一带的

民俗，源自清初。湖南人嚼槟榔和驱虫有关。

二、槟榔的用法

（一）给药途径

（1）口服给药：煎汤，1.5~3钱（7.5~15g），如单味驱虫，可用至2~3两（100~150g）；或入丸、散。

（2）经皮给药：煎水洗或研末调敷。

（二）汤剂煎煮法

（1）煎药用具以砂锅、瓦罐为好，搪瓷罐次之，忌用铜铁铝锅，以免发生化学变化，影响疗效。

（2）煎药用水古时曾用长流水、井水、雨水、泉水、米泔水等煎煮。现在多用自来水、井水、蒸馏水等，但总以水质洁净新鲜（符合饮用水标准）为好。

（3）煎药火候有文火、武火之分。文火，是指使温度上升及水液蒸发缓慢的火候；而武火，又称急火，是指使温度上升及水液蒸发迅速的火候。煎煮时应据医嘱操作。

（4）煎煮方法先将药材浸泡30~60min，用水量以高出药面为度。一般中药煎煮两次，第二煎加水量为第一煎的1/3~1/2。两次煎液去渣滤净混合后分2次服用。槟榔与其他中药配伍使用时按一般汤剂煎煮法操作。单味槟榔用于驱虫时（姜片虫病），将槟榔切片或打碎，加水300~400 mL，用砂锅或搪瓷锅煎煮1 h，浓缩到100 mL左右。

（三）服药法

（1）内服：槟榔与其他中药配伍使用时按相应方剂或制剂的用法用量服用。单味槟榔用于驱虫时（姜片虫病），将煎剂早晨空腹1次服下，连服3 d为1个疗程。随证加减，如大便秘结或服药后6 h不解大便者加玄明粉10~15 g，温开水和服。

（2）外用：煎水洗或研末调敷。

第五章

嚼用槟榔

第一节　槟榔的嚼用历史

史籍里，槟榔最开始被人称为"仁频"，《史记·司马相如列传·上林赋》就有"仁频并闾，欀檀木兰"这样的句子。据西晋时期的《南方草木状》分析，交州和广州地区的人招呼客人，必定先呈上此果，不然主、客之间就会心生嫌隙。这大概就是"槟榔"一词的由来。

槟榔树是中国土生树木或是外来树种，目前尚无确论。中国人究竟从何时起开始嚼用槟榔，似乎也是一个历史谜团。西汉武帝的上林苑中曾有南方贡献的"仁频"古木，有人认为就是槟榔树。中国较早记载嚼用槟榔的文字，见于东汉时期，南北朝北魏贾思勰所著《齐民要术》中，曾引东汉杨孚的《异物志》说："槟榔，……剖其上皮，煮其肤，熟而贯之，硬如干枣。以扶留藤、古贲灰并食。"由此来看，中国人嚼用槟榔的历史至少可上溯至两千多年前的汉代。

古人很早就开始嚼用槟榔了，《史记·赵世家》记载："黑齿雕题，却冠秫绌，大吴之国也。"创作于战国时期的《招魂》中也提到："雕题黑齿，得人肉以祀，以其骨为醢些。"先秦时期，生活在南方的古越人之所以被人传说有黑齿的形象，多是因为他们爱以槟榔为咀嚼品而形成一种名为"赤口"的外貌特征。考古人员曾经在福建石寨山和江川李家山古墓群中均发现过古越人随身携带的用于贮放槟榔的长方形或扁圆形的小盒。这证明至少在西汉时期，当地人就有嚼用槟榔的习惯。

东汉杨孚所撰《异物志》上记载："槟榔若笋竹生，竿种之，精硬，引茎直上……剖其上皮，煮其肤，熟而贯之，硬如干枣。以扶留藤、古贲灰并食，下气及宿食削迦。"甚至市井间还流传着一句俗语："槟榔、扶留，可以忘忧。"由此可见东汉时期，嚼用槟榔的方法已经由南向北传播到了中原地区。

魏晋南北朝时期，槟榔流行于长江流域，从南方人民的保健食品一变而为北方贵族的高级休闲食品。朝廷用来赏赐（梁王僧孺《谢赐于陀利所献槟榔启》），宴会设为佳荐（沈约《竹槟榔盘》诗：幸承欢醑余，宁辞嘉宴毕），戚友相互馈遗，丧葬引为供品，人们的日常生活洋溢着槟榔的香味。

如《南史·刘穆之列传》记载了一段八卦：东晋末年的大臣刘穆之年轻的时候，家里生活比较拮据，他常常跑到妻子江氏的哥哥家里打秋风。估计江家人一开始对他只是颇有微词，但是刘穆之脸皮厚，丝毫不在意别人的脸色。最后江家人不胜其烦，公开用言语对他进行羞辱。

有一次江家人开喜宴，江氏千叮咛万嘱咐，规劝刘穆之这次不要去了，但是眨个眼的工夫，刘穆之的身影就出现在江家的饭局上。

餐后，江家人给所有的客人奉上槟榔，却故意忽略了刘穆之。刘穆之开口向江氏的哥哥索要槟榔。对方却取笑他道："槟榔是用来消食的，你都常常饿肚子，根本就没有必要吃这个东西。"

后来刘穆之加入刘裕战团，跻身成功人士行列，他特意邀请江氏的哥哥参加一场家宴。等到大家酒足饭饱，家里的厨子将一只金盘子端上了桌，盘子里装着满满的槟榔。

《南史·任昉传》中说，任昉的父亲任遥是个"本性重槟榔，以为常饵"的瘾君子，任昉本人"亦所嗜好"。对此，唐代诗人李白、卢纶分别有"何时黄金盘，一斛荐槟榔"（《玉真公主别馆苦雨赠卫尉张卿》）、"且请同观舞鹧鸪，何须竟哂食槟榔"（《酬赵少尹戏示诸侄元阳等因以见赠》）的诗句以记其事。

唐、宋时，嚼食槟榔仍为宫廷与民间不少人的喜好，史载，唐德宗李适某次出外巡幸，当地有百姓贡献槟榔给他，李适十分高兴，竟赏赐献槟榔者以官职（文官），所以槟榔又有"文官果"的别名。唐朝韩愈曾留下赞美槟榔的文学作品，被奉为"槟榔祖师"。曾经贬谪海南的宋代诗人苏轼，也有多首涉及槟榔的诗章，其"暗麝着人簪茉莉，红潮登颊醉槟榔"（《题姜秀郎几间》）的诗句，更是脍炙人口的佳作。关于海南人的爱食槟榔，南宋祝穆所撰《方舆胜览》之《海外四州·琼州》卷也说槟榔是琼州（今海南）人须臾难离的妙物，"琼人云：'以槟榔为命'"，而当地"所产槟榔其味尤佳"。

对于南方地区槟榔文化讲解最为详细的是南宋时期的地理学家周去非，他在《岭外代答·食槟榔》中写道：福建、四川和广东人都喜欢嚼用槟榔，每当有客人前来拜访当地人，当地人用来招待客人的不是茶水，而是槟榔。

槟榔的嚼用方法是先用刀将槟榔切分，把清水、蚬壳压成的粉放在蒌叶上调和成糊状，再用蒌叶包裹切好的槟榔放入嘴中咀嚼。这时，嘴里的汁液是赤红色的，这口汁液是不能下咽的，必须吐出来。

随着咀嚼者进一步的口腔运动，产生了更多的汁液。不久，咀嚼者的脸上就会出现潮红，因此自宋代以后，许多诗人都创作有"醉槟榔"这样的诗句。

在广州地区，有的人还会加入丁香、桂花和三奈子这一类的香料一同咀嚼。这种嚼用方法也被人称为"香药槟榔"。

不论是男女老幼、贫富贵贱，从早到晚，当地的人宁可不吃饭，也要咀嚼槟榔。富贵的人家用银盘子陈放槟榔，贫穷的人家用锡盘摆放着。

晚上就寝前当地人将盘子放在枕头边上，早上醒过来，首先拿一枚槟榔咀嚼。于是有人因此嘲笑广州人："路上行人口似羊。"

当地人因为喜爱嚼用槟榔，所以嘴唇都是通红的，一张嘴就可以看到满嘴的黑牙。如果有机会去当地人的聚会场所参观，就会发现那儿地上有他们刚刚吐出的鲜红色的唾液。

外地人无法理解这种习俗，他们询问当地人：你们为什么会如此喜爱吃槟榔？当地人回答说："辟瘴、下气、消食。食久，顷刻不可无之，无则口舌无味，气乃秽浊。"

因为新鲜槟榔的果肉不能长久地保存，所以北方人嚼用的槟榔都是经过处理的。明代医学家李时珍《本草纲目·果部》曰："今入北者，皆先以灰煮熟，焙熏令干，始可留久也。"这种熟制法沿袭到今天，就成为湖南地区制作嚼用槟榔的主要方法。

元、明时期，有人说曾经有官府禁止民众嚼食槟榔的命令，但似乎并不能阻止槟榔在坊间的流行，刘基有一首《初食槟榔》诗，形象地写道："槟榔红白文，包以青扶留。驿吏劝我食，可已瘴疠忧。初惊刺生颊，渐若戟在喉。纷纷花满眼，岑岑晕蒙头。将疑误腊毒，复想致无由。稍稍热上面，轻汗如珠流。清凉彻肺腑，粗秽无纤留。信之殷王语，瞑眩疾乃疗。三复增永叹，书之贻朋俦。"由此看来，槟榔的嚼用仍然普遍，其功效亦为人所认同。

清朝时，槟榔一直是地方献给朝廷的贡品。据说慈禧喜食糖果、蜜饯等甜食，又有吸水烟的习惯，因而出现黄牙、龋齿，影响美观。御医为慈禧配置的"固齿刷牙方"的同时，并告诉她，口嚼槟榔果有消食开胃、生津固齿、清除口气、口齿芬芳等益处，嘱咐她饭后常嚼槟榔。这种口嚼槟榔习俗，甚至在中外使臣谒见清帝时，当着皇帝的面进行亦不为怪："有人指给我们看另一些肤色黝黑的使臣，他们也是在这天上午觐见皇帝。他们头上包着头巾，光着脚，口中嚼着槟榔。"（英国马戛尔尼著《乾隆英使觐见记》）

从小说《红楼梦》和多种笔记中，我们均可见到士大夫或一般市民嚼用槟榔的记述。不过，从北到南，相对说来，以湘、琼、台湾地方的风气更盛。以台湾为例，据康熙三十三年的《台湾府志》，明末清初时当地土著居民已广泛嚼用槟榔。雍正刊《诸罗县志》上说："土产槟榔，无益饥饱，云可解瘴气；荐客，先于茶酒。闾里雀角或相诟谇，其大者亲临置解之，小者辄用槟榔。百文之费，而息两氏一朝之忿；物有以无用为有用者，此类是也。然男女咀嚼，竞红于一抹，或岁糜数十斤，亦无谓矣。"诸罗县，清台湾府属三县之一，当时辖嘉南平原北、台湾中部、北部及东部的奇莱（今花莲市）等地。乾隆年间的台湾府海防兼南路理番同知、湖南人朱景英记录当时台湾吃槟榔的习俗说："嚼槟榔者男女皆然，行卧不离口……解纷者彼此送槟榔辄和好。"（《海东札记》）张湄的《槟榔》诗，"睚眦小忿久难忘，牙角频争雀鼠伤，一抹腮红还旧好，解纷唯有送槟榔"，说的就是这种情形。清代广东《澄海县志》上也记载岭南、海南一带处理纠纷中，"或有斗者，献槟榔则怒气立解"。

第二节 各地域嚼用形式

一、槟榔可嚼用部位

（一）槟榔花

槟榔花是植物槟榔的花蕾，开花量大，开花周期长，是槟榔挂果前的重要副产物，其性淡，味凉，有提神、抗衰老及抗疲劳等多重生物功效。目前国内外仅对槟榔及槟榔花中有效成分活性有部分研究，对槟榔花高效、综合利用的研究较少。

槟榔挂果前所开的花称槟榔花，它雌雄同株，异花授粉。槟榔花开苞前被梭形大苞叶包裹，盛开后，花梗呈肉穗状，基部为雌花，雄花着生在花梗上，雌花大而少，雄花小而多。成熟的雄花散出香味和微型花粉粒。槟榔花花期为每年的3—8月，冬花不结果，平均开放周期为31 d，大致可分为初花期、盛花期和末花期3个阶段。由于品种、环境、生长状况等的不同，槟榔花会呈现白色、绿色、黄绿色等不同的颜色。

槟榔花自古以来就是海南人民极为推崇的食疗珍材，在我国中药典籍《本草纲目》与《植物志》中记载："槟榔花气味芳香，杀肠道寄生虫、伏尸、寸白虫，除湿气，通关节；胸痛，痢疾、腹胀腹痛、大小便不通，痰气喘急，疗恶性疟疾，抵御瘴房。"经人们广泛嚼用证实，槟榔花有祛痰生津、驱胃肠道寄生虫的效果，还有消炎，降血脂、血糖、血压，治疗痔疮，健脾养胃，清热利尿，祛湿热，强心，固肾气，护肝，消除疲劳等功效。

槟榔花中含有生物碱（槟榔碱等），多酚类（槟榔多酚、缩合单宁等）、果胶类、代谢相关酶类和维生素C等生物活性物质以及各种丰富的微量元素，是人们保健的佳品。台湾地区的人们常用槟榔花治疗胃病，熬汤还可以治疗咳嗽。《中药志》记载：槟榔花具有清凉止渴药，具有清热除火、生津止渴、化痰止咳、养胃等功效。据《广东中药》记载：槟榔花与猪肉提汤，能治疗咳嗽。《本草纲目》记载，槟榔花有"除疲辟、杀三虫、抗炎降脂、止咳去痰、补五劳七伤、健胃驱虫、利尿除积、抗衰老和消除疲劳等功效"。

（二）槟榔

槟榔（Arecanut，Betelnut）是棕榈科植物槟榔树的种子，槟榔种子多为长椭圆形，像一个小橄榄，肉质坚硬不易破碎，它全身都是宝，果实、种子、皮、花均可入药。槟榔树是一种典型的热带珍贵植物，原产东南亚，现在主要产于印度、印度尼西亚、孟加拉国、缅甸、泰国等，我国主产于海南、台湾、广西、云南、福建，其中以海南所产槟榔为最佳。

咀嚼槟榔是一种传统习俗，有着两千多年的历史，并一直延续至今。后来，欧洲尤其是英国及北美一些国家也开始流行咀嚼槟榔，目前也是除亚洲地区以外最大的槟榔进口国。在我国咀嚼槟榔习俗盛行于湖南省湘潭市。目前，湖南槟榔的市场已延伸到海南、广东、广西、河北、北京、上海、浙江等14个省市。槟榔自古是作为药用，其味苦、辛，性温，具有杀虫消积、降气、行水、截疟之功效，主要用于治疗绦虫、蛔虫、姜片虫病，虫积腹痛，移滞泻痢，里急后重，水肿脚气，疟疾等症。其药理作用主要是生物碱的驱虫作用，增加肠蠕动，达到消积行滞的目的。

槟榔原果的成分是很复杂的，包括生物碱、酚类化合物、脂肪油以及多种氨基酸和各种各样的矿物质等。研究表明槟榔原果的主要成分为31.1%的酚类、18.7%的多糖、14.0%的脂肪、10.8%的粗纤维、9.9%的水分、3.0%的灰分、0.5%的生物碱等，此外还含有20多种微量元素。槟榔种子含生物碱主要为槟榔碱，并且含有少量其他生物碱，都是与鞣酸结合存在于槟榔当中。在台湾省，槟榔也叫"青仔"，嚼用时一般将鲜槟榔加上荖叶、荖花、石灰等一起嚼食；而在其他省市嚼用的却是经加工而成的槟榔，特指以槟榔干果为主要原料，经炮制、切片、点卤、干燥等主要工序。

二、各地槟榔的嚼用方法

（一）海南槟榔的嚼用方法

海南人嚼槟榔的时候，先把槟榔切成三到四块，形状有点像一瓣橘子那样，然后再把槟榔的外皮和果蒂剥除掉（因为外皮不容易嚼烂，而果蒂有一种苦味）。这时候一般还不能直接地把槟榔放到嘴里面，而是要搭配一种藤类植物的叶子，在海南俗称为荖叶，荖叶上面涂上一些石灰，将其包卷成一个三角形的。这最后才把涂上石灰的荖叶和槟榔一起放到嘴里面咀嚼。

如果嚼槟榔的时候不用涂上石灰的荖叶，直接嚼槟榔的话，那就索然无味。"一口槟榔一口灰"就是这个这意思，所谓的一口槟榔在海南话里就是一块槟榔的意思。这种嚼法可防龋齿、健脾开胃、精神舒畅，有治水肿杀虫之功效，嚼时有甜感、微醉、有瘾，但无副作用。 槟榔还有一种常见的嚼法就是嚼槟榔干，所谓的槟榔干就是把槟榔用水煮过后（有些地方的人们还在水里面加糖，嚼起来有一种甜味）放在太阳底下晒干，跟槟榔干相应的直接采下来的槟榔，海南话称为之"槟榔鲜"（这里的鲜是与熟相对应的）。

《诸蕃志·志物》称：鲜槟榔，即软槟榔。槟榔干可以直接嚼，也可以跟涂有石灰的荖叶一同来嚼。两种嚼法各有各的妙处。槟榔加上涂有石灰的荖叶一同放到嘴里，稍微嚼了几下，全身马上就会有一种发热的感觉，整个脸都发热发红起来，当年苏东坡在海南曾就这种感觉写下"红潮登颊醉槟榔"。所谓"醉槟榔"是指一般第一次嚼槟榔或者不习惯槟榔那种独特味道的人，嚼几下马上就感觉到有点类似于酒醉的那种感觉，而且还会伴有头晕、胸口发麻的症状。

（二）台湾槟榔的嚼用方法

说到槟榔的嚼法，台湾同胞是很有一套技巧的，他们把采收后的槟榔，剥除果蒂和较老的部分，先取彰化带有胡椒香气的荖叶，再搅匀石灰，用小刀涂少许在叶上，将之卷起。然后切开槟榔，将已卷好的荖叶夹放在中间，这样老藤、石灰、槟榔一起嚼用。据说，如果三者缺一，槟榔嚼之无味。

嚼槟榔由于三物混合后即呈红色，嚼者边嚼边吐，吐出来的汁液如同鲜血一般，而嘴角、牙缝都是一摊"血迹"，虽不雅观，但嚼起来脸颊红润，血脉喷张，全身暖洋洋的，如同喝了一杯薄酒，"两颊红潮增妩媚，谁知侬是醉槟榔"，那种滋味非亲嚼者无法言喻。因此，在台湾吃槟榔者不仅限于青年男女，就连已无牙齿的老者也将"三合物"咬碎后嚼用过瘾。

还有两种吃法：其一，嚼用前，要先把果实切开，将"老藤叶"与蚵壳灰调成糊状，然后夹入切开的果实内，即可咀嚼；其二，将槟榔与甘草、特制的石灰等配料一起嚼用，嚼起来也很有味道。

（三）印度槟榔的嚼用方法

在印度，槟榔嚼块通常包含槟榔果、烟草以及加或不加蒌叶；在我国和巴布亚新几内亚，槟榔嚼块的典型做法则是以一片蒌花代替烟草。在台湾省还有其他一些制作方法也很常见，如"青仔槟榔""包叶槟榔"等；在海南和云南省，常见的嚼法是选取嫩小的槟榔果，用刀切成若干瓣，然后每瓣槟榔配上一片蒌叶，涂上一层在熟石膏，卷成一束后放进嘴里嚼（称作"一口槟榔"），口重者还会配上适量的烟叶；湖南长株潭地区，近几年来，槟榔加工业作为一个新兴产业迅速发展，人们嗜嚼混合桂花汁或糖石灰熬煮过的切片槟榔，不添加烟草制品（市售槟榔大多为商品化包装）。

除了均以槟榔果为主料外，由于各地的风俗习惯、宗教文化背景各不相同，槟榔嚼块的制作方法多种多样。主要变异的因素是槟榔果的选择、加工方式和添加物的种类。未成熟的青绿色槟榔果可直接使用；或水煮并滤水后再以青柴熏干；黄熟的槟榔果则或弃去种皮，只使用种子，或烘烤、水煮后再使用；某些地区还有将槟榔果发酵的加工方法。常见的添加物包括：胡椒科胡椒属攀缘植物药酱的叶（荖叶、蒌叶）、花穗（荖花）或地下茎（荖藤），来自石灰石、贝壳或者珊瑚的熟石灰，调味剂，如儿茶、中药（如甘草、参叶、肉桂）、饴糖等，发酵或未经发酵的烟草。

第三节　嚼用槟榔添加剂

一、香精香料在嚼用槟榔中的应用技术

在嚼用槟榔加工中，食品用香料和香精是必需的添加剂。如苯甲醛、香兰素、柠檬醛、丁酸乙酯、洋茉莉醛、乙酸异戊酯、麦芽酚、乙基麦芬、乙基香兰素等都是在槟榔加工中常添加的嚼用香料，对槟榔的香味起着重要的作用。现将几种常用的介绍如下。

（1）苯甲醇（Benzyl alcohol，I034，FEMA编码2137）即苄醇，有微弱茉莉花香和强烈的熏烧味。

a.毒性。LDs大鼠经口为31 g/kg（bw）。本品低毒，但大量附着在皮肤上时具有较强毒性。

b.应用。GB2760规定苯甲醇为允许使用的食品用天然等同香料，可按生产需要适量用于配制各种食品用香精，主要用于配制浆果、果仁等型香精，还是茉莉、月下香、伊兰等香精的定香剂。

（2）香兰素（Vanillin，I188，FEMA编码3107），化学名称4-羟基-3-甲氧基苯甲醛，具有类似香荚兰豆香气，味微甜。

a.毒性。LDs大鼠经口为1.58 g/kg（bw），对大鼠最大无作用量（MNL）为1 g/kg。ADI为0~10 mg/kg（bw）（FAO/WHO，1967）。美国食品与药物管理局将其列入一般公认安全物质。

b.应用。GB2760规定香兰素为允许使用的食品用天然等同香料。其用途很广，用于配制香草、巧克力、奶油、太妃糖及许多类型的果香型香精和烟草香精，还广泛用作增香剂。在食品中的建议用量为0.2~20000 mg/kg。

（3）苯甲醛（Benzaldehyde，I1181，FEMA编码2127），亦称安息香醛、人造苦杏仁油，有苦杏仁、樱桃及坚果香气，焦味。

a.毒性。LDs大鼠经口为1.3 g/kg（bw），对大鼠最大无作用量（MNL）0.5g/kg。ADI为0~5 mg/kg（bw）（FAO/WHO，1967）。苯甲醛有低毒，对神经有麻醉作用，对皮肤有刺激作用。

b.应用。GB2760规定苯甲醛为允许使用的食品用天然等同香料。主要用于配制杏仁、樱桃、桃、果仁等型香精，也可直接用于食品，如在樱桃罐头中可加入3 mL/kg糖水。在食品中的建议用量为36~840 mg/kg。

（4）柠檬醛（Citral，I1190，FEMA编码2303）有α-柠檬醛（香叶醛）和β-柠檬醛（橙花醛）两种顺反异构体。有强烈柠檬香气。

a.毒性。LDs大鼠经口为4.96 g/kg（bw），对大鼠最大无作用量（MNL）0.5 g/kg。ADI为0~0.5 mg/kg（bw）（FAO/WHO，1985）。

b.应用。GB2760规定柠檬醛为允许使用的食品用天然等同香料。主要用于配制柠檬、柑橘、甜橙、苹果、草莓、葡萄、什锦水果等型香精，也用于制备紫罗兰酮。在食品中的建议用量为9.2~170mg/kg。

（5）丁酸乙酯（Ethyl butyrate，I1442，FEMA 编码 2427）有类似菠萝的香气，且有底香。

a.毒性。LDs 大鼠经口为 13.05 g/kg（bw）。ADI 为 0~15mg/kg（bw）（FAO/WHO，1994）。美国食品和药物管理局将本品列为一般公认安全物质。

b.应用。GB2760规定丁酸乙酯为允许使用的食品用天然等同香料。主要用于配制菠萝、葡萄、草莓等型香精。

（6）洋茉莉醛（胡椒醛）Heliotropin（*Piperonal*），I191，FEMA 编码2911，又名3，4-二氧亚甲基苯甲醛。由黄樟油素经异构化、氧化、分馏及精制而得。为白色片状有光泽的晶体，有甜而温和的类似香水草花的香气（俗称葵花的花香香气）。可以与香兰素充分混合，有保持甜味的效果。

a.毒性。ADI 为 0~2.5 mg/kg（bw）（FAO/WHO，1994）。

b.应用。GB2760规定洋茉莉醛为允许使用的食品用天然等同香料。可按生产需要适量用于配制各种食品香精。用于食品用香精，浓度要极低，才能协调。与大茴香醇和其他的酯很好地协调后，可用于配制香草、桃、梅、樱桃等型香精，也可用于草莓、可乐、朗姆、坚果和杂果等型香精。在最终产品中，加香浓度0.0005%~0.002%，在胶姆糖中可达0.004%。

（7）乙酸异戊酯（Isoamyl acetate，I1400，FEMA编码2055），俗名香蕉水，天然存在于香蕉、苹果及可可豆中，有类似香蕉、生梨、苹果的香气。

a.毒性。LDs 大鼠经口为16.55g/kg（bw），ADI 为 0~3.0 mg/kg（bw）（以异戊基计）（FAO/WHO，1985）。美国食品和药物管理局将本品列为一般公认安全物质。本品毒性虽小，但能刺激眼睛和气管黏膜，工作场所最高允许浓度为0.095%。

b.应用。GB2760规定乙酸异戊酯为允许使用的食品用天然等同香料。主要用于配制梨和香蕉型香精，常用于配制苹果、菠萝、可可等型香精，还用于配制酒和烟叶用香精。

（8）麦芽酚（Maltol，I1108，FEMA编码2656），亦称麦芽醇、落叶松酸、3-羟基-2-甲基-4-比喃酮。具有焦香奶油糖特殊香气，在稀溶液中有草莓香。对食品的香味有改善和增强作用，对食品起增甜作用。还有防霉、延长食品储藏期的性能。

a.毒性。LDs 雌小鼠经口为1.4g/kg（bw），ADI为 0~1 mg/kg（bw）（FAO/WHO，1981）。

b.应用。GB2760规定麦芽酚为允许使用的食品用天然等同香料。主要用于配制草莓等各种水果型香精。还可作增香剂使用。在食品中的建议用量为4.1~90 mg/kg。

（9）乙基麦芽酚（Ethyl maltol, A3005, FEMA 编码3487）亦称3-羟基2-乙基-4-吡喃酮，具有非常甜蜜的持久的焦甜香气，味甜，稀释后呈果香味。其性能和效力较麦芽酚强4~6倍。

a.毒性。LDs小鼠经口为1.2 g/kg（bw），ADI为0~2 mg/kg（bw）（FAO/WHO，1994）。

b.应用。GB2760规定乙基麦芽酚为允许使用的食品用人造香料。主要用于草莓、葡萄、菠萝、香草、肉味等型香精和酒用香精。在食品中的建议用量为12.4~152 mg/kg。

（10）乙基香兰素（Ethyl vanillin，A3015，FEMA 编码2464），其系统命名为4-羟基-3-乙氧基苯甲醛。为白色晶体，具有甜的巧克力、香草、奶油香气和味道，香气强度为香兰素的3~4倍。GB2760规定乙基香兰素为允许使用的食品用人造香料。使用范围与香兰素基本相同，在香草、奶油、巧克力、焦糖等食品用香精中经常使用，在食品中建议用量为20~28000 mg/kg。

此外，常用的还有由多种香料调配成的多种口味的香精，如薄荷香精、奶油香精等。

二、嚼用槟榔香精分析

嚼用槟榔在加工过程（发制、上胶、制卤）中要加入香精。一般地说，香精大多在弱酸性至中性介质中使用，而槟榔果呈酸性，卤水成强碱性，因此，香精在发制和上胶过程中处于酸性条件下，而在制卤过程中处于强碱条件下。青果槟榔是目前市场上的主流产品，其加工过程根据口味要求常使用以下香精：桂枝油、薄荷油、芝麻油、桂花、奶油、咖啡、橘子、柠檬等。组成这些香精的香料包括醇类、醛类、酮类、有机酸类、杂环化合物、萜类化合物及其衍生物。例如，芳樟醇、薄荷醇、乙醛、异丁醛、癸醛、柠檬醛、苯甲醛、肉桂醛、丁二酮、3-辛酮、薄荷酮、乙酸、丁酸、苯乙酸、肉桂酸、乙酸薄荷酯、丁酸乙酯、2.3.5-三甲基吡嗪、2-乙酰基吡啶、柠烯等。

（一）嚼用香精可能产生化学反应

槟榔香精的变化主要是香精各组分之间或香精组分与环境中的水、酸、碱等相互作用而引发的。例如，橘子香精、柠檬香精中的醛类（乙醛、辛醛、癸醛、苯甲醛、柠檬醛），在稀碱条件下两分子的醛缩合产生3-羟基醛。

$$OH-$$
$$CH_3CHO+CH_3CHO———CH_3CH（OH）CH_2CHO$$
$$H_2O \ 5℃$$

产物3-羟基丁醛不在允许使用名单之内，它的生理效应还是未知数，另外3-羟基丁醛受热，容易脱去一分子水，生成 α-不饱和醛（巴豆醛）。巴豆醛有一种辛辣、刺鼻的香气，它在允许名单之内，嚼用是安全的，但香气不好。

在槟榔香精的使用过程中，由于酸性和强碱性环境，不但造成香气变化，还可能产生一些生理效应未知的化合物，因此，在调香上采取一系列措施，尽量减少这类反应的发生。例如在香精配方设计上将一些碱性条件下不稳定、容易发生反应的香原料，设计在发制、上胶过程中，用于槟榔果加香。将一些酸性条件下不稳定、容易发生反应的香原料，设计在制卤过程中，用于卤水加香。对一些在酸性、碱性条件下都不稳定的香原料（如柠檬醛等），还可采取微胶囊化来保护。微胶囊香精的壁材如改性淀粉、树脂胶可以有效防止香原料分子间的相互作用以及香原料分子与介质的相互作用，从而可以保持香精及香气的稳定性，也防止了生理效应未知的化合物的产生。

（二）不同浓度香精对嚼用槟榔口感的影响

不同浓度香精对嚼用槟榔口感产生不同作用，下面不同配方的炮制液对槟榔口感的影响见表5-1。从表5-1可以看出，通过不同比例的3组溶液进行配比，决定选用B组作为炮制溶液的配方，既保证槟榔快速入味，又尽可能减少槟榔本身成分的损失。

表 5-1 槟榔炮制液不同配方对口感的影响　　　　　　　　　　%

组别	饴糖	蛋白糖	甜蜜素	香兰素	食用香精	口感评价
A	10	2	1	0.2	0.1	甜度不够，香味不够，耐嚼性差
B	16	2	1	0.6	0.5	甜度合适，香味适中，耐嚼性好
C	20	1	1	0.8	1.0	甜度过高，香味过浓，耐嚼性好

三、嚼用槟榔甜味剂

嚼用槟榔中允许使用的甜味剂主要有乙酰磺胺酸钾（安赛蜜或AK糖）、糖精钠、甜蜜素及复合甜味剂，允许添加的甜味剂的添加量必须符合国家强制性标准GB2760《食品安全国家标准食品添加剂使用标准》中的规定和DB43/132—2004《食用槟榔》的规定。

（一）甜味剂的概况

甜味剂是指赋予食品甜味的食品添加剂。按来源可分为天然甜味剂和人工合成甜味剂。天然甜味剂又分为糖醇类和非糖类，其中糖醇类有木糖醇、山梨糖醇、甘露糖醇、乳糖醇、麦芽糖醇、异麦芽糖醇、赤藓糖醇，非糖类包括甜菊糖苷、甘草、奇异果素、罗汉果素、索马甜。人工合成甜味剂，其中磺胺类有糖精、环己基氨基磺酸钠、乙酰磺胺酸钾；二肽类有天门冬酰苯丙酸甲脂（又称阿斯巴甜）、1–a–天冬氨酰–N–（2，2，4，4–四甲基–3–硫化三亚甲基）–D–丙氨酰胺（又称阿力甜）。蔗糖的衍生物有三氯蔗糖、异麦芽酮糖醇（又称帕拉金糖）、新糖（果糖低聚糖）。

此外，按营养价值可分为营养性和非营养性甜味剂，如蔗糖、葡萄糖、果糖等也是天然甜味剂。由于这些糖类除赋予食品以甜味外，还是重要的营养素，供给人体以热能，通常被视作食品原料，一般不作为食品添加剂加以控制。

甜味剂不仅可以改进食品的可口性和其他嚼用性质，而且有的还能起到一定的预防及治疗作用，已经成为人们日常生活所必须的调味品之一，甜味剂工业已成为添加剂工业中产量比重最大的工业。

（二）嚼用槟榔甜味剂分析

槟榔果实中含有多种人体所需的营养元素和有益物质，如有机酸、氨基酸、脂肪、槟榔油、生物碱、儿茶素、胆碱等成分。槟榔嚼起来味道清凉，带有甜辣味，有刺激性，可使人兴奋，脸颊潮红，但由于槟榔含有槟榔碱和鞣酸等成分，使槟榔具有涩味，因此，目前国内嚼用槟榔的研究主要集中在槟榔加工工艺改进和添加剂选用上。工艺改进方面主要是利用鲜果经冷冻干燥形成绿果，此工艺基本保存了槟椰的营养成分。但此工艺成本较高，同时由于槟榔碱损失较少、槟榔碱含量较高而可能引起伤害。添加剂选用方面主要集中在甜味剂选用及防腐剂、香精选用三方面。

甜味剂搭配在槟榔加工中起到十分重要的作用，但经常出现糖精钠超标的情况。现在的研究成果表明，当ADI为0~25mg/（kg·d）时，原先暴露的糖精钠并不会对人产生明显危害，因此没必要禁止其使用。GB2760—2007中凉果类最大使用量为5 g/kg。槟榔生产没有国家标准，相关标准主要是参考凉果类的标准。湖南省地方标准规定槟榔中糖精钠用量为小于3 g/kg。如果每人每日嚼用槟榔50 g（中等大小槟榔大约20~30g，嚼用者一般不会超过该量），每天嚼用糖精钠的最大量为0.15 g，根据FAO/WHO规定糖精钠为ADI为0~5 mg/kg（bw）（1994年），按照成年人一般体重，每天嚼用糖精钠不会超标，因此，槟榔生产时添加糖精钠不宜超过3 g/kg。随着生产工艺的改进，槟榔产品的防腐剂、有害物限量超标现象已逐步减少；不合格厂家主要是前店后厂式小作坊，不合格项目主要是甜味剂使用量超标。盲目追求槟榔的口感和风味，无视国家有关标准的规定，是造成槟榔甜味剂超标的重要原因。

四、嚼用槟榔防腐剂

（一）防腐剂的基础知识

微生物污染、环境尘埃污染等因素导致嚼用槟榔产品变质、变味；另外由于嚼用槟榔包装等因素导致产品与空气接触，产品氧化褐变、风干硬化，在槟榔加工中加入香精和卤水后产品感观变化等。嚼用槟榔工业化生产首先要解决的问题是流通中的贮藏保鲜。

食品防腐剂（Food Preservatives）是能防止食品由微生物所引起的腐败变质，以延长食品储存期的食品添加剂。它又称为抗微生物剂，它的主要作用是抑制食品中微生物的繁殖，也称为抑菌剂。它是能直接加入食品的化学物质。而广义的防腐剂（Preservatives）是一类具有抑制微生物增殖或杀死微生物的化合物，包括抑菌剂和杀菌剂（具有杀死微生物作用的物质），还包括具有保藏作用的食盐、醋等物质，以及那些通常不加入食品，只在食品储藏、加工过程中使用的消毒剂和防腐剂等。食品工业上常用的杀菌剂与防腐剂的区别是，前者能在较短时间内杀死微生物，主要起杀菌作用，一般是不直接加到食品中去的，如环氧乙酸、漂粉精等。

我国《食品安全国家标准食品添加剂使用标准》（GB2760—2007）中规定可以使用的食品防腐剂有苯甲酸（钠）、山梨酸（钾）、丙酸钙（钠）、对羟基苯甲酸乙酯（丙酯）、脱氢乙酸、脱氢醋酸钠、乙氧基喹、仲丁胺、桂醛、双乙酸钠、二氧化碳（酒精发酵法、石灰窑法、合成氨尾气法、甲醇裂解法）噻苯米唑、乳酸链球菌素、过氧化氢（或过碳酸钠）、乙萘酚、联苯醚、2-苯基苯酚钠盐、4-苯基苯酚、五碳双缩醛（戊二醛）、十二烷基二甲基溴化胺（新洁尔灭）、24-二氯苯氧乙酸、稳定态二氧化氯、纳他霉素（微生物发酵法）、单辛酸甘油酯等。

常用的有苯甲酸及其盐类、山梨酸及其盐类、对羟基苯甲酸酯类、丙酸及其盐类、二氧化硫、焦亚硫酸钠、焦亚硫酸钾、脱氢乙酸等。

（二）各种防腐剂的抑菌效果测试结果

山梨酸钾、苯甲酸钠、脱氢乙酸钠、尼泊金乙酯钠（对羟基苯甲酸乙酯钠）、尼泊金丙酯钠（对羟基苯甲酸丙酯钠）、癸酸单甘酯、月桂酸单甘酯、复配槟榔防腐剂以蒸馏水、0.2%碳酸钠溶解，并以不同用量通过抑菌圈测试方法测试抑菌圈，其结果如表5-2、表5-3。

表5-2　各种防腐剂在蒸馏水中溶解的抑菌效果

防腐剂种类	规定用量	实际用量	叠加超标情况	药物溶液pH	抑菌圈/mm	溶解性状备注
山梨酸钾	0.05%	0.05%	1（未超标）	7.39	8.00	易溶于水
苯甲酸钠	0.05%	0.05%	1（未超标）	7.58	8.00	
脱氢乙酸钠	0.03%	0.03%	1（未超标）	7.35	11.52	
		0.06%	2（已超标）	7.47	14.52	
尼泊金乙酯钠	0.05%	0.05%	1（未超标）	8.47	14.32	
尼泊金丙酯	0.05%	0.05%	1（未超标）	8.63	16.90	
尼泊金乙酯钠 +尼泊金丙酯钠	—	0.025%+0.025%	1（未超标）	8.59	17.70	
尼泊金乙酯钠 +尼泊金丙酯钠	—	0.05%+0.05%	2（已超标）	8.72	21.52	
脱氢乙酸钠 + 尼泊金丙酯钠	—	0.015%+0.025%	1（未超标）	8.51	18.64	

由表5-2结果测试可知，在中性环境下，山梨酸钾、苯甲酸钠基本无抑菌圈，表现不出防霉效力；而对于脱氢乙酸钠、尼泊金乙酯钠（对羟基苯甲酸乙酯钠）、尼泊金丙酯钠（对羟基苯甲酸丙酯钠）这三种药物，因受pH的影响相对较小，对槟榔霉菌可表现出一定的抑制性，对比抑菌圈直径，以尼泊金丙酯钠抑霉效果较为显著；而

对于癸酸单甘酯、月桂酸单甘酯，因其本身难溶于水，未能发挥其抑菌性能，这在槟榔应用中存在极大的缺陷。而复配槟榔防腐剂，抑菌圈为23.34 mm，是脱氢乙酸钠翻倍添加抑菌效果的1.61倍，比尼泊金乙酯钠与尼泊金丙酯钠复配后翻倍添加及脱氢乙酸钠与尼泊金丙酯钠复配后翻倍添加抑菌效果还要好，体现了强有力的防霉性能。

表5-3　各种防腐剂在0.2%碳酸钠溶液中溶解的抑菌效果

防腐剂 种类	规定 用量	实际 用量	叠加超 标情况	药物 溶液pH	抑菌圈 /mm	溶解性 状备注
山梨酸钾	0.05%	0.05%	1（未超标）	9.96	19.48	易溶于水
苯甲酸钠	0.05%	0.05%	1（未超标）	9.97	19.34	
脱氢乙酸钠	0.03%	0.03%	1（未超标）	9.93	28.82	
		0.06%	2（已超标）	9.94	30.18	
尼泊金乙酯钠	0.05%	0.05%	1（未超标）	9.92	30.74	
尼泊金丙酯	0.05%	0.05%	1（未超标）	9.92	30.60	
尼泊金乙酯钠+尼泊金丙酯钠	—	0.025%+0.025%	1（未超标）	9.89	31.89	
尼泊金乙酯钠+尼泊金丙酯钠	—	0.05%+0.05%	2（已超标）	9.88	33.40	
脱氢乙酸钠+尼泊金丙酯钠	—	0.015%+0.025%	1（未超标）	9.92	31.01	
脱氢乙酸钠+尼泊金丙酯钠	—	0.03%+0.05%	2（已超标）	9.91	32.54	
癸酸单甘酯	无限量	0.2%	未超标	9.94	20.53	两种药剂不难溶于水，难以起
月桂酸单甘酯	无限量	0.2%	未超标	9.90	20.59	到很好的抑菌效果易溶于水
复配槟榔防腐剂	—	0.2%	<1（未超标）	9.93	34.50	
空白	—			10.00	19.86	

考虑到槟榔呈碱性，所以本试验通过碳酸钠调节防腐药剂体系的pH测试上述防腐剂的防霉性能，由表5-3抑菌圈结果测试可知，在pH=10左右的碱性环境下，山梨酸钾、苯甲酸钠基本无效，而癸酸单甘酯、月桂酸单甘酯，因其本身难溶于水，同样还是未能发挥其抑菌性能。对比之下，脱氢乙酸钠、尼泊金乙酯钠（对羟基苯甲酸乙酯钠）、尼泊金丙酯钠（对羟基苯甲酸丙酯钠）这三种药物在此环境中是有效的，同时以尼泊金乙酯防霉作用最为突出。与上述任何药物相比，复配槟榔防腐剂在碱性环境中还是体现了极高的防霉性能，抑菌圈为34.50 mm，是脱氢乙酸钠翻倍添加抑菌效果的1.42倍，是尼泊金乙酯钠与尼泊金丙酯钠复配后翻倍添加抑菌效果的1.08倍，是脱氢乙酸钠与尼泊金丙酯钠复配后翻倍添加抑菌效果的1.15倍。

（三）各种防腐剂在槟榔实物中的效果测试结果

将各种防腐剂按槟榔制作工艺在槟榔制作过程中加入，其中，在卤水阶段，防腐剂按水分为23%的槟榔果计加入上香液中搅拌均匀即可；在上光阶段，防腐剂按上光液计加入上光液中搅拌均匀即可；在点卤阶段，防腐剂按卤水重量计加入卤水中搅拌均匀即可。其测试结果如表5-4、表5-5。

由表5-4结果可知，对于空白槟榔及采用山梨酸钾、苯甲酸钠、癸酸单甘酯和月桂酸单甘酯防霉的槟榔，7d内即出现霉变；采用脱氢乙酸钠、尼泊金乙酯钠（对羟基苯甲酸乙酯钠）、尼泊金丙酯钠（对羟基苯甲酸丙酯钠）防霉的槟榔，一般在14—30d内即出现霉变。而采用复配槟榔防腐剂，能有效维持3个月以上不霉变。经口感测试，仅月桂酸单甘酯和山梨酸钾对槟榔风味有影响，特别是月桂酸单甘酯影响最大，其余药物对槟榔未有明显影响。

表5-4　各种防腐剂在槟榔实物中的效果

防腐剂种类	实际用量			长霉天数	口感
	上香	上光	点卤		
山梨酸钾	0.5‰	0.5‰	0.5‰	3—7d	除稍有苦味外，无其他异味
苯甲酸钠	0.5‰	0.5‰	0.5‰	3—7d	味道纯正，无异味
脱氢乙酸钠	0.3‰o	0.3‰	0.3‰	14—20d	味道纯正，无异味
尼泊金乙酯钠	0.5‰	0.5‰	0.5‰	20d左右	味道纯正，无异味
尼泊金丙酯钠	0.5‰	0.5‰	0.5‰o	20d左右	味道纯正，无异味
尼泊金乙酯钠＋尼泊金丙酯钠	0.25‰+0.25‰	0.25‰+0.25‰	0.25‰+0.25‰	30d左右	味道纯正，无异味
脱氢乙酸钠＋尼泊金丙酯钠	0.15‰+0.25‰	0.15‰+0.25‰	0.15‰+0.25‰	30d左右	味道纯正，无异味
癸酸单甘酯	2‰	2‰	2‰	3—7d	味道纯正，无异味
月桂酸单甘酯	2‰	2‰	2‰	7d左右	异味重，让人作呕，难以下咽
复配槟榔防腐剂	3‰	3‰	3‰	3个月以上	味道纯正，无异味
空白	—	—	—	2—7d	味道纯正，无异味

由表5-5结果可知，采用复配槟榔防腐剂，槟榔霉菌总数在存贮的3个月内，均控制在100 cfu/g以下，符合湖南嚼用槟榔地方标准DB43/132—2004霉菌总数≤100 cfu/g要求。而采用脱氢乙酸钠、尼泊金乙酯钠、尼泊金丙酯钠的槟榔霉菌总数在一个月内有大幅度上涨。采用山梨酸钾、苯甲酸钠、癸酸单甘酯、月桂酸单甘酯在一星期内就出现霉斑，霉菌总数多不可计。

表5-5　槟榔实物霉菌总数情况

防腐剂种类	霉菌总数				
	7d	15d	30d	60d	90d
山梨酸钾	出现霉斑	—	—	—	—
苯甲酸钠	出现霉斑	—	—	—	—
脱氢乙酸钠	1.2×10^2cfu/g	出现霉斑	—	—	—
尼泊金乙酯钠	50cfu/g	8.0×10^2cfu/g	出现霉斑	—	—

防腐剂种类	霉菌总数				
	7d	15d	30d	60d	90d
尼泊金丙酯钠	60cfu/g	9.5×10^2cfu/g	出现霉斑	—	—
尼泊金乙酯钠＋尼泊金丙酯钠	30cfu/g	3.0×10^2cfu/g	出现霉斑	—	—
脱氢乙酸钠＋尼泊金丙酯钠	40cfu/g	4.6×10^2cfu/g	出现霉斑	—	—
癸酸单甘酯	出现霉斑	—	—	—	—
月桂酸单甘酯	出现霉斑	—	—	—	—
复配槟榔防腐剂	<10cfu/g	20cfu/g	20cfu/g	30cfu/g	50cfu/g
空白	出现霉斑	—	—	—	—

（四）嚼用槟榔防腐

（1）经防腐剂抑菌圈效果测试和槟榔实际应用显示，复配槟榔防腐剂、脱氢乙酸钠、尼泊金乙酯钠（对羟基苯甲酸乙酯钠）、尼泊金丙酯钠（对羟基苯甲酸丙酯钠）都对槟榔防腐保鲜起到一定的作用，复配槟榔防腐剂防腐效果明显优于各单体。

（2）复配槟榔防腐剂在常温下能将槟榔的保质期延长至3个月以上，保质期内霉菌总数符合湖南嚼用槟榔地方标准DB43/132—2004标准要求，同时不影响槟榔特有风味，彻底解决了现有槟榔滥用防腐剂、保质期短、难以中长期流通缺点。

（3）另外，要延长槟榔保质期，必须严格控制槟榔制作过程的交叉污染，如生产人员穿戴工作服，与槟榔半成品、成品直接接触的器具、管道需要进行消毒处理（如用75%酒精擦拭、二氧化氯消毒液消毒处理等），生产车间、设备定期或定时进行杀菌处理等。

第四节　嚼用槟榔加工技术与安全控制

槟榔（Arecanut, Betelnut）是棕榈科植物槟榔的种子，又名榔玉、宾门、仁频等，主要产于中国海南、云南、台湾等地，印度、马来西亚等国，在台湾别称"青仔"。

它是中国名贵的南药，《本草纲目》记载鲜食槟榔能"下水肿、通关节、健脾调中、治心痛积聚"。人类嚼用槟榔历史已超过2000年，苏东坡就写过"红潮登颊醉槟榔"的佳句。在我国湖南、海南、福建、台湾等地及东南亚国家消费者众多，消费量大。近年来其嚼用地区正在逐渐扩大，仅湖南省槟榔的产值就达四十多亿元，短短十年槟榔加工已从家庭作坊一跃成为湖南省食品的一大产业。

一、嚼用槟榔基本生产流程

（一）基本生产流程

槟榔原子→煮子→发制→烤子→闷香→压子→上胶→切子（含去核、点卤）→晾干→包装等多个工序。

（二）操作要点

经测定氟含量符合标准DB43/132—2004规定的槟榔干果经过适当挑选，用沸水（含有0.05%硫酸铜和0.05%硫酸锌的澄清石灰水）煮沸清洗2次后，沥干，放入护色液中（含有0.05%硫酸铜和0.05%硫酸锌的澄清石灰水）浸泡过夜，捞出槟榔果，沥干，电烤炉烤干，放入炮制机中，和炮制液（炮制液组成为蛋白糖、甜蜜素、干草水提液、澄清生石灰水、粉末甜橙香精、香兰素、粉末椰子香精、乳浊柠檬香精、桂花香精和椰子香精、食用防腐剂等，用量为槟榔果质量的20%~30%）一起炮制，炮制过程中定时转动炮制机，直到槟榔果将炮制液全部吸收干净。取出，于无菌室中晾干表面水分，切果机切片，涂布高浓度炮制液，真空包装，微波杀菌（800W、20s），即为成品。

槟榔原子加工。传统的槟榔原子加工方式是采用橡胶木将杀青后的槟榔鲜果熏干，即槟榔鲜果采摘后，沸水煮制30—50min，稍微沥干明水后放置于土灶上，以发烟燃烧的湿橡胶木对槟榔果进行烘烤。由于用此方法制出的槟榔原子，其表皮附着大量的熏烟颗粒而发黑，故又称烟果或者黑果槟榔，烟果槟榔往往带有特殊的烟熏香味及口感。由于土灶直接熏烤所产生的大量烟雾严重影响空气质量，同时烟熏所产生的某些副产物对人体健康不利，海南政府开始以补贴的方式鼓励槟榔加工作坊用电炉及蒸汽炉取代土灶对槟榔鲜果进行干燥加工，新工艺生产出来的槟榔原子由于背皮呈青色或者棕色，又被称为青果或者白果。随着国家环保意识的不断加强，青果原子加工规模也逐渐增大；烟果槟榔原子则在采用冷烟熏工艺之后，大幅降低了环保压力及健康风险。

煮子。槟榔原子水分含量较低，在进行发制及闷香前，需对其进行清洗、复水、杀菌，在工艺上被称为煮子。煮子一般采用常压煮沸 20 min 左右，煮子过程中加入适量的苏打，有利于槟榔功效成分槟榔碱及槟榔次碱的释放；此工序也是槟榔加工过程中唯一的高温处理工序，有利于杀死槟榔原子中的微生物及纤维软化。提高煮子的温度有利于杀菌，但会带来槟榔原子切口变色而影响感官品质，因此，优化合适的煮子工艺对后续工艺及成品具有重要的意义。采用高温干蒸技术对槟榔原子进行复水，试验结果表明：在 110℃、0.05MPa 的条件下处理 15min，杀灭原子内生菌的同时有利于槟榔纤维的软化，原子切口无明显变色。

发制、烤子及闷香。发制与闷香是槟榔加工中入味及定香的工序，一般在密闭的罐内进行。发制是将槟榔加工配料溶解后加入槟榔中，50~70℃条件下，利用压缩空气加压到 0.2~0.5MPa 提升发制效果，发制周期一般为 2—7d。发制后槟榔含水量达到 45% 左右，需要经过烤子将水分降低，以利于后续加工操作，烤子一般采用蒸汽热风烘烤方式进行。烤子后进行闷香操作，闷香周期一般在数小时到 3d，主要是为了提高槟榔成品的表香及入口爆发力。发制及闷香周期过长会降低设备利用率，同时促进微生物增殖，不利于成品槟榔的保质。因此，在不影响槟榔风味的前提下，围绕缩短发制及闷香时间，真空渗透发制技术、连续发制闷香技术、发制闷香装备的改进等成为研究热点。

压子及上胶。压子即利用压子机将槟榔从卵形压扁；上胶业内也称为打表、上表等，是在槟榔表面包裹一层明胶膜以增加槟榔的亮度，这 2 个工序均为提高槟榔外观品质的工序。

切、去核及点卤。上胶后的槟榔，需要运输到高洁净区进行后续操作，即先将槟榔切成 2 片，再挑出其中的槟榔核，最后在槟榔壳中间点入适量的特制卤水。这 3 个工序目前存在人工操作与自动化操作 2 种生产形式，由于人员污染及人工成本的增大，槟榔自动切子及自动点卤的设备成为近年槟榔加工设备的研发重点，切子机及点卤机也逐步为槟榔企业所用，并不断被改进。

晾干及包装。点卤后的槟榔需在晾干房中晾晒，使卤水干燥并控制槟榔的整体水分。晾干完成后，嚼用槟榔加工过程便全部完成，最后进入包装工序，经包装后得到槟榔成品。

（三）质量安全问题

（1）氟超标。长期过量摄入氟会导致人体牙齿、骨骼等硬组织因慢性中毒而改变，临床上最常出现的为氟斑牙和氟骨症。根据2002—2007年对湖南省市场销售的槟榔抽样检测发现，存在部分样品出现氟含量超标。分析嚼用槟榔中氟可能来自三个方面：①槟榔生长土壤中的氟含量偏高导致槟榔原子中的氟含量较高；②鲜果干燥过程中烟煤熏烤导致槟榔原子受到二次氟污染；③槟榔点卤所用的卤水主要成分是石灰，而不合格的石灰原料中会含有大量的氟，从而导致成品槟榔氟超标。因此，保证槟榔种植地水土安全、改变鲜果干燥工序及改进卤水配方和工艺可以有效控制成品槟榔氟含量，建立并提升槟榔原子、半成品及成品的各项检测技术也是解决这类化学污染的重要手段。

（2）非法添加问题。GB2760—2014及DB43/132—2004两个标准对槟榔能使用的添加剂、使用方式及能使用的最大剂量进行了明确的规定。然而，在实际槟榔市场上，一些不良企业为了延长槟榔保藏期、提升槟榔的口感及降低产品配方成本等因素，会非法添加一些在槟榔食品中未经许可使用的物质，严重危害消费者的健康和生命安全，引起消费者的恐慌，最终严重影响了槟榔行业的健康发展。针对此类问题，一方面槟榔企业和协会要进行行业诚信道德体系建设，提高从业人员道德操守，另一方面监管部门要加大监管力度及提高违法犯罪成本，加大对这种违法犯罪行为的打击力度。

（3）添加剂超标。未经加工的槟榔原了风味较为单薄，成品嚼用槟榔的口味、劲道、爆发力等风味主要来自槟榔加工过程中各种食品添加剂对原子自身所含功效物质的释放及提味增香，常用的有甜味剂、食用香精及食用氢氧化钙等；同时，为了提高嚼用槟榔的货架期，也会添加适量的食品防腐剂。适量的添加剂能改善槟榔食品的口味，提高食品品质，但添加剂的超量使用往往会给健康带来不利影响，如适量甜蜜素可以增加食品甜感，摄入过量就会导致人体的肝脏及神经系统的损伤。在槟榔行业发展初期，一些不良企业为了提高槟榔保质期，出现超标使用防腐剂的现象。曹朝晖等在2002年对市售槟榔检测发现防腐剂山梨酸钾合格率仅92.31%。

2004年，湖南省质量监督局联合槟榔行业协会颁布了DB43/132—2004《食用槟榔》，为企业添加剂使用提供了标准。但是，在实际使用中，商家有时为了提高槟榔口感和降低成本，会超量使用甜蜜素等甜味剂。2009年，湖南省工商局对市售流通领域商品监测结果显示20种市售槟榔存在甜蜜素或糖精钠超标；2013年12月，长沙市食安监管部门对市售槟榔检测发现9种市售槟榔出现甜蜜素含量超标（≤8g/kg，GB2760—2014），达到8.8~12.0 g/kg。

（4）微生物超标。成品槟榔的微生物污染主要来源于加工原料及加工过程。槟榔子为槟榔树的成熟果实，在其开花及成果期易受到植物病原菌的污染，霉菌的孢子及细菌的芽孢进入鲜果内，成为槟榔内生菌，在槟榔鲜果干燥后依旧存活下来，成为槟榔原子微生物污染的来源。原料、生产车间、生产设备和包装人员都可能造成微生物超标。

二、槟榔关键工艺研究

（一）原料干燥

1.干燥方式对槟榔外观形态的影响

（1）干燥方式对槟榔皮层失水率的变化影响。

不同的干燥方式对槟榔皮层的水分迁徙变化影响，槟榔皮层在干燥初期水分减少较快，后期水分减少较慢，直至趋于稳定。这是由于槟榔皮层是多孔性物料，其间有许多毛细管，所以在干燥初期的失水率较高，除去的是毛细管内的非结合水分；而在干燥后期，除去的是壁内的结合水分，这部分水分散失较慢，所以干燥速率低。

（2）干燥方式对槟榔表面色泽的影响。

色泽变化随着水分迁徙，干燥方式对槟榔外皮色泽的影响。干燥程度与鲜槟榔相比均有不同程度的增加，表示亮度越来越高；其中微波干燥出现了先升高后下降的趋势，亮度在失水率约50%时开始下降。随着干燥程度增加，槟榔表面的绿色度下降，向红色度（正向）提升；冷冻干燥的绿色度下降最小，冷冻干燥方式能较好地保护槟榔表面的绿色；微波干燥的绿色度下降明显，且红色度逐渐增加，根据文献报道，微波干燥过程剧烈致局部温度急剧升高，槟榔表面褐变反应剧烈，呈红色物质增多。干燥程度除风干外较鲜槟榔均有不同程度的降低，表示黄色程度提高。

（3）厚度变化。

槟榔皮层厚度随着失水率的增加而逐渐变薄。冷冻干燥下降幅度最小，厚度保持较好；微波在干燥过程中出现厚度小幅度增加再下降的现象，可能由于在微波干燥过程中，存在加热不均匀现象，导致物料局部过热影响水分迁徙。温度越高的干燥方式，厚度下降的程度越大。

（4）硬度变化。

槟榔皮层硬度随着水分迁徙均呈现先下降再上升的趋势。风干、冻干这类常温或低温的干燥方式达到干燥终点后，槟榔皮层硬度均低于鲜品；晒干、烘干这类温度提升的干燥方式达到干燥终点后，槟榔皮层断裂所需的力远大于新鲜槟榔，其原因可能是干燥过程水分散失较快，槟榔皮层纤维结构聚集致硬化程度增大，从而使断裂性所需压力增大；微波这类高温的干燥方式达到干燥终点后，槟榔皮层硬度接近鲜品，可能由于微波干燥没有破坏纤维类似蜂窝状的结构，因此断裂所需压力并没有增加。

2.干燥方式对槟榔皮层活性成分的影响

（1）总黄酮、总酚和槟榔碱的含量。

各干燥方式对槟榔皮中总黄酮、总酚、槟榔碱含量的影响。新鲜槟榔皮提取物中的总黄酮与总酚含量显著低于槟榔干制品，而其中槟榔碱含量显著高于干品。各干燥方式中，冻干的总黄酮含量（11.95±0.265）mg/g，微波的总黄酮含量（11.57±0.110）mg/g，二者间差异不显著，但均显著高于其他干燥方式。微波的总酚含量（1.66±0.026）mg/g显著高于其他干燥方式，这可能与微波干燥过程中槟榔剧烈的褐变反应相关。过长的干燥时间，如风干；以及过高的干燥温度，如微波，都影响槟榔碱的保留。50℃烘干的干燥方式所保存的槟榔碱含量显著高于其他干制方式。

（2）挥发性成分含量经质谱谱库检索和保留指数计算。

得到槟榔主要挥发性成分。槟榔经不同干燥方式至水分含量低于10%后，挥发性成分相对含量差别显著。挥发性成分的总含量烘干>冻干>晒干>微波>风干，受到干燥温度与时间的共同影响。酯类物质是槟榔的主要挥发性成分。

槟榔青果皮中的主要成分是醛类；与研究结果有所差别，引起差别的主要原因可能与选取的材料产地、成熟度或者干燥方式等相关；槟榔果皮挥发油中主要成分是酯类和有机酸类化合物，与实验结果吻合，但由于提取方式与干燥方式的不同，挥发性化合物种类与含量仍存在较大差异。

槟榔中含量较高的有机酸为肉豆蔻酸、棕榈酸等，不同干燥方式后有机酸类物质各组之间差异显著，以风干组显著高于其他组。生物碱类物质目前被认为是槟榔主要生理活性成分，以槟榔碱为主。

加热对槟榔碱含量影响较大，加热时间越长，槟榔碱下降越多。耗时较短的微波干燥所测得的槟榔碱相对含量显著高于其他干燥方式；耗时次短的烘干所测得的槟榔碱含量也显著高于除微波干燥的其他干燥方式；冻干与烘干两种干燥方式耗时近似，以干燥温度更低的冻干所得的槟榔碱含量更高；风干因耗时过长，槟榔碱下降显著低于其他方式。

3.干燥方式对槟榔抗氧化能力的影响

干燥前后的槟榔均具有一定的清除DPPH自由基、ABTS自由基以及还原Fe^{3+}的能力。新鲜槟榔的抗氧化能力显著低于干制品，微波干燥的各项抗氧化能力除逊色于抗氧化剂BHT，均显著高于其他干制品，这可能与微波干燥后总黄酮和总酚含量较高相关。

（二）槟榔软化技术研究

槟榔是棕榈科植物的成熟种子，含有多种营养和活性物质，具有多种生理和药理作用。在中国以嚼用为主，药用为辅，湖南是中国槟榔的加工中心，加工全国95％以上的槟榔。根据市场调研显示，目前行业总产值已超200亿元，从业人员达30万，消费者达2000万，消费地域覆盖全国，湖南槟榔产业还在以年10％~20％的速度增长。但是，槟榔所引发的安全问题也越来越突出，主要是槟榔纤维对牙齿和口腔的损害，造成牙齿过早脱落和口腔黏膜纤维性病变口，对槟榔纤维的软化是产业迫切需要解决的问题。目前，槟榔所用的软化方法可以分为物理法、化学法、生物法和复合法，物理软化法主要为蒸润法、砂润法和减压冷浸法，但行业实际应用中以煮和蒸为主。化学软化法主要是碱处理法，此法行业内也有应用，一般在浸泡或煮阶段加碱处理。生物软化法有酶解法和微生物降解法，酶解法在行业内的应用也是最近几年才开始。复合软化法有如段维发等研究的真空发酵法，李卫等研究的高压纤维素酶耦合技术，巢雨舟等研究的超声酶解软化工艺。虽然槟榔的软化方法很多，行业中应用的也不少，但是各种软化方法缺乏系统的分析，很难判断其利弊，让行业在选择应用时无法科学评判。

1.操作要点

（1）选子：为了避免槟榔自身的差异而影响试验结果的准确性，本试验挑选大小和形态差异不大的槟榔作为样品，去花蒂，称取的每份槟榔样品重量一致。

（2）浸泡：采用普通水浸泡处理，料液比12.5（质量比）。

（3）烤子：采取称重的方法，烤至每份样品的重量一致，由于花蒂已去除，所以重量一致可以认为每份样品的含水量是一致的，可以排除水分差异对槟榔软硬度的干扰。

（4）发子、上表香和点卤：采用各种甜味剂、凉味剂和香精香料配制而成的配方进行发子、上表香和点卤。

（5）成品：要求样品水分含量在25%~26%。

2.软化工艺

（1）对照组：按上述工艺浸泡后直接清洗，不做任何其他软化处理。

（2）煮制法：使用100℃清水煮子10min。

（3）高温蒸法：设定115℃蒸子10min。

（4）碱处理法：1% NaOH水溶液，按料液比12.5（质量比），25℃水温下浸泡30min。

（5）酸处理法：2% H_2SO_4水溶液，按料液比12.5（质量比），25℃水温下浸泡30min。

（6）微波处理法：设定微波功率650 W，微波时间1min，每次处理130 g槟榔。

（7）酶处理法：3%槟榔软化酶水溶液，50℃，24 h。

（8）反复冷冻：-18℃冷冻24 h，常温解冻24 h，再冷冻，解冻，如此循环3次。

3.对嚼用槟榔咀嚼性、碎渣性和槟榔碱含量的影响

水分对嚼用槟榔的咀嚼感、质地和口味有很大的影响，所以在对比不同软化方法之前，尽可能地避免因为水分的差异而影响到试验结果。水分造成的影响不会太大，嚼用槟榔的咀嚼性指的是整个槟榔在口腔中咀嚼的感觉，槟榔过软和过硬都不好，过软的槟榔会没有咀嚼感，过硬的槟榔咀嚼起来又不舒服，咀嚼性得分最高的是蒸、碱和微波处理，其他处理方法得分较低，彼此之间没有显著差异。嚼用槟榔的碎渣性指的是槟榔在咀嚼过程中碎小纤维脱落于口腔中影响咀嚼口感，试验结果表明，最不容易碎渣的是对照组、煮和冷冻，其次是蒸、酶和酸，碱和微波处理是碎渣最严重的。通常碎渣性很严重的都是因为对纤维的破坏或软化过度。槟榔碱是存在于槟榔中的一种生物碱，是槟榔中主要的保健和药理活性成分，在不同软化处理中，槟榔碱保留得最多的是对照和冷冻处理，其次是碱和酸处理、酶和微波处理，最后是蒸和煮，冷冻法对有效成分的保留作用非常大，碱和酸处理区别不大，微波和酶处理区别不大，蒸和煮的保留效果是最差的，可能是高温对槟榔碱的损失影响较大。

4.对嚼用槟榔TPA二次咀嚼测试结果的影响

TPA测试结果主要是反映槟榔的质地软硬度和综合咀嚼感的客观指标分析，不同软化方法下嚼用槟榔的TPA测试，与实际情况相符，其次是煮、酸和冷冻，这3种方法对槟榔纤维的影响不是很大，最后是碱、蒸、微波和酶处理。在咀嚼性方面，最大的是对照和煮处理，其次是碱和冷冻处理，然后是酸和蒸处理，最后是微波和酶处理，咀嚼性是咀嚼槟榔时做的功，反映的是槟榔咀嚼时费不费力，软化效果最差的是煮和对照组，咀嚼时最费力，而软化效果最好的是微波和酶处理，咀嚼最轻松。

5.对嚼用槟榔五针穿刺测试结果的影响

穿刺测试结果反应的是槟榔纤维的松散度，也就是咀嚼时，槟榔的纤维能不能嚼散、嚼开，当槟榔纤维的松散度适中时，咀嚼起来的感觉会很好，如果松散过度，则会没有嚼感，同时碎渣会比较严重，松散度不够，则会感觉很硬，牙齿负担很大。对照组、煮和冷冻样品的硬度最大，其他处理方法硬度较低，彼此没有显著性差异。蒸处理是因为在高温高压作用下，槟榔纤维素聚合度下降，半纤维素部分降解，木质素软化，联结强度下降，起到了软化作用。酶处理因为水解了槟榔纤维、木质素和果胶等物质而破坏槟榔组织结构，导致其松散。碱和酸处理效果都是腐蚀表皮起到破皮作用，使得槟榔表皮结构松散。微波处理是内部水分子快速极性运动而急剧汽化，水在脱离槟榔时膨化了槟榔纤维，导致槟榔纤维结构松散。在做功方面，对照、煮和冷冻组都比较高，咀嚼时比较费力，酸和碱处理。最不费力的是蒸、微波和酶。

软化方法对嚼用槟榔口感风味的影响。在TS—5000Z味觉分析系统中，如果味觉指标值＜1，则可以认为人是无法感知味觉差异的，在甜味指标上，可以看出，几种不同的软化方法没有差异。在酸味指标上，碱处理的最低，酸处理得最高；煮和蒸处理对去除槟榔的酸味有一定作用，可能是在高温下促进了槟榔中酸性物质的溶出；酶处理对去酸味有微弱的影响；冷冻几乎没有改变。在咸味指标上，除了碱处理以外，其他几种方法对咸味没有影响，而碱处理可能是加入了Na^+增加了槟榔的咸味。在鲜味和鲜味回味指标上，因为Na^+的缘故还是碱处理得最高，煮、蒸和微波3种高温处理法对鲜味有破坏作用，其他几种方法影响不大。在苦味和苦味回味指标上，最苦的是碱处理，可能是NaOH所带来的碱苦味，其次是酸处理，加入的酸使得苦味更加突出，煮和蒸对去槟榔苦味有一定的帮助，其他几种方法对苦味影响不大。在涩味和涩味回味指标上，碱处理得最高，是碱带来的涩味，煮和蒸对去涩味有明显的帮助，酶处理对去涩味有微弱的帮助，其他几种方法没有影响。从行业的实际情况来看，槟榔中酸、苦、苦味回味、涩和涩味回味这几个味觉指标是越小越好（人们常说的槟榔酸涩味、苦涩味太重，不好吃）。鲜味和咸味是最近槟榔行业中所引入的元素，以前制作槟榔主要注重甜、凉和香，现在槟榔的鲜味也是重要的指标，而咸味主要用于生津，但是咸味和鲜味也不是越重越好，甜味是槟榔最重要的味觉指标，一般槟榔所用甜味剂的甜度会是同质量蔗糖的220~340倍，在要求范围内一般值越高越好。

（三）槟榔防腐与贮藏的技术研究

防止微生物的危害是槟榔保鲜的关键，食品行业经常采取低温、降低水分活性、真空与气调包装、酸化、乳化、加热、微波、使用防腐保鲜剂等等物理或化学处理方法。影响槟榔保鲜的有害微生物主要有白曲霉、黑曲霉、黄曲霉等霉类。

1.微波预处理

微波预处理的主要目的是灭菌灭酶。微波灭菌致死温度比通常加热灭菌的温度低，且细菌死亡时间缩短。蛋白质变性解释模型理论认为，组成微生物体的蛋白质和核酸物质是极性分子，在强大的微波场中被极化，随着微波场极性的迅速改变，引起分子团的急剧旋转振动，一方面相互间形成摩擦转化成热而升温，另一方面化学键受到破坏而引起蛋白质分子变性。

2.冷藏

将未经处理的槟榔直接进行冷藏，其微生物仍可活动，而且果实产生的乙烯也加快叶绿素的分解。而温度过低，则也会冻伤槟榔。

3.柠檬酸溶液浸泡

加酸杀菌，一般认为可避免温度等因素的影响。pH酸碱度为4.5时是一个临界点。当其值低于4.5时，一般认为产气荚膜芽孢杆菌不能够在食品中生长；在pH酸碱度低于4.2时，多数能引起食物腐败的微生物会被有效地抑制。但一些耐酸细菌，如乳酸菌、酵母菌和霉菌在pH酸碱度低于3的条件下仍可生长。

4.防腐保鲜剂

槟榔可用山梨酸钾、尼泊金乙酯对槟榔进行保存。鲜槟榔在其浸渍液中浸润一下即取出待晾干后真空包装。

三、嚼用槟榔加工新产品开发

（一）槟榔固体饮料的加工

槟榔具有多种临床药理作用，不仅具有驱虫、抗真菌、病毒的功能，还能降低血糖、减低血脂、促进消化、降低血压之功效，并具有抗衰老、提高免疫力等保健作用。槟榔大部分原料产品不是走向药材市场，而是用于加工成人们的嗜好品——商品槟榔或槟榔嚼块，用于咀嚼，槟榔的临床药理价值及保健功效没有得到充分的利用，而且用于咀嚼的槟榔纤维粗糙，嚼食槟榔时因粗纤维伤害而导致有毒物质浸入，引发疾病，被公认是口腔癌的重要诱因。目前，海南槟榔99%以上是以鲜果或干果供应湖南槟榔加工企业加工槟榔嚼块，其他形式的产品很少。迄今为止，尚未见有关槟榔固体饮料的研究，市场上也未出现槟榔固体饮料产品。本加工工艺将槟榔内的活性成分提取后加入到食品中制成功能性食品，这样不仅可以减少槟榔果硬质纤维对口腔的伤害，还能发挥与槟榔同等的疗效。为了更好地开发和利用槟榔资源，本研究以新鲜槟榔为主料，以金银花、甘草为辅料，采取热水提取其中的营养物质和有效成分，并对槟榔固体饮料配方、工艺、技术关键进行了研究，旨在为槟榔深加工提供一种新的方法，丰富槟榔的系列加工产品。

工艺流程：（新鲜槟榔、甘草、金银花）→干燥→热水提取→过滤→加糖→熬制→加可溶性淀粉→干燥→打粉→过筛→成品。

槟榔属于碱性食品，对人体的健康起着双向调节的作用，有利于抗疲劳并增强人体免疫力，但长期嚼用槟榔对口腔的硬组织及软组织存在潜在的损害作用。通过最佳配伍生产固体饮料，该种饮料工艺可将槟榔内的活性成分提取后作为槟榔固体饮料的主成分，这样不仅可以减少槟榔果硬质纤维对口腔的伤害，还能发挥与槟榔同等的疗效，既减少和降低槟榔的负面效应，为槟榔的综合利用与开发打基础，又弥补当今市场上含有槟榔成分食品的空白，解决市售商品槟榔产品单一的缺点，满足消费者对槟榔与健康的双重需求。

（二）槟榔果冻加工技术

1.工艺流程

槟榔鲜果→除杂、清洗→45~50℃烘干或晒干→粉碎过筛→提取→浓缩→槟榔提取物→加水调配→过滤→加胶、糖→溶胶→煮胶→过滤→加其他配料→过滤→注模→杀菌→冷却。

2.槟榔提取物的制备

以45~50℃烘干或晒干的海南产槟榔果为原材料，将其按如下方法制备粗提取物：将槟榔果除杂、粉碎，室温下于80%的乙醇水溶液中冷浸3 d后，过滤，收集滤液，滤渣用同样的方法再浸泡2次，合并3次滤液，并在40℃下减压浓缩，得到深褐色的稠状粗提物（得率34.44%，水分含量约20.90%）。

3.过滤

提取物加水调配冷却后，用脱脂纱布或150目滤网精滤，静置后取上清液。

4.溶胶

将糖和胶干混，后加入加热好的槟榔提取物溶液，可防止胶不结块，适当提高溶解温度。熬胶时尽量按同一个方向搅拌胶液。糖胶提制备过程中，由于搅拌产生较多泡沫，经过100目滤布过滤后，最后加入柠檬酸调配，边加边搅拌，以免影响胶凝剂的凝胶性能。

5.注模杀菌

将调配好的糖胶液体灌装入模具，封口，置65℃进行灭菌，维持30 min，然后放入冷藏室中在10℃下凝冻即得成品。

通过研究表明发现采用一种胶凝剂卡拉胶制作出的槟榔果冻品质较好，柔软度适中，细腻均匀，其添加量为0.9%。确定出槟榔果冻的最佳配方：槟榔提取物0.5 g，白砂糖30g，柠檬酸0.15 g，卡拉胶0.9 g，温水100 mL。

（三）槟榔口香糖的加工

目前市面上的槟榔产品甚少，主要是槟榔咀嚼块，而这种咀嚼块的槟榔纤维粗糙，不仅破坏人的味觉功能，更为严重的是，长期嚼用者可能会患口腔疾病。有研究表明，槟榔与口腔黏膜下层纤维化有关联，它会导致口腔、咽和食管组织的恶化。因此，将槟榔的活性成分提取后加入口香糖中，制成槟榔口香糖，不仅可以阻止槟榔纤维对口腔的伤害，还能发挥槟榔的保健药效。

1.槟榔提取物的制备

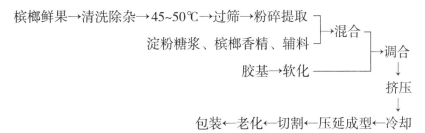

2.胶基的预处理

将胶基置于50~60℃恒温烘箱内软化5h。

3.配料的混合

将各种配料分别加入已软化好的胶基中，在55℃条件下保温，将物料进行均匀地混合。由于剪切作用，可使胶基分散均匀，加快辅料的吸收。操作时应先将辅料与胶基混合搅拌4—5min，再加入香精，再搅拌2—3 min。

4.挤压

将调和好的胶基配料物质加热到90℃，凝聚后冷却，投入切面机中挤压，反复挤压3次，得到组织紧密、表面光滑的带状糖胚。

5.切割

将带状糖胚切割成型。

6.冷却老化

保持温度20℃，相对湿度55%，老化10—20 h。

7.包装

将制好的口香糖用涂蜡铝箔纸包装、贮藏。

经研究表明发现槟榔口香糖的最佳工艺条件为胶基量占35%，槟榔提取液量占5%，淀粉糖浆量占40%，香精量占0.3%。研究开发的槟榔口香糖是一种具有特殊风味和保健作用的口香糖，可以作为一种咀嚼槟榔的替代品，极大地降低了嚼用槟榔的负面效应，为槟榔的综合利用与开发提供新的思路。

第五节　槟榔的相关问题

一、槟榔与口腔黏膜的病变

口腔黏膜病与咀嚼槟榔密切相关，特别是口腔黏膜下纤维性变、口腔白斑和口腔扁平苔藓等疾病。口腔黏膜病不仅给患者带来肉体痛苦及功能障碍，同时也是世界卫生组织公认的口腔癌前病变。槟榔嚼用人群在我国主要分布在海南和湖南等，但两地嚼用槟榔的习惯不同，海南作为我国槟榔的最大原产地，当地居民有嚼用新鲜槟榔的习惯，其方法是将七至八成熟的鲜槟榔果（绿色）切成几瓣，用荖叶包裹着白灰（用蚌灰或石灰调制而成）混在口里嚼，而湖南作为槟榔的最大加工地区，干槟榔十分流行，干槟榔是把鲜槟榔果煮熟熏干，再经腌制点卤等特殊处理后嚼用，即常见的袋装槟榔。近年来经贸往来、人员交流频繁，为更好地采集有嚼用干鲜槟榔不同嗜好者的资料提供了有利条件。

早在1985年的一项研究证实，把槟榔果、烟草和荖花（叶）混在一起咀嚼会导致口腔癌、咽癌及食道癌。后来的一项新研究再次表明，即使咀嚼不加入烟草的槟榔也同样会导致口腔癌的发生。医学专家认为，常嚼食槟榔会造成口腔黏膜下纤维化（简称口腔硬化），这是导致口腔癌病变的主因。世界卫生组织属下的国际癌症研究机构（IARC）据此向国际社会发出警告：嚼用槟榔会致癌，并在2003年8月7日的特别刊物第85卷中，认定槟榔是一级致癌物。IARC认定槟榔为一级致癌物，在槟榔对人体致癌的流行病学上有充分依据。据说日本和美国曾对动物做过试验，已经证实槟榔会致癌。除此之外，尚未见任何证据能够证明，槟榔除嚼用会致癌之外，其他的方法（如水煎服）也会致癌。槟榔（槟榔种子、槟榔果皮、槟榔花）药用煎汤服食，在我国自古有之，但迄今未见有致癌毒性的报道。槟榔内含成分致癌之说目前尚缺乏足以令人信服的科学依据。"槟榔嚼食有致癌风险，但槟榔本身并非直接的致癌物质"，这是大多数人的共识。

槟榔作为一类致癌物，对口腔黏膜的危害主要包括槟榔碱、鞣质和亚硝胺等的化学刺激和槟榔粗纤维的机械刺激。哈维·韦恩斯坦(Harvey W)等发现，槟榔碱能刺激成纤维细胞增生及合成胶原，其水解产物槟榔次碱的作用更强。此外，槟榔碱亦可能抑制成纤维细胞的胶原质吞噬作用，从而抑制结缔组织中细胞外基质的生理修复。研究进一步证实：槟榔碱具有明确的细胞毒性和致突变性，影响细胞的增殖周期和诱导程序性细胞死亡；但事实上人们嚼用的槟榔咀嚼块并非单一的物质，槟榔果只是槟榔嚼块的主料，海南本地嚼用者通常嚼食鲜果，而在湖南通常嚼用经加工后的干槟榔，干槟榔的有害成分更加复杂，如熏制后的干果苯并芘严重超标以及铅、砷、氟和有机磷农药的污染，成品中还要添加香精、甜味剂、防腐剂等多种化学成分，同时干槟榔纤维较粗硬，对黏膜损伤较大。不同的添加物和制作方法势必对槟榔嚼块的生理效应产生不同的影响，研究显示，鼠类长期服用槟榔制品可以促进包括苯并芘在内的多种致癌物质的致突变作用，尤其是口腔癌和癌前病变的发生。目前国内外研究主要集中在槟榔提取液和槟榔碱与口腔健康的关系，但鲜有对嚼用槟榔种类不同（即槟榔自身生物成分和不同添加成分及物理因素）对口腔黏膜疾病及其癌变影响的研究。

杜永秀等人证实了咀嚼槟榔可导致口腔黏膜疾病以及口腔癌的发生，但不同的咀嚼习惯及槟榔咀嚼块不同的添加成分对口腔黏膜疾病发病的影响却很难给予评估。研究通过对有着嚼用干鲜槟榔不同嗜好的两组人群进行临床调查分析，证实了干槟榔在致病性和致癌性方面对人体健康的影响更大，特别是致癌作用，长期嚼用危害性更大，这对今后的临床工作和疾病预防有着重要的指导意义，同时也表明槟榔咀嚼块中不同的添加成分对口腔黏膜疾病的发生能够产生重要的影响。

二、槟榔对生殖系统的影响

槟榔常作为中药成分，被用于利尿消积、防治寄生虫、治疗消化不良等方面。然而，槟榔具有强烈的致瘾性，是世界上仅次于尼古丁、乙醇和咖啡因且消费最为广泛的成瘾物质。目前，全世界约有10%的人口消费槟榔。大量实验研究表明，槟榔同样具有严重的生物毒性和致癌性，可导致多种疾病和癌症的发生。槟榔国际癌症研究机构（IARC）于2004年将槟榔归类列为第一类致癌物，其易诱发口腔癌，如湖南省是我国嚼用槟榔人群的主要省份，而该省口腔癌发病率明显高于其他的地区。虽然槟榔的化学成分复杂且不同地区嚼用槟榔的方式不同，但研究发现，导致其生物毒性和致癌性的主要成分为生物碱，即槟榔碱、槟榔次碱、去甲槟榔碱和去甲槟榔次碱。其中，以槟榔碱的毒副作用最为显著。

近年来，对槟榔的研究已不仅局限于对于口腔疾病及相关肿瘤的了解，而是进一步转向了解其对于人体内其他各主要系统及器官的危害，包括神经系统、心血管系统、内分泌系统、免疫系统、生殖系统和泌尿系统，如在槟榔盛产地区，男（雄）性生殖系统和泌尿系统疾病的发病率逐渐提升，可能是该类人群咀嚼槟榔所导致的危害之一。研究表明槟榔碱可以影响精子发生，减少精子数量，影响精子形态和鞭毛运动能力并且还与慢性肾病（CKD）有关。槟榔碱影响男（雄）性生殖系统和泌尿系统的主要作用机制包括诱导生殖细胞氧化应激反应及诱导生殖系统与泌尿系统炎症反应，影响性激素睾酮的正常分泌及诱导肾小管间质纤维化等。另有流行病学调查表明，槟榔碱会对女性妊娠结局产生不良影响，如新生儿男女比例失调、新生儿体质量减轻及死亡等。实验结果也证明，槟榔碱和槟榔提取物（Areca nut Extract，ANE）可致禽类、小鼠和斑马鱼等胚胎毒性及损伤仓鼠卵细胞。

槟榔碱损害男（雄）性生殖系统的一个重要途径是对生殖细胞产生氧化应激反应。氧化应激指组织或细胞内大量氧化中间产物堆积、氧化与抗氧化动态平衡被打破，平衡更倾向于氧化一方，进而对组织细胞产生损伤。氧化应激的主要表现为氧化中间产物如活性氧簇（Reactive Oxygen Species，ROS）等产量增加、抗氧化作用代偿性激活等。正常条件下，ROS参与部分生理活动，如细胞信号传导（cell signaling），但作为一种氧代谢的副产物，过量ROS的生成最终会导致氧化应激发生，进而引起组织损伤。在生殖系统中，虽无槟榔碱直接导致氧化应激的相关结论，但已有研究提示生殖系统和ANE慢性接触与该系统ROS增高引起的氧化应激有关。这种相关性主要表现在其组织的脂质过化过度激活、细胞抗氧化防御机制相应激活和唾液酸（sialic acid）含量下降3个方面。

目前发现许多免疫细胞因子与男（雄）性生殖息息相关。细胞因子参与正常生殖的生理过程，同时也是精浆中重要的成分。然而，精液中过量的免疫细胞因子可导致一系列病理发生，如精子数量、精子质量参数及精子遗传物质完整性改变，并与精子发生的微环境密切相关。其中，许多促炎症细胞因子的过度表达与男（雄）性不育存在关联。白细胞介素6（IL-6）能导致精子DNA完整性的破坏，从而进一步影响精卵识别和受精过程；IL-8在少精子症、弱精子症患者的精浆中含量显著上升。体外实验证实，经槟榔碱刺激后，促炎症因子如IL-1、IL-6、IL-8、肿瘤坏死因子α（TNF-α）、转化生长因子β（TGF-β）等水平显著增高，引起机体炎症反应和组织纤维化。

Lin等在对中国仓鼠卵细胞（Chinese Hamster Ovary ells，CHO-K1）的研究发现，槟榔提取物以时间剂量依赖的方式，通过诱发氧化应激，生成过量ROS等降低CHO-K1细胞的活力并抑制其增殖，但有关槟榔提取物或槟榔碱对卵细胞损伤的机制目前仍相对缺乏。

多项流行病学研究表明，孕妇长期咀嚼槟榔会导致新生儿出生结局（birth outcome）受影响，如新生儿体质量减轻和婴儿死亡等。在对195名妊娠妇女进行调查后发现，妊娠期每日摄入生槟榔的剂量与其分娩的婴儿死亡率有显著关联，婴儿死亡率高的生育女性其槟榔摄入量明显高于对照组。Logistic回归分析显示，妊娠妇女每天摄入4枚或更多槟榔与其分娩的婴儿死亡经历（infant-death-experiences）独立相关（OR=8，95% CI：1.9~34.3，P=0.005）。世界卫生组织（WHO）认为高碳水化合物摄入和低硫胺素（thiamine）摄入的人群易出现轻度硫胺素缺乏症，而槟榔也被确定为一类抗硫胺素物质。因此，WHO同时强调摄入槟榔的妊娠妇女生育后其幼婴在第2~5个月的死亡与硫胺素缺高度相关。Berger等调查了I171例帕劳妊娠妇女也发现，在咀嚼槟榔和吸烟者的足月新生儿有出生体质量偏低的风险（OR=2.4，P=0.049）。

槟榔会通过氧化应激机制、炎症机制和激素机制降低精子质量参数等。然而，现阶段槟榔碱对生殖系统和泌尿系统的影响却还远未引起足够重视，同样相对应的基础研究也相对缺乏，这就需要提升广大医务人员及公众对槟榔的危害有更广泛而足够的认识。

三、槟榔与肝脏毒性

长期嚼用槟榔是导致肝癌的危险因素之一，且在很大程度上能加快乙型肝炎病毒（HBV）或丙型肝炎病毒（HCV）携带者的肝脏病变而患肝癌。古桂花等[1]以质量浓度为 1、0.25 g / L 的槟榔碱持续灌胃 20d，建立诱导肝细胞凋亡的小鼠模型，以苏木素-伊红（HE）染色观察肝组织病理学改变和流式细胞术检测分析小鼠肝细胞凋亡率，发现肝脏组织损伤明显且小鼠肝脏细胞凋亡率显著升高（P < 0.01），提出槟榔碱具有肝脏毒性，其毒性可以通过促进肝细胞凋亡而产生。仇文文（Chou Wen Wen）[2]等研究发现以槟榔碱孵育肝细胞，槟榔碱能诱导肝细胞发生凋亡，且凋亡的机制是肝细胞的有丝分裂被阻滞在 G0 / G1 期。亚什敏·乔杜里（Yashmin Choudhury）等[3]以质量浓度为 2 g / L 的槟榔提取液喂养鼠 24 周，以透射电子显微镜观察肝脏结节中的细胞器超微结构，发现核形态和异染色质发生变化，核被膜破坏，细胞核体积减小，异染色质聚集，产生大量的自噬囊泡，粗面内质网扩张和中断，不规则的线粒体积扩张，线粒体数量和体积都在减小，说明槟榔碱能使肝细胞超微结构改变。钟玉亭（Chung Yu Ting）等[4]以液相色谱/电喷雾电离结合离子阱质谱（LC/ESI–ITMSn）和液相色谱/四级杆–飞行时间串联质谱（LC/QTOF–MS）合成黄樟素–脱氧鸟苷酸（safrole–DGMP）作为参考标准，用32P标记法检测28例肝细胞癌患者体内黄樟素 DNA 加合物的存在，发现只有2名具有超过10年槟榔咀嚼史的患者体内存在黄樟素 DNA 加合物。新鲜槟榔果实中含有黄樟素，在咀嚼槟榔后，唾液中含有的黄樟素浓度为 $420\,\mu mol/L^{-1}$，

---

[1]古桂花，曾薇，胡虹，等. 槟榔粗提物及槟榔碱对小鼠肝细胞凋亡的影响［J］. 中药药理与临床，2013，29（2）：56–59.

[2]Chou Wen Wen, Guh Jinn Yuh, Tsai Jung Fa, et al. Arecoline–induced growth arrest and p21WAF1 expression are dependent on p53 in rat hepatocytes ［J］. Toxicology, 2008, 243（1/2）：1–10.

[3]Yashmin Choudhury, R ajeshwar N. Sharan. Ultrastructural alterations in liver of mice exposed chronically and transgenerationally to aqueous extract of betel nut: Implications in betel nut–inducedcarcinogenesis［J］. Microsc R es Tech, 2010, 73（5）：530–539.

[4]Chung Yu Ting, Chen Chiu Lan, Wu Cheng Chung, et al. Safrole–DNA adduct in hepatocellular carcinoma associated with betel quid chewing［J］. Toxicol Lett, 2008, 183（1/3）：21–27.

能与DNA发生共价结合，形成稳定的加合物，而黄樟素DNA加合物在长期咀嚼槟榔的肝癌患者肝组织中被检测到，更加说明槟榔与肝癌的发病有关。槟榔碱降低四氯二苯并–P–二噁英（TCDD）的毒性主要是通过下调人体肝癌细胞中的芳香烃受体（Aryl Hydrocarbon Receptor，AHR）基因的表达而诱导CYP1A1的活性，说明槟榔碱可能参与介导肝脏中AHR的代谢而产生肝毒性环境。

四、槟榔与免疫机制毒性

免疫抑制毒性机制大量研究表明，咀嚼槟榔能对免疫系统产生影响，降低免疫系统功能。Hung S L 等[1]发现中性粒细胞在槟榔水提液环境中，其杀菌和吞噬作用被抑制，而中性粒细胞在细胞免疫系统中起着十分重要的作用。Wang C C等[2]以质量浓度为40、60 mg/L的槟榔提取液孵育小鼠脾细胞，发现槟榔提取液能抑制脾细胞代谢，具有免疫细胞毒性。其主要作用机制是通过抑制 IL-2 和干扰素–γ（ IFN–γ ）的生成，增高脾 T 淋巴细胞 ROS 水平，而 T 细胞抑制作用很有可能与诱导氧化应激有关。Chang 等[3]以槟榔提取物孵育人外周血单核细胞，发现槟榔提取物增加了环氧化酶（COX-2），IL-1α 和前列腺素 E2（PGE2 ）的分泌。抑制 COX-2 或者促炎细胞因子 如 IL-1α 表达能减少肿瘤的发展[4]，而增加PGE2的分泌能抑制免疫系统的保

①Hung S L, Lee Y Y, Liu T Y, et al. Modulation of phagocytosis, chemotaxis, and adhesion of neutrophils by areca nut extracts [J]. J Periodontol, 2006, 77（4）: 579-585.

②Wang C C, Liu T Y, Wey S P, et al. Areca nut extract suppresses T-cell activation and interferon-γ production via the induction of oxidative stress [J]. Food Chem Toxicol, 2007, 45（8）: 1410-1418.

③Chang Lien Yu, Wan Hsiao Ching, Lai Yu Lin, et al. Areca nut extracts increased the expression ofcyclooxygenase-2, prostaglandin E2 and interleukin-1a in human immune cells via Oxidative stress [J]. Arch Oral Biol, 2013, 58（10）: 1523-1531.

④Coussens L M, Werb Z. Innate inflammation and cancer [J]. Nature, 2002, 420（6917）860-867.

护，促进肿瘤发生的概率[1]。Chang 等[2]报道槟榔提取液能导致先天免疫反应中脂多糖的增多，抑制白细胞的恢复而影响免疫细胞的功能，而抽烟将进一步加重免疫细胞的功能损害。

五、槟榔与神经毒性

经大量毒理学实验表明，槟榔碱具有抗抑郁、兴奋 M—胆碱受体及拟副交感神经毒理的作用。中、高浓度的活性氧蔟（ROS）能通过大脑皮层中神经元细胞氧化应激反应诱导神经细胞凋亡甚至坏死。Shih 等[3]研究发现槟榔碱能通过氧化应激反应导致神经元细胞凋亡，$50\sim200\,\mu\text{mol/L}$ 槟榔碱能增加 ROS 诱导产生氧化应激反应和降低抗氧化能力，从而产生神经毒性，随着浓度不断升高，神经元细胞也不断凋亡，神经毒性作用增大。利用超氧化物歧化酶、NADPH 氧化酶抑制剂以及 Caspase—3 抑制剂可以阻止受槟榔碱诱导的细胞凋亡。

同时，他们还发现槟榔碱能破坏神经元细胞内氧化还原平衡效应，而其中的 ROS 是中枢神经疾病中起关键作用的一种活性物质[4]。另外，槟榔碱可对中央和自主神经系统产生影响，具有拟交感神经和拟胆碱反应，提高嚼用人群的兴奋程度、警觉性及反

---

①Theresa L, Whiteside, Edwin K J. Adenosine and prostaglandin E2 production by human inducible regulatory T cells in health and disease [J]. Front Immunol, 2013, 4（1）: 212-220.

②Chang Lien Yu, Lai Yu Lin, Yu Tzu Hsuan, et al. Effects of areca nut extract on lipopolysaccharides- enhanced adhesion and migration of human mononuclear leukocytes [J]. J Periodontol, 2014, 86（6）: 860-867.

③Shih Y T, Chen P S, Wu C H, et al.Arecoline, a major alkaloid of the areca nut, causes neurotoxicity through enhancement of oxidative stress and suppression of the antioxidant protective system [J].Free R adical Biology & Medicine, 2010, 49（10）: 1471 — 1479.

④Sorce S, Krause K H.NOX enzymes in the central nervous system: from signaling to disease. [J]. Antioxidants & R edox Signaling, 2009, 11（10）: 2481.

应能力等，与精神兴奋剂能激活或增强中枢神经系统活性等方面有类似作用[1]。同样，槟榔碱可以提高人的心率频次，Chiou S S等[2]通过测定 20 名健康成年人在咀嚼槟榔 5 min 后的心率，发现 5 min 后测试者的心率显著升高，随着咀嚼时间推移，测试者心率趋于平缓，表明咀嚼槟榔能对人体自主神经系统有一定的影响。Gilani 等[3]报道槟榔除了有兴奋拟胆碱的作用外，还具有抑制胆碱酯酶的作用，而胆碱酯酶能水解乙酰胆碱，对乙酰胆碱特异性增大。总之，槟榔碱对人体中枢神经系统和周围神经系统具有显著的影响，槟榔碱也是 M 受体激发物质，咀嚼槟榔能够导致人心率加快、面红耳赤，同时能够增加内源性促肾上腺皮质激素的释放，对中枢神经系统造成危害。

六、槟榔致癌流行病学研究

世界卫生组织的国际癌症研究机构（IARC）认定槟榔为一级致癌物[4]。据报道，全球每年新发30万~40万例口腔癌症（口腔癌或口咽癌）患者，其中22.8万例发在南亚和东南亚地区，占到58%，而这些地区居民大都有咀嚼槟榔或槟榔子的习俗。流行病学研究证实嚼槟榔与口腔癌有密切的关系[5]。有学者研究发现，嚼食槟榔的男性中，频率及持续时间与口腔癌前病变存在剂量–反应关系，每天嚼用10、11~20及

---

① Chu N S. Neurological aspects of areca and betel chewing [J]. Addiction Biology, 2002, 7（1）: 111 — 114.

② Chiou S S, Kuo C D.Effect of chewing a single betel — quid on autonomic nervous modulation in healthy young adults.[J].Journal of Psychopharmacology, 2008, 22（8）: 910—917.

③ Gilani A H, Ghayur M N, Saify Z S, et al. Presence of cholinomimetic and acetylcholinesterase inhibitory constituents in betel nut.[J].Life Sciences, 2004, 75（20）: 2377—2389.

④ IARC. IARC Monographs Programme Finds Betel-quid and Areca –nut Chewing Carcinogenic to Humans[EB/OL].（2013-08-07）[2016-03-24]. http://www.iarc.fr/en/media-centre/pr/2003/pr149.html.

⑤ 黄龙，翦新春. 槟榔致癌物质与口腔癌 [J]. 国际口腔医学杂志，2014，41（1）:102-107.

20块以上槟榔者患口腔黏膜白斑的危险分别是偶尔嚼用者的2.14、2.99、5.37倍[1]。现有研究表明，口腔癌的发生与嚼用槟榔及滞留时间成正相关。国内对875例口腔黏膜鳞癌患者吸烟、饮酒、咀嚼槟榔情况进行了回顾性分析，研究吸烟、饮酒、咀嚼槟榔与口腔黏膜鳞癌发病情况的关系。结果显示：研究中日吸烟量在1~20支占绝大多数（70.5%），吸烟年限在20年以上占68.5%，吸烟指数在400支/年以上占73.1%；日饮酒量在5两及以下占54.7%，饮酒年限在20年以上占62.1%，饮酒者口底部位构成比有所增高（P＜0.05）；槟榔咀嚼者发病部位构成比变化大（P＜0.05），尤以颊、舌最为明显；31~50岁年龄段构成比明显增高（P<0.05），平均年龄48.6岁，而非槟榔咀嚼者平均年龄56.0岁；同时有吸烟、饮酒、咀嚼槟榔习惯者平均年龄50.3岁[2]。结论为吸烟、饮酒、咀嚼槟榔对口腔黏膜鳞癌发病都有一定的影响。

研究显示，槟榔与荖花、烟草、石灰或酒精等多种成分协同致癌。

（1）荖花含黄樟素，文献报道0.04%的黄樟素即有致癌作用[3]，FDA将其作为明确的致癌物。

（2）烟草制品、被动吸烟、吸烟和烟草烟雾3项均为世界卫生组织国际癌症治疗机构公布的一类致癌物（混合物、暴露环境）。

（3）加石灰后槟榔中的多酚类化学物会产生新的致癌物。

（4）石灰可使槟榔碱水解，致癌性增强。

（5）常与槟榔同用的酒精饮料为世界卫生组织国际癌症治疗机构公布的一类致癌物。

（6）烟果槟榔为槟榔烟熏干制成，烟熏引入的焦油也为世界卫生组织国际癌症

[1]Hashibe M, Saxkaranarayanan R, Thomasq, et al. Alcohol drinking, body mass index and the risk of oral leukoplakia a in an Indian population [J].Int J Cancer, 2000, 88 (1) :129-134.

[2]唐彦丰.湖南省湘潭市城乡居民咀嚼槟榔和口腔黏膜下纤维 性变发病情况的抽样调查[D]. 中南大学, 2014.

[3]Hashibe M, Saxkaranarayanan R, Thomasq, et al. Alcohol drinking, body mass index and the risk of oral leukoplakia a in an Indian population [J].Int J Cancer, 2000, 88 (1) :129-134.

治疗机构公布的一类致癌物。

七、嚼用槟榔与药材槟榔差别

（一）嚼用槟榔与药用槟榔加工方法不一样

（1）嚼用槟榔加工。嚼用槟榔包括青果槟榔、烟果槟榔、台湾槟榔等。青果槟榔及台湾槟榔是鲜品。烟果槟榔是指槟榔鲜果在加工成槟榔干果的过程中，利用烟熏干槟榔的加工方法。

（2）槟榔及同基原药材炮制。槟榔：春末及秋初采收成熟果实，用水煮后，干燥，除去果皮，取出种子，干燥。饮片：除去杂质，浸泡，润透，切薄片，阴干。炒槟榔：取槟榔片，照清炒法（附录ⅡD）炒至微黄色。焦槟榔：取槟榔片，照清炒法（附录ⅡD）炒至焦黄色。大腹皮/大腹毛：冬季至次春采收未成熟的果实，煮后干燥，纵剖两瓣，剥取果皮，习称大腹皮；春末至秋初采收成熟果实，煮后干燥，剥取果皮，打松，晒干，习称大腹毛。饮片：去除杂质，洗净，切段，干燥。枣槟榔：秋季采下未成熟的果实，熏干或加水煮后烘干。炮制：去净杂质敲裂，剥去果壳，取仁，捣碎。

（二）嚼用槟榔与药用槟榔使用方法不一样

（1）嚼用槟榔直接口嚼，药用槟榔作为汤药煎煮服用，制成成药时多经提取。

（2）基础研究文献显示，槟榔碱口腔给药的癌变概率作用大于腹腔注射。

（3）流行病学研究报道，嚼用槟榔经烟熏制，或与石灰、蓍花、烟草等同时使用，多种致癌成分共同作用，增加致癌风险。

（三）嚼用槟榔及药用槟榔使用量不同

萧福元等[1]调查研究发现，90%以上的嚼用槟榔者每日用量在1粒以上，34.5%日用量超过10粒。日咀嚼槟榔的数量分布：日咀嚼槟榔数量的中位数为23.2g，四

---

[1] 萧福元，袁晟，桂卓嘉，等. 湖南地区食用槟榔流行病学研究 [J]. 实用预防医学，2011，18（7）:1218-1222.

分位数间距为18.5g，其中城区居民日咀嚼槟榔数量的中位数为23.6 g，四分位数间距为19.0 g，乡村居民日咀嚼槟榔数量的中位数为22.8 g，四分位数间距为17.3 g。药用常用剂量为3~10 g。嚼用量多超过药用量。

第六节　嚼用槟榔的产品研究趋势

槟榔自被世界卫生组织国际癌症研发机构认定为一级致癌物后，槟榔的质量与安全受到广泛关注。关于槟榔有害方面的研究主要集中在槟榔果壳粗纤维对口腔黏膜、牙齿等造成机械磨损；槟榔提取物引起口腔黏膜纤维化、生殖毒性、免疫破坏、泌尿系统损伤、致癌、致突变；嚼用槟榔所添加的各类辅料及各成分之间经化学反应产生的物质致癌等方面。其中，研究较多的是槟榔主要成分之一的槟榔碱。槟榔碱是第四大最常用的人类精神活性物质[1]，既有抗菌、抗病毒、抗衰老、降低胆固醇、抗肿瘤、抗血栓、促消化的作用，可用于阿尔茨海默病和精神分裂症的治疗，也会影响内分泌和性腺功能，降低颊膜成纤维细胞中谷胱甘肽硫转移酶活性，诱导促炎因子的产生，损伤DNA、RNA，刺激分泌合成过量睾酮等。研究显示[2]，只有当槟榔碱含量达到一定浓度以后才会产生各种生理效应，且存在剂量依赖关系。如中高浓度槟榔碱（2 mg/mL和8 mg/mL）处理小鼠16周可导致其出现口腔黏膜下纤维化病理特征，槟榔仁压榨原液干物质对小鼠经口的半数致死量为1.349 g/kg，槟榔水提物3.75 g/kg可显著降低小鼠精子数量并增加小鼠精子畸形率。

虽然国内外对槟榔中槟榔碱含量的变化研究较多，干重范围在2~10 mg/g，但鲜见针对嚼用槟榔产品加工过程、槟榔产品贮藏期间、不同前处理加工方式对槟

---

[1]VOLGIN A D, BASHIRZADE A, AMSTISLAVSKAYA T G, et al. DARK classics in chemical neuroscience: Arecoline[J]. ACS Chem Neurosci, 2019, 10（5）: 2176-2185.

[2]袁河，肖晓义，康志娇，等. 槟榔中槟榔碱含量的不确定度评定[J]. 农产品加工，2019（2）: 62-65.

椰中槟榔碱含量变化的研究报道。对国内嚼用槟榔的了解多局限于其对口腔的损伤，关注于槟榔碱的毒理性，也未有相关法规规定槟榔碱等致癌物成分的限量标准。对此，试验从嚼用槟榔产品加工生产的实际情况出发，研究槟榔碱在加工及贮藏过程中的含量变化，比较不同前处理方式对槟榔碱含量的影响作为嚼用槟榔加工原料的槟榔干果，其贮藏一年与当年产经加工成品后可使槟榔碱含量分别降低21.51%和31.25%。于冻库贮藏一年的槟榔干果与当年产槟榔干果在加工及成品贮藏过程中的整体变化趋势有明显差异。对于贮藏一年的干果，槟榔碱随加工处理及贮藏时间的延长而逐步降低，在碱性卤水的作用下可出现轻微回升；当年产干果在加工过程中槟榔碱含量呈先降低后升高再降低的波动性变化，其中在蒸汽爆破及贮藏14 d时回升最明显。贮藏一年与当年产干果加工及成品贮藏的变化差异可能与槟榔干果冷冻贮藏期间内部结构和子质变化有关，具体待后续研究确认。泡子对槟榔碱含量变化的影响较大，其影响槟榔碱含量的升高或降低取决于泡子液中的成分及子水比，在子水比1∶2（g/mL）情况下，加纯碱或复合纤维素酶泡子会使槟榔中槟榔碱出现上升，可能与其有利于槟榔中槟榔碱结合盐对槟榔碱的释放有关，清水泡子则会导致槟榔碱含量的下降，相较而言，80 ℃烤发制子对槟榔碱含量的影响不明显。在前处理加工阶段，蒸汽蒸子可降低槟榔碱含量，蒸汽爆破会使槟榔碱含量升高。为此，在槟榔生产加工过程中，槟榔加工工艺的合理选择对槟榔碱含量的影响至关重要。

第七节　嚼用槟榔法律法规

在全球四大精神性消耗品中，烟、酒、咖啡为大众所熟知，但槟榔这一略显"小众"的物品最近才逐渐走进媒体和大众的关注视野。2013 年 4 月 25 日，《每日经济新闻》一篇名为《汉森制药四磨汤含一级致癌物槟榔为婴幼儿广泛用药》的报道，指出槟榔在2003 年被世界卫生组织认定为一级致癌物，其后，2013 年7 月23日，《科技日报》报道指出咀嚼槟榔容易导致口腔癌，从此掀起媒体和公众对槟榔安全性的关注。尤其是2018 年4 月14 日，中南大学湘雅医学院网站发文称："在口腔颌面外科46病室，现50位住院患者有45人患口腔癌，其中44人有长期、大量咀嚼槟榔病史。"[①]再次触动公众对槟榔关注的神经。人们对槟榔的使用，可分为药用槟榔和嚼用槟榔两类。其中，嚼用槟榔又可具体分为嚼用鲜槟榔和嚼用干槟榔两类。关于药用槟榔安全性的争议较小，但近年来媒体不断报道长期嚼用槟榔易患口腔癌，使公众不得不从医学和健康的角度去重新审视槟榔。

迄今为止，我国有关机关所制定的关于嚼用槟榔行业的管理规范，尚无全国范围适用的国家标准，有两个地方标准：湖南省地方标准和海南省地方标准。而这两个标准存在制定主体层级低、适用范围受局限、规范内容覆盖面有限等问题，有必要制定新的规范性文件。就新制定规范的层级而言，不宜确定为地方政府规章和其他规范性文件，这是由嚼用槟榔无法在法制层面被认定为"食品"决定的。《中华人民共和国食品安全法》第29条规定："对地方特色食品，没有食品安全国家标准的，省、自治区、直辖市人民政府卫生行政部门可以制定并公布食品安全地方标准，报国务院卫生行政部门备案。食品安全国家标准制定后，该地方标准即行废止。"以湖南省为例，根据《中华人民共和国食品安全法》出台之前的法律法规，嚼用槟榔的生产由质量监督管理部门管理，据此，湖南省质量监督管理局有权为嚼用槟榔的生产制定地方标准，也事实上制定了此标准。《中华人民共和国食品安全法》出台后，针对嚼用槟榔的管理主体不再是质量监督管理部门，那么，似乎湖南省卫健委有权对嚼用槟榔的生产制定新的地方标准。然而，湖南省卫健委为嚼用槟榔的生产制定地方标准的前提是，嚼用槟榔应被认定为"食品"，否则根据依法行政原则，湖南省卫健委无法制定此标准。现在的问题是，嚼用槟榔能否被认定为食品。从事实角度而言，我国群众嚼用槟榔具有悠久的历史基础，当前槟榔制品在市场上大行其道并被群众广泛嚼用已是不争事实。尤其是在湖南省，槟榔的嚼用甚至成为根深蒂固的社会习俗，受众面甚广。但根据我国《中华人民共和国食品安全法》对"食品安全"的定义，嚼用槟榔必须满足"无毒、无害，符合应当有的营养要求，对人体健康不造成任何急性、亚急性或者慢性危害"的特征，才能被认定为食品。嚼用槟榔在医学上被公认的人体健康危害性，决定其无法被认定为食品。正是基于此原

[①] 高兴.嚼槟榔与口腔癌湖南现场调研会在湘雅医院召开[EB/OL].http://www.xiangya.com.cn/web/Content.aspx?chn= 284&id=39874，2018-05-04.

因，如果由湖南省卫计委将嚼用槟榔认定为食品，并根据《中华人民共和国食品安全法》相关规定对嚼用槟榔进行相应的食品安全风险评估和制定地方标准，并无法律依据。

从当前我国嚼用槟榔行业的客观处境来看，在全国范围内彻底禁止槟榔的生产、销售、嚼用并不现实，而对嚼用槟榔进行严控下的疏导，既刻不容缓，又现实可行。这种疏导方式可从法治角度进行，由我国商务部制定强制性的国家标准，对嚼用槟榔的生产、销售、宣传等方面进行详尽细致的规定，以此来尽最大努力降低嚼用槟榔对我国公民身体健康的损害。

第八节　嚼用槟榔产业市场与开发展望

一、世界槟榔的产业发展状况

（一）全球槟榔收获面积不断增长，进入20世纪第一个10年增速加快

根据联合国粮农组织（FAO）发布的数据，全球槟榔收获面积逐渐增长，1961年全球槟榔收获面积450.8万亩，到2013年达到1446.4万亩，增长了3.2倍，每10年平均增速为26.6%，增速最快的10年是20世纪第一个10年，增速达到59.5%（图5-1）。

图5-1　1961—2013年全球槟榔收获面积

（二）全球槟榔总产量增长迅速

与收获面积的增长情况相同，全球槟榔产量也呈现逐年增长趋势，1961年总产量为21.4万t，到2013年达到144.7万t，增长了6.7倍，每10年平均增速为45.4%，增速最快的时期是20世纪80年代，增速达到86.3%（图5-2）。

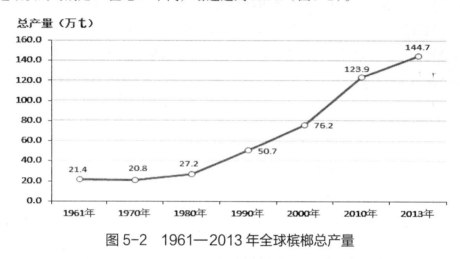

图 5-2　1961—2013 年全球槟榔总产量

（三）全球槟榔收获面积约1500万亩，印度占半壁江山

2013年全球槟榔收获面积约合计1500.0万亩，印度槟榔产量最多，占全球槟榔收获面积近一半，收获面积669.0万亩。其次是孟加拉国和印度尼西亚，收获面积均为200.0多万亩。中国居第四位，收获面积90.2多万亩。槟榔种植面积较大的还有缅甸、泰国、斯里兰卡、不丹等。　从表5—6、图5—3各国的收获面积的变化情况来看，除了中国增长趋势明显之外，其他各国的槟榔收获面积比较稳定，几年内变化不大，全球槟榔种植格局基本形成。数据来源主要是联合国粮食与农业组织的统计数据，若缺失某个国家的数据，并不代表该国家没有槟榔，只是由于数据缺失未列入分析的范围。

表 5-6　世界槟榔收获面积

单位：万亩

	2009 年	2010 年	2011 年	2012 年	2013 年
印度	580.7	600.2	600.2	696.0	669.0
孟加拉	264.5	267.9	273.6	345.0	247.5
印度尼西亚	216.3	219.0	222.8	214.8	215.9
中国	54.1	59.1	72.3	82.1	90.2

	2009 年	2010 年	2011 年	2012 年	2013 年
缅甸	81.9	82.5	84.0	84.8	84.5
泰国	36.0	35.0	26.7	36.0	27.0
斯里兰卡	21.3	22.6	23.5	23.9	24.5
不丹	9.6	10.9	14.6	15.0	15.0
尼泊尔	3.1	3.4	4.0	5.2	5.2
马来西亚	1.0	1.0	0.5	0.3	0.6
合计	1340.9	1370.3	1391.1	1571.4	1446.5

数据来源：FAO（联合国粮食与农业组织）统计数据，缺失越南等的数据（以下同）。

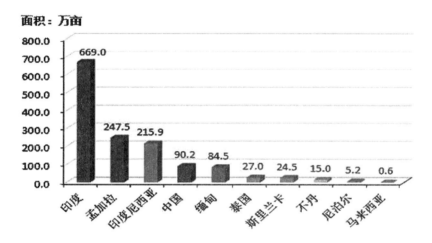

图 5-3　2013 年世界各国槟榔收获面积

（四）全球槟榔年产量约150万t，中国的槟榔产量稳定增长

2013年，全球槟榔产量145万t（为不完全统计数据，加上部分数据缺失的数据，实际产量超过150万t），印度的产量最大，60.9万t，其次是中国，22.333万t。年产量超过10万t国家有印度尼西亚、缅甸和孟加拉（表5-7）。

表 5-7　世界各国槟榔总产量

单位：吨

	2009 年	2010 年	2011 年	2012 年	2013 年
印度	481300	478000	478000	681000	609000
中国	143557	152105	169163	198122	223330
印度尼西亚	177000	184300	183100	180000	181000
缅甸	115800	118000	120000	121000	119500
孟加拉	105448	91681	105953	136000	101000

	2009 年	2010 年	2011 年	2012 年	2013 年
斯里兰卡	27860	29880	31600	37700	38742
泰国	41000	40649	30000	41000	30000
尼泊尔	3977	4266	7620	9188	11560
不丹	6375	7280	9781	10500	10500
马来西亚	618	650	640	338	705
肯尼亚	97	92	110	112	115
合计	1245668	1238640	1265283	1539051	1447452

从 5 年的数据来看，全球总产量在 2009 年至 2011 年比较平稳（125 万 t 左右），在 2012 年有大幅度增长（增至 154 万 t），在 2013 年则有所回落（降至 148 万 t）。中国槟榔产量则呈现持续增长势头，从 2009 年的 14.3557 万吨持续增长至 2013 年的 22.333 万 t，这与中国的种植面积和收获面积逐年增加有关。

（五）世界各国槟榔亩产差异大，中国槟榔亩产最高，每亩250kg左右

随着槟榔种植面积的逐渐饱和，提高单产将是产业保持增长的关键。在传统观念里，槟榔是懒汉作物，长期处于粗放种植管理模式，全球槟榔平均亩产约100kg，各国槟榔亩产差异大，见表5-8、图5-4。中国的亩产最高，平均每亩产量在250kg左右，亩产比较稳定；其次是尼泊尔，该国槟榔亩产呈现明显的增长趋势，从2009年的约126kg增长到2013年的约223kg；斯里兰卡的亩产也相对较高；孟加拉国的亩产最低，在40kg左右；亩产较低的还有印度尼西亚、印度、不丹等国，均不到100kg。

表 5-8　世界各国槟榔亩产

单位：kg/ 亩

	2009 年	2010 年	2011 年	2012 年	2013 年
中国	265.2	257.4	234.0	241.5	247.5
尼泊尔	126.4	125.6	188.3	177.1	223.1
斯里兰卡	130.6	132.1	134.7	158.0	158.0
缅甸	141.4	143.1	142.9	142.8	141.5
马来西亚	64.1	63.8	125.1	101.5	125.0
泰国	113.9	116.2	112.2	113.9	111.1
印度	82.9	159.3	79.7	97.9	91.1
印度尼西亚	81.9	79.7	82.2	83.8	83.9
不丹	66.7	66.7	67.3	70.0	70.0
马尔代夫	85.7	80.0	66.7	66.7	66.7
孟加拉	39.9	34.2	38.8	39.4	40.8

单位：公斤/亩

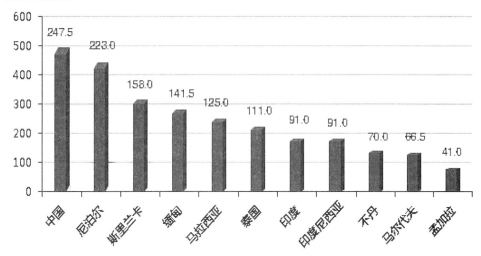

图 5-4 2013 年世界各国槟榔亩产

槟榔的产量与气候等自然条件有较大关系，也与槟榔的种植管理技术、管理方式、生产投入有关。槟榔理论上的单株产量可达20—30kg，大田种植的槟榔，按照目前的种植管理技术水平，可达到每亩250kg左右。在中国海南乐东和三亚等地，没有技术支持的情况下，普通农户种植的槟榔园，管理到位，水、肥投入充足，重视病虫害防治，目前已经达到亩产250kg的水平。可见，槟榔产业在亩产方面还有很大的提升空间，槟榔种植技术研究，可重点放在槟榔病虫害防治、槟榔黄化病防治、槟榔高产栽培管理和槟榔果品质提升等方面。

（六）印尼是主要槟榔出口国，巴基斯坦是主要槟榔进口国

全球槟榔贸易不发达，进出口量占产量的10%左右。2007年，槟榔总产量115.2万t，进口总额7.66万t，出口总额18.17万t，分别占总产量的6.65%和15.77%。印度尼西亚是最大的槟榔出口国，2007年槟榔出口量为14.78万t，约占当年世界槟榔出口总量的93.73%，其次是孟加拉国，出口量为0.55万t，约占当年世界槟榔出口总量的3.47%。巴基斯坦是世界上最大的槟榔进口国，2007年的进口量为5.66万t，约占当年世界槟榔进口总量的73.89%；其次是尼泊尔，进口量为1.61万t，约占当年世界槟榔进口总量的21.02%（表5-9）。

表5-9　1977—2007年世界槟榔产销概况

年份 / 年	产量 / 万t	进口 / 万t	进口比例 /%	出口 / 万t	出口比例 /%
1997	66.6	4.31	6.47	5.39	8.09
1998	73.8	4.65	6.30	7.05	9.55
1999	73.1	4.78	6.54	5.73	7.84
2000	76.2	5.77	7.57	6.17	8.10
2001	80.9	8.71	10.77	5.50	6.80
2002	88.3	8.00	9.06	6.31	7.15
2003	92.9	7.84	8.44	4.87	5.24
2004	97.8	7.86	8.04	17.61	18.01
2005	102.0	9.68	9.49	16.62	16.29
2006	110.0	8.46	7.69	20.68	18.80
2007	115.2	7.66	6.65	18.17	15.77

二、中国槟榔产业发展概况

（一）中国槟榔行业发展历程回顾

槟榔原产于马来西亚，中国主要分布在海南及台湾等热带地区。亚洲热带地区广泛栽培。

槟榔进入我国的时间是在西汉时期，之后快速在全国推广，在各类古籍如《上林赋》《新唐书》《明史》中均有记载，槟榔的作用也有多种，如作为贡品、当作嫁妆、作为仪仗、记录文字等。

（二）中国槟榔行业发展特点分析

1.中国槟榔市场主要集中在湖南和海南

据资料显示，我国槟榔产业近年来发展迅速，产值已经超过400亿元，其中湖南

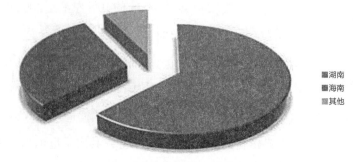

图5-5　2018年中国槟榔行业市场分布

和海南两省是我国槟榔产业的主要市场，市场份额占比超过80%（图5-5）。

2.我国槟榔产业自给自足

虽然槟榔是热带植物，但我国槟榔行业基本实现自给自足，海南等地区的槟榔产量足够满足国内需求，近年来我国槟榔产量保持稳定增长态势，2018年我国槟榔产量已经达到150万t以上（图5-6）。

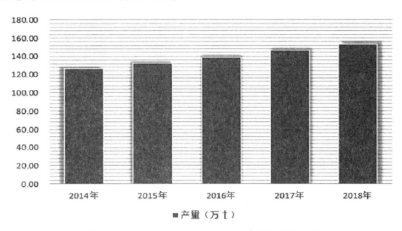

图5-6　2014—2018年中国槟榔产量

3.我国槟榔进出口规模较小

相比国内的供需市场，我国槟榔进出口规模较小，进口量只有数百t左右，而出口量只有十几t的水平（图5-7）。

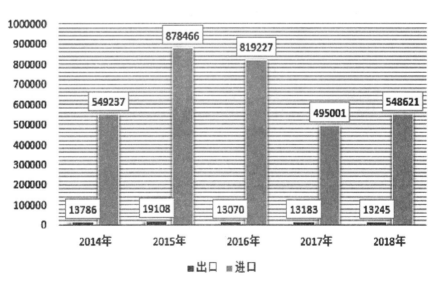

图5-7　2014—2018年中国槟榔果进出口数量（kg）

（三）中国槟榔行业市场规模分析

我国槟榔行业的市场规模主要是指口嚼槟榔食品行业的市场规模，目前没有具体的市场数据，根据观研天下机构的分析，以市场龙头口味王为研究对象，估算如下。口味王高端品牌和成天下3年销售量为2.0亿包，按三年销量分别为0.4亿包、0.6亿包和1.0亿包计算，则每年的销售额为8、12、20亿元。因此可以计算出我国槟榔行业的市场规模约为66.7、80.0、111.1亿元（表5–10、图5–8）。

表5—10　中国槟榔行业市场规模估算

年份	和成天下销量/亿包	单价/元	和成天下销售额/亿元	市场份额	市场规模/亿元
2015年	0.4	20	8	0.12	66.7
2016年	0.6	20	12	0.15	80.0
2017年	1.0	20	20	0.18	111.1

注：按40%的增长速度计算，2018年我国槟榔行业的市场规模估计已经达到155亿元。

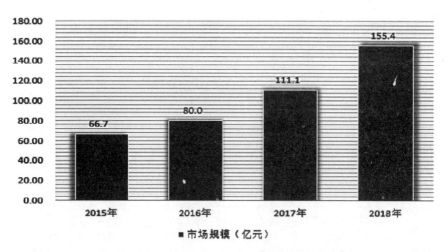

图5-8　2015—2018年中国槟榔行业市场规模

（四）中国槟榔行业消费市场动态分析

1.槟榔产业端

我国槟榔产业主要在海南种植，其占了全国槟榔种植面的95%以上，2018年海南种植面积达到了 104000hm²。其中，海南种植的槟榔原果绝大多数被湖南的槟榔厂商给收购。以 2018 年为例，湖南口味王集团收购了海南全年 70% 左右的原果，其余的被胖哥、皇爷等拿下（图5-9）。

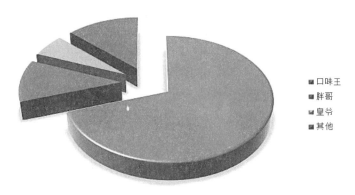

图 5-9　产业链端的企业槟榔收购占比

2.零售端

2018年我国槟榔产业规模超过300亿元，其零售端以口味王槟榔的市占率最高，其产品其市场占有率为行业第二的两倍。特别是口味王旗下发布的高端槟榔产品——和成天下槟榔，15元款市占份额达到了 65%，20元款市占份额达到了 75%，30 元款达到了95%，2018 年新发布的50元款，市场占有率为100%，还未有其他企业进行竞争。 近年来，我国槟榔产业随着经济的发展，逐步走向了高端的市场，从市场消费的情况来看，消费者也越来越倾向于中高端的产品。市场调查显示，有42% 左右的消费者认为槟榔的定价在 10~15 元，35% 左右的人群希望槟榔定价在15~20 元，希望在 10 元以下和 20 元以上的消费者占比都较少，说明消费者开始比较倾向于中高端的产品，而低端产品则被市场淘汰（图5-10）。

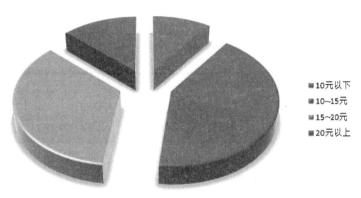

图 5-10　消费者对槟榔价格的期望定价

（五）中国槟榔行业成本分析

槟榔产业中，槟榔原果的成本是占比最高的一项，其占比超过70%，其次是人工成本和香精香料成本，其他还包括运输、水电等成本（图5-11）。

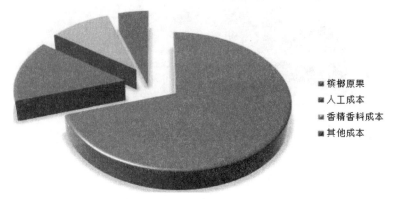

图5-11　槟榔产业成本占比

在零售端，槟榔产业的成本还需要加上渠道铺设成本和促销成本，其成本的比例相应提升。

（六）中国槟榔行业价格现状分析

从价格来看，受到槟榔产业的持续加大，槟榔鲜果的收购加价水涨船高，2013年原果价格仅为1.25元/kg，到2018年收购价格达到了5.25元/kg，甚至还有上涨的趋势（图5-12）。

图5-12　2013—2018年槟榔鲜果收购价格

通过鲜果的价格，可以估算出槟榔原果的成本价格，一般2kg槟榔鲜果通过烤干加工后能得到0.5kg槟榔原果，按照15.25元/kg的新鲜果和平均加工费用，大概槟榔原果成本价格在25元/kg左右。一般1kg槟榔干果企业切成440片零售端的槟榔，可以制造成20包零售包装的槟榔，市场价格在10元、15元、20元的产品占据到了槟榔全部产品80%以上的市场。

（七）中国槟榔行业企业集中度分析

槟榔，生于海南，却在湖南备受欢迎。许多年前，湖南槟榔基本以散装或售价1元、2元的小包装为主，多为家庭式小作坊制作而成，在经过多年发展后，

如今湖南的槟榔行业品牌数量快速增长，市场竞争也日趋白热化。一份《关于停止广告宣传的通知》由湖南省槟榔食品行业协会下发，通知要求湖南所有槟榔生产企业从3月7日起停止国内全部广告宣传，且此项工作必须在3月15日前全部完成。如企业未按要求落实相关工作任务，市场监管部门将取证并采取相应措施。 众所周知，海南是我国槟榔生产的最大基地，每年的槟榔产量能达到全国90%以上。当前我国槟榔产业链基本已经形成了海南种植、湖南深加工的格局，而槟榔的消费群体也大多集中在湖南，不过随着多年来的不断人口迁移和发展，湖南的槟榔大有向全国进军的趋势，比如口味王槟榔就已经在海南落户（图5-13）。

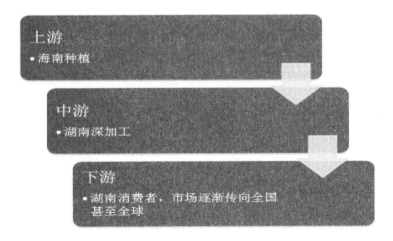

上游
• 海南种植

中游
• 湖南深加工

下游
• 湖南消费者，市场逐渐传向全国甚至全球

图 5-13　槟榔相关产业链条

槟榔作为一种传统地域性食品，来源于海南，兴盛自湘潭，嚼用槟榔在湘潭已有400年的历史。如今，小小槟榔果已从湘潭传统地方特色食品发展成为湖南食品工业

的龙头和支柱，成为湘潭的一张名片，发展成一个市场广阔的巨大产业（图5-14）。

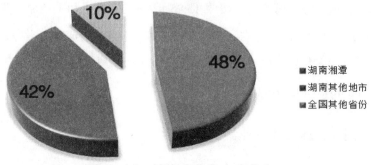

图 5-14　槟榔企业集中度分布

（八）中国槟榔行业市场机会分析

近年来，槟榔行业经历了快速的发展，槟榔从海南、广东、湖南等地逐步走向了国内的各个市场，湖北、安徽、河南等地逐步成为槟榔消费的主力省份之一，我国的槟榔市场接受度不断提高。

相较于湖南、海南等槟榔的传统消费区域来看，在新兴消费市场的槟榔行业的竞争相对较低，品牌认可度相对较高，因此槟榔企业在保持传统市场的占有率的同时，更应该重视新兴市场的潜力。

（九）中国槟榔行业发展趋势预测

从我国的槟榔产业发展来看，我国的槟榔产业逐步从鲜果到干果，再到干果深加工。目前，槟榔深加工产品层出不穷，除去传统的加工技艺产品以外，例如枸杞槟榔等创新产品也不断出现，在价格方面，槟榔深加工产品的价格也从 5 元/袋逐步上涨，到目前15~20 元的槟榔产品不断出现，槟榔产品逐步高端化的趋势越来越明显（图5-15、图5-16）。

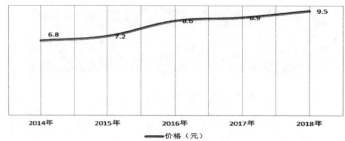

图 5-15　2014—2018 年我国槟榔产品平均价格走势

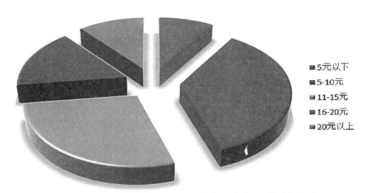

图 5-16　2018 年我国槟榔细分产品价格分布

（十）中国槟榔行业市场规模预测

　　由于近年来槟榔致癌等负面消息的影响，槟榔的市场增速出现一定的下降，目前国内各科研单位越来越注重提高槟榔产品的质量和品位等关键技术的研究，随着研究的深入，槟榔果实中含有丰富的生物碱、鞣质、槟榔红色素等成分的有益作用逐步被消费者所了解，槟榔企业开发高附加值的药品、美容品、保健品和日用品等技术含量较高的槟榔深加工产品，提高槟榔产品的附加值，开拓槟榔产业新的消费领域和消费群体，未来槟榔产业将出现新的增长动力（图5-17）。

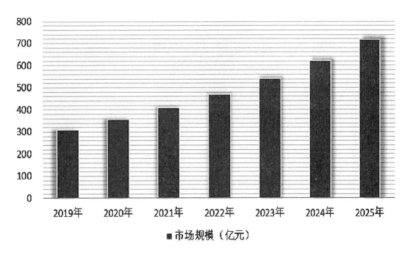

■市场规模（亿元）

图 5-17　2019—2025 年我国槟榔产品市场规模预测

（十一）中国槟榔行业产值规模预测

　　目前，我国的槟榔鲜果主要产自海南，深加工 95% 左右在湖南，海南和湖南成为我国槟榔产业的主力，海南省2018年种植槟榔面积162万亩，收获面积约110万亩，同比每年10%的增长速度。2018年底，海南共建成绿色环保槟榔烘干生产线约360条、烘干炉9200台左右。2018年槟榔总产鲜果约150多万t，随着万宁、琼海、定安等10个槟榔种植面积产量较大的市县种植规模的不断提升，我国鲜槟榔产值将快速增长。

近年来我国干槟榔加工产业规模都在百亿规模以上，年增速实现了15%左右的增长，未来随着槟榔深加工产品附加值的提高，槟榔深加工产品的产值将进一步提升（图5-18）。

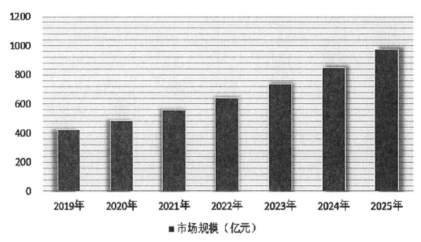

图5-18 2019—2025年我国槟榔行业产值规模预测

三、海南省槟榔产业发展概况

海南槟榔是继橡胶后种植面积占比第二的热带经济作物。槟榔除了食品嚼用属性外，还是中国重要的南药资源之一，经济价值很高，被列为四大南药（槟榔、砂仁、益智仁和巴戟天）之首，其果实、种子、果皮、花均可入药。

海南气候温和，雨量丰沛，阳光充足，非常适宜槟榔种植，且产量高、质地优、价格好，农民种植积极性高。槟榔种植成为海南农民发家致富的优选产业，是海南省东部、中部和南部山区200多万农民主要的经济来源之一。同时，与东南亚及其他地区相比，海南槟榔不仅肉质厚，纤维细小、柔软，耐咀嚼，口感佳，生物碱含量也更高。而且，随着深加工技术的不断开发，海南槟榔品质的优势愈发明显。

槟榔在海南各地皆可种植，经过多年的产业布局和结构调整，海南槟榔种植优势区域凸显，主要集中在琼海、万宁、屯昌、三亚、定安等南部和中部地区，实现海南槟榔种植由零星分散向规模化转变。

2014—2019年海南省槟榔种植面积逐年增加。2018年海南省种植面积为10.995万hm^2，其中新种植面积为0.79万hm^2；2019年海南省种植面积为11.517万hm^2，其中新种植面积为0.556万hm^2。

目前，中国已跃升为世界槟榔第二大生产国，而其产量的95%以上都来自海南。2019年海南槟榔收获面积为8.332万hm^2，较2018年增加了0.477万hm^2；2019年海南槟榔产量为28.7万t，较2018年增加了1.48万t。

琼海市槟榔产量居海南省首位，2019年琼海市槟榔收获面积为13903hm^2，产量为45074t；万宁市槟榔收获面积为14718hm^2，产量为44858t；屯昌县槟榔收获面积为9267hm^2，产量为26267t（表5-11）。

表5-11　2019年海南各地区槟榔种植情况

地区	收获面积（hm^2）	产量（t）
琼海市	13903	45074
万宁市	14718	44858
屯昌县	9267	26267
三亚市	5289	25356
定安县	6634	25185
琼中县	8459	24244
保亭县	5157	22260
澄迈县	3884	18639
乐东县	4522	16491
陵水县	3587	10462
文昌市	2383	10411
五指山市	2345	8082
海口市	2027	4999
白沙县	485	2433
儋州市	318	1373
东方市	327	879
临高县	6	98
昌江县	7	4

为促进海南槟榔产业健康持续发展，应加大槟榔综合利用和深加工研发力度，

使槟榔产品更科学、更卫生、更安全；积极开拓槟榔高端消费市场，增加产业附加值、延长产业链。槟榔位居中国四大南药之首，药用研发价值潜力巨大，要加强对槟榔有效成分的提取，以及对槟榔药用和嚼用等的综合利用研究，开发药品、保健品、美容品和日用品等系列技术含量高的槟榔深加工产品，积极引领海南槟榔产业走上良性发展道路。

四、湖南省槟榔产业发展概况

湖南槟榔加工业主要集中在湘潭地区，湘潭虽然不能种植槟榔，但槟榔加工是出了名的，而且湖南湘潭人很会吃槟榔，促使湘潭成为中国槟榔的主要加工基地。在槟榔300多年的发展历史中，湘潭槟榔经历了由初级的、分散的、小打小闹，向高级的、集中的、规模的发展过程，大体可分为3个阶段。

第一阶段是1949年至20世纪70年代，湘潭槟榔加工为传统的作坊式生产，全市加工、经营者不上百户。

第二阶段是1980—1991年，湘潭槟榔在改革开放的推动下取得了突破性的大发展，全市槟榔加工、经营者发展到4000余户，年销售槟榔达700余t，销售金额达5000万元左右；

第三阶段是从1992年至今，是湘潭槟榔的腾飞时期，这个时期的湘潭槟榔无论是质量、品种、包装、销售、市场等方面都实现了很大突破，实现了规模化、产业化、现代化经营。湘潭槟榔经过数百年的逐步发展，目前在湘潭的经济发展中已经占据重要位置。

湘潭槟榔以劲大、醉人、口感好而闻名遐迩。早先的湘潭槟榔，只是单纯用石灰加糖熬成卤料，涂在切开的槟榔表面制成简单的"石灰槟榔"。后来则出现了"改良槟榔"，即在卤料里已经添加上了桂子油、薄荷油之类的香料。而如今，湖南湘潭地区的槟榔加工企业以精选槟榔干果为主要原料，配以特制卤水、饴糖、食用香精香料等配料，经过选料、清洗、发酵（泡发）、干燥、分切、点料等九道工序加工而成，槟榔产品的品种逐年增加，市面上出现了多种口味的新潮槟榔，满足了不同人群的口味需求。

湘潭槟榔加工起初只是以家庭小作坊为主的加工生产，设备极其简陋，后来随着槟榔市场的发展，很快涌现出了一批有实力的经营大户，逐步形成了规模经营。目前，一家一户的小门店加工经营已经基本被淘汰掉，100人以上的企业生产的槟榔约占总产值的99%，而胖哥、皇爷、小龙王、宾之郎等名牌龙头企业的产品约占总销量的90%。湘潭胖哥槟榔加工厂是由家庭作坊到规模生产的一个典型。早在1985年，胖哥主人王继业与妻子靠120元起家，在电工路摆摊卖槟榔，当时的5kg槟榔还是从别人那里借来的。在摆摊中尝到甜头的王继业在20世纪90年代初开始扩大规模办厂，经营规模越来越大，组建了湖南胖哥食品有限责任公司，目前占地面积200多亩，已拥有职工1000多人。而先前在长沙实行前店后厂经营的皇爷槟榔，组建了湘潭市皇爷槟榔食品有限公司，目前拥有职工1000多人，日生产能力可达180万包，年产值超亿元，不仅在海南投资兴建了三亚赛克食品有限公司，还成立了槟榔产业第一个槟榔产品技术研究所湘潭市皇爷槟榔产品技术研究所，拥有专业的检测、分析仪器，聘请、引进了专业技术人员进行新产品的设计、开发及生产工艺的改进、提高。

湖南槟榔产业发展迅猛，与当地政府的积极扶持分不开。湖南湘潭政府的产业政策扶持对推动其槟榔产业的发展发挥着巨大的作用。早在1996年底，湘潭市政府就召集全市30多位槟榔业主共商槟榔食品发展大计。同时，湘潭市政府食品办公室还正式起草了《湘潭槟榔概述以及发展设想》。1998年6月，经过两年多的筹备，湖南省槟榔食品行业协会宣告成立，并于当年制定了湖南省嚼用槟榔地方标准。1999年6月，湖南省槟榔食品标准正式颁布实施，使槟榔食品质量有章可循，也为发展规模经济提供了法律保护。20世纪90年代中期以后，湖南槟榔加工业以海南槟榔为原料，迅速走上产业化发展道路。2004年9月，湖南调整了湖南槟榔食品行业标准，再次提高行业标准，淘汰了近三成的槟榔小作坊和小企业，优化了槟榔产业健康发展的环境。同时，湖南加强市场监管，严厉打击假劣产品，积极引导企业开展质量体系认证、创建名牌产品，并于2004年上半年成立湖南省槟榔食品质量监督检测中心，不仅对嚼用槟榔、槟榔原果及食品添加剂进行质量监督抽查、质量咨询和技术服务，还针对槟榔企业发展过程中存在的问题，每年定期举办食品甜味剂、防腐剂专业讲座，促使槟榔产品质量逐年提升。数据显示，槟榔食品市场监督抽检的合格率从1999年的48%上升到2005年的85%，高于普通食品的合格率。通过标准的实施、市场的监管，湘潭槟榔形成了优胜劣汰的良好竞争态势。湖南槟榔产业的蓬勃发展得益于标准化管理和规范化生产。

据统计，近年湖南槟榔加工业的产值以年均20%的速度增长。2008年底湖南省正规槟榔加工企业1000多家，直接和间接从业人员30万人，实现工业产值达50亿元。湖南槟榔产品不仅风靡湖南各地，还打进上海、武汉、广州、深圳等地，甚至返销海南。人们很难想象，延续了300多年的以家庭作坊、地摊小卖为特征的湖南槟榔业，在近十多年的时间里，通过收购海南的槟榔原料从事槟榔产品加工、包装、销售，迅速发展成为一个拥有相当规模的新兴产业，培育出小龙王、宾之郎、皇爷等年产值超过亿元、通过一系列国际质量认证的一批龙头企业。湖南槟榔产业的兴起发展极大地带动了上游槟榔种植业的发展，并带动了添加剂、包装、运输物流等其他相关产业的发展，成为湖南颇具特色的朝阳产业。

五、台湾省槟榔产业发展概况

在台湾，槟榔被纳入果树类，是种植面积最大又最具特色的水果，全省均有种植，主要分布在中南部山坡地，以屏东、嘉义、南投、花道、台东等地为多，在台湾号称"绿宝石"。

在台湾，槟榔最早是由荷兰人从东南亚引进，栽培历史远比海南晚得多，但20世纪五六十年代，台湾方面将核榔树作为经济作物大力推广，1983年种植面积约1200hm²，当年已超过海南。台湾同胞历来就有嚼槟榔的习惯，台湾种植槟榔主要是为了生产部分小鲜果供省内消费，在省内消费市场需求旺盛的拉动下，农民栽植槟榔的意愿非常高，种植面积不推自广，急速增加。1921年，台湾槟榔种植面积仅为693hm²，而到1990年，槟榔种植面积已达3.58万hm²，产量达10.45万t。1994年，台湾槟榔种植面积为4.46万hm²，共计7000万株。1997年，台湾的槟榔种植面积达5.65万hm²，产量达15.62万t。1999年发展到5.7万hm²，槟榔年产值超过133亿元新台币，占农畜产值的4.2%，仅次于水稻，为果品类之冠，已成为台湾的高经济作物。由于近年经历过几次大自然灾害，加上台湾方面对槟榔种植有所限制，台湾槟榔种植面积有所下降，2004年为5.3万hm²，总产值约130亿元新台币，但在台湾的东西海岸和中央山脉，槟榔树依然随处可见，特别是在乡镇和山村，成片成林。台湾虽然不是槟榔栽培的最适宜区，但却保持着单产7832 kg/hm²的纪录，单株产量约4.75kg。在短短的几十年间，台湾槟榔神话般改写了过去数百年的历史，从以园林绿化植物为主的身份，蜕变成为产值仅次于水稻的台湾第二大经济作物，形成了新兴的蓬勃的槟榔产业。

　　槟榔虽然是台湾仅次于水稻的第二大农产品，但是因其极易破坏水土保持。1996年的一次台风袭击南投和嘉义，造成这2个县的重大灾害，这与山坡地滥垦乱植槟榔有关。这次台风使台湾开始重视长久以来被忽视的槟榔种植引发的水土保持问题。当前，台湾槟榔小鲜果的消费市场已基本趋于饱和，所以种植面积开始停滞并萎缩，但因需求稳定、利润可观，其种植面积仍保持在较高水平。

　　台湾是中国最大的槟榔鲜果消费市场，年产槟榔鲜果约15万t，基本上都供省内消化。台湾的槟榔族偏好食槟榔小鲜果，俗称青仔，通常与石灰荖叶三者合在一起咀嚼，有健胃、御寒及提神的功能。槟榔最早期多为生活在高寒地区的山民为御寒而嚼食，或作为缺医少药的偏远地区解毒除湿的中药。早期同胞居民曾视槟榔为宝物，成为婚嫁必备的礼物之一，视之为招待客人的最好食物。台湾歌谣"摇金团，摇银团，摇槟榔来相请"可以为证。台湾民众从什么时候开始大规模养成喜爱嚼用槟榔的习惯已很难考证了。以往台湾有嚼食槟榔习惯的人多为年长者和贫穷阶层的劳动者，但现今嚼用对象已趋年轻化，呈都市化，遍布各职业范围。在台湾，喜欢嚼用槟榔的人们被称为"红唇族"，因为嚼槟榔后吐出来的槟榔呈红色，估计台湾"红唇族"人群多达200多万人。今日台湾社会上嚼用槟榔已不是当初那样为解毒除湿。据盛产槟榔的屏东一所学院的调查结果显示，嚼食槟榔的人50%是为了提神，29%是为了解馋。据统计，每天嚼用槟榔约6500万颗，一年仅此一项就要消费掉200多亿元新台币。槟榔与香烟、口香糖已并列成为台湾现今最流行的3种昂贵的口腔嗜好品。

　　台湾的槟榔绝大多数地产地消，台湾种植槟榔就是为生产槟榔仔，以供"红唇族"嚼用。除了少数生产者自给自足外，一般槟榔生产者都必需通过产地或消费地批发商进行交易、运输及加工，才能将槟榔仔送达消费者。台湾槟榔的运销体系以"生产者—产地批发商—消费地批发商—零售商—槟榔摊—消费者"方式交易为主。生产者将槟榔送到产地批发商，可分为自行采收或包青仔的方式，自行采收槟榔大略依重量、品质分类后，送到产地批发商计价，包青仔则由产地批发商依槟榔结果率、品质估价收购。收购回来后的槟榔做更精细的分级，依每千粒的重量定价，批发给零售商。零售商酌量加上利润，转售槟榔摊，槟榔摊则依自己品牌、客人口味，将槟榔加工，添加荖叶、石灰、香料，装盒贩卖。

台湾嚼食槟榔的人口众多，对槟榔需求量大，所以槟榔销售利润高，利之所趋，台湾投入槟榔相关行业的人口达上百万。台湾街头销售槟榔的摊点林立，达到"五步一摊，十步一铺"，台湾拥有销售槟榔的大小摊点5万~10万个。台湾市场上的槟榔价格，随着月份、季节的不同，波动起伏很大，相关资料表明，在旺季1粒槟榔的价钱与1个鸡蛋等同，而在淡季则可与0.5 kg鸡蛋等值。

长久以来，台湾所消费的槟榔多为省内生产的，直至2002年，台湾才开始进口槟榔，主要是补充台湾4—7月生产淡季供应不足所需，进口主要来源于泰国，2002年进口900余t。2003年进口1800余t，较上年增加一倍，但只占台湾总产量的1%多一些。在出口方面，近年台湾出口量虽呈递增趋势，但仅占总产量0.4%，主要出口地为中国香港特别行政区。

第六章

槟榔的战略研究规划

　　槟榔是传统食品与中药资源，是中医药事业和特色食品及产业发展的物质基础。近年来，海南与湖南两省高度重视槟榔产业及其可持续利用，槟榔领域在学科构建、科学研究、人才培养以及槟榔产业发展与精准扶贫等方面均得到了一定的发展，促进了槟榔全产业链的提质增效与绿色发展。然而，随着我国食品大健康产业的兴起和快速发展，国内外市场对槟榔资源的需求量日益剧增，开发利用资源与节约资源、保护资源之间的矛盾也日益突出。因此，槟榔产业得到迅猛发展的同时，槟榔科学生产、合理利用以及生态保护也成为社会和行业关注的重大问题。在对近年来槟榔领域诸方面进展进行归纳整理的基础上，对我国槟榔产业建设及科学研究进展等进行归纳整理，整体展示了本领域的发展概况和广大科技工作者、企业家及管理者的代表性贡献，以期为槟榔领域的学科构建、人才培养、科学研究、社会服务及槟榔产业发展起到相互借鉴的作用，并由此提出一些相应的建议，为其科学研究提供线索，共同致力于我国特色食品事业和槟榔产业的高质量发展。

第一节　槟榔学学科构建设想

一、学科及专业建设的设想

　　为推动槟榔产业发展，为满足国家及相关领域对以槟榔为代表的特色食品高层次专业人才的需要，有必要创建我国以槟榔为代表的特色食品学科，并开办槟榔学课程，同时企望该学科得到教育部正式批准，拟在部分高等中医药类与农科类高校试办，并编制槟榔学方面的教材，列为本科生选修教材，有条件的高校招收特色食品方向关于槟榔专业的研究生。以国内特色食品领域内权威专家作为主编，联合我国从事嚼用及药用槟榔专家，以及有关生物资源、食品学、特色食品学、中药材及生药学、中药及天然产物化学等相关领域的专家们创编《槟榔学》专著，为槟榔学专业本科生及研究生的教育教学提供了一本教材，并经方分研究讨论明确槟榔定位与身份，揭示其问题的实质。

为适应槟榔学学科建设与人才培养的需要，先期开展槟榔行业与相关高校协调开办槟榔课程，获得相应经验，创办相应的办学条件，以期获得国家教育部门的批准。列入教育部公布的《普通高等学校本科专业目录》中，为特色食品类下属专业之一。迄今，在我国一代又一代槟榔从业者的不懈努力和开拓创新下，槟榔产值突破400余亿，从业数十万人，社会需求强劲，相应人才及培训滞后，严重阻碍了槟榔行业的健康发展。目前相应学科建立条件成熟，包括中医药院校、农业院校、综合性大学在内的大专院校开设了槟榔学学科及特色食品专业，展现槟榔学学科的发展活力和社会需求。由此槟榔学学科及专业方向应成为食品二级学科门类的重要组成部分和高层次人才的培养高地，是创新人才培养及团队建设需要。槟榔现代人才教育理念，强化槟榔人才的科研素养与专业技能，打造形成槟榔领域一批专业化团队，有力支撑了行业基础性任务和产业发展需求。

搞好全国乃至全球槟榔资源绿色普查工作，既是摸清我国槟榔家底的基础性工作，又是槟榔学学科建设和专门性人才队伍得到培育壮大的工作，并能储备一批高层次专业人才。通过槟榔的品种鉴别、种子种苗基地建设、槟榔道地食材规范化及生态化种植等专项实施，以及新技术方法的培训与示教，指导建立槟榔生产质量管理规范（GAP）种植基地，从而服务于地方经济发展和产业扶贫富民国家工程。

普查工作还有利于创新发展槟榔学科及相关专业人才培养实践体系，进一步彰显传承与创新特色优势。槟榔普查技术培训、野外普查、腊叶标本制作等学生及从业人员全程参与，完善了槟榔专业人才培养实践体系。将普查过程中的科学问题转化为科研项目，提高从业人员解决槟榔科研与生产过程问题的能力。

通过团队和平台建设，支撑了槟榔学科建设与人才培养。将槟榔全链细分，创立栽培、生产、槟榔成分检测、流行病学调研等团队或联盟，可依托湖南省中医药研究院、湖南中医药大学联合成立的槟榔全成分研究团队，以此基础建立槟榔开发团队，为我国特色食品专业建设，提供了有力支撑。

二、科学研究体系建设设想

继2015年湖南省中医药研究院与湖南省槟榔协会签约开展槟榔全成分物质基础研究后，槟榔全产业链研发工作正式启动，通过以谭电波领衔编制的槟榔研发工作规划，填补槟榔研究开发的系列空白，该规划为槟榔研发工作指明了方向，为槟榔学学科及专业发展提供了有益的线索。

（一）创建并不断丰富槟榔学理论

谭电波团队依据社会、行业发展需求及区域社会经济发展水平，以科学地生产槟榔，合理地利用槟榔的行业发展总目标，将槟榔生物资源学与天然产物化学交叉融合创立槟榔化学新兴交叉课题，该课题应用多学科知识与方法技术，以槟榔植物为研究对象，揭示其资源性化学成分的性质、分布、积累与消长规律，并运用于湖南制槟榔生产加工全过程；建议开展以湖南制槟榔深加工产业化过程产生的固体及液体废弃物及副产物为研究对象，多途径挖掘其多元化潜在的利用价值，努力提高资源的利用效率和经济效益，推动槟榔产业的绿色发展。完善槟榔化学学科的创立及其理论基础，进一步丰富我国槟榔学理论体系和学科体系的创新发展，推动槟榔规范化生产与品质提升，促进槟榔全产业链的提质增效和绿色发展。建议相关部门、槟榔行业与专家们积极组织与申报各级科研课题，将该新兴交叉学科落地，成为国家科技部、国家中医药管理局与国家林业部门的重点课题。

（二）分子生物学新兴学科创新发展

湖南中医药大学王炜团队，通过3年多时间把槟榔200多种小分子成分分为七大类，确定其分子结构式，初步弄清了槟榔各成分含量范围，申报两个检测检验的专利，为创立分子水平槟榔学科奠定了基础，可形成从分子水平上研究槟榔的鉴定、品质形成、资源保护与生产的交叉学科。未来几年槟榔行业在槟榔分子鉴定、优质槟榔食（药）成因、活性成分生物合成等方面若取得重要研究成果，行业方可实现跨越式发展。构建了槟榔核酸检测技术并且在槟榔产品在质量控制中发挥的重要作用；提出优质槟榔具有优形、优质、优效特征，拓宽了传统槟榔辨状的范畴，其核心思想是通过获取高质量、可重复的性状数据，进而量化分析基因型和环境互作效应及其对槟榔质量的影响，为槟榔现代化质量控制体系建立奠定基础。

分子生物明确了槟榔分子鉴定是基础、优质槟榔成因是特色、合成生物学生产是前沿的三大研究任务。优质槟榔研究方面，凝练形成优型、优质、优效的槟榔系统评价体系。随着分子生物学技术和合成生物学技术的发展，应开展槟榔活性成分生物合成途径解析及调控、活性成分合成，促进其生物学生产发展，从而利用合成生物学与组合生物学相结合，产生一些结构衍生新化合物，推动了槟榔生物智造新资源的创制。

（三）创建槟榔生态学与品质生态学研究理论与方法技术体系

将槟榔学和现代生态学交叉融合，形成了槟榔生态学研究理论与方法技术体系。槟榔生态学主要研究内容包括槟榔自身的生态学理论与方法、槟榔品质形成的生态学研究、槟榔生产的生态学研究、槟榔保护与生态修复。在槟榔生态学研究理论框架构建的基础上，进一步深入分析生态农业现有理论与实践成果，提炼出槟榔生态农业的原理、存在的问题及今后发展的建议。为了深入阐释槟榔品质及与生态环境关系及机制，提出了槟榔品质生态学研究方向，槟榔品质生态学研究内容包括槟榔品质形成的生物学成因、分布、产地与生态因子的关系、优质槟榔产地生态适宜性与区划、生态系统调控对槟榔品质的影响等。

（四）槟榔保育学研究理论与方法技术体系的提出

根据槟榔保护的现状与需要，在进行槟榔引种驯化与保护实践的基础上，总结凝练和提升形成槟榔保育学研究理论与方法技术体系。从遗传机制、生态机制、驯化机制和经济学机制等方面总结了以营养价值与安全价值为基础的槟榔保育策略和成效评价模型。这一理论的提出及探索实践，能拓展保护生物学理论基础，丰富了槟榔学理论体系，为槟榔的保护与利用及槟榔的生产提供了理论创新与技术支撑。在长期从事槟榔病虫害科学防治实践的基础上，融合多学科知识创新发展形成槟榔保护学理论与方法技术体系。该研究方向的建立与不断探索发展，必将形成保护槟椰免受病、虫等有害生物为害的有效防治体系，直接服务于槟榔的绿色生产，保证槟榔的收获与品质。槟榔保护学与林业领域及其作物病虫害防治保护学科不同的是始终遵循以槟榔质量为核心的防治理念，既要保证槟榔的产量，更要注重槟榔的品质，从源头保证槟榔产品的安全有效与产业的健康发展。

（五）槟榔循环经济理论的提出建议

将槟榔化学与循环经济发展理念相融合，在不断实践的基础上逐渐形成并系统提出槟榔循环经济理论基础。创建的槟榔循环利用研究体系，推广应用于槟榔生产与深加工产业过程废弃物及副产物的资源化利用，其理论核心是以槟榔循环经济产业体系的构建和可持续发展为目标，通过集成多学科知识与技术交叉融合，按照循环经济的发展理念，以资源循环利用为引导，推进槟榔经济产业发展模式和生产方式的变革，改变槟榔产业"高投入、高消耗、高排放、低产出"的线性经济发展方式，推进资源节约型和环境友好型槟榔循环经济体系建设，为槟榔产业的可持续发展提供科技支撑和驱动力，服务于槟榔产业的节能减排、碳达峰与碳中和目标的实现。

三、开展流行病学调研

基于槟榔含有多种槟榔碱之类的生物碱，药理研究表明，咀嚼槟榔有一定的成瘾性，有一定的毒副作用，需要医务工作者或医药科研者进一步深入研究其化学成分、药理活性以及作用机制的同时，充分利用大数据开展大范围长时间的口腔癌流行病学的调研，为口腔癌致病机理提供依据，建立槟榔的量、效、毒关系，进一步制定相对安全的产品质量标准，及时而精准给消费者予以警醒。

第二节 槟榔领域科学研究

一、全球槟榔调查

（一）汇总槟榔的种类和分布等信息，组织编撰《槟榔大典》

按年度编制发布《槟榔发展报告》《槟榔种业发展报告》《槟榔生产统计报告》，为国家有关部门制定相关的政策提供了第一手资料。这些成果必将为各级政府研究制定槟榔生产与利用发展战略、因地制宜制定区域性槟榔产业发展规划和优化农村产业结构调整等提供重要支撑和科学依据。

（二）积极掌握新技术新方法

很多新技术新方法不断涌现，服务于全球槟榔资源调查研究与槟榔生产基于地理信息技术构建了槟榔生产区划分析技术方法，并对槟榔生产区划分析的关键技术进行了分析模型构建，在此基础上研发了槟榔生产区划分析地理信息系统，为国家和省一级槟榔生产区划分和产业布局规划提供了新的技术手段。在海南省槟榔调查整理的基础上，综合分析该省内各地区自然环境条件和社会经济条件、槟榔种类和分布、生产实际等情况。遵循槟榔区划基本原则，为海南省槟榔区划分提供依据；同时制定海南省栽培各类槟榔品种的生产规划，提出各地县市适宜发展的槟榔种类，为海南省槟榔栽培与槟榔果业发展方向、布局以及区域发展重点的框架设计提供了基本依据。

开展"互联网+"信息技术与槟榔农业生产、槟榔深加工融合，其融合路径包括槟榔宏观管理、建立槟榔智能种植体系、建立槟榔智能深加工体系、建立槟榔全过程质量追溯系统、建立槟榔原料生产与深加工信息平台，助力槟榔农业转型升级。从槟榔"种质"内涵的遗传物质角度，围绕资源收集、保存、创新与综合评价4个核心环节，分析了基因组学在其中的应用原理与技术等。

（三）构建覆盖全球的槟榔动态检测信息和技术服务体系

开展日常开展槟榔原料，半成品交易价格、交易量的信息上报和监测，初步形成了持续的动态监测能力。在此基础上成立了全国槟榔原料与生产，包括种子种苗科技联盟，对提升我国槟榔产业的良种化水平，为推动我国槟榔产业的可持续发展奠定坚实的基础。

（四）槟榔原材生产步入重视质量、推行生态化发展新阶段

自1998年我国中药材起草并实施GAP以来，国家各部门大力倡导和推进发展道地药材生产、中药材生态种植系列工作。这对绿色槟榔有着重要的启迪与参考作用，作为提升槟榔品质的重要抓手，需要应用生态系统的整体、协调、循环、再生原理，结合系统工程方法设计，综合考虑社会、经济和生态效益，充分应用能量的多级利用和物质的循环再生，实现生态与经济良性循环的生态农业种植方式。

二、槟榔产业发展

（一）槟榔原材科技创新与平台建设

引领槟榔行业高质量发展，依托湖南省中医药研究院与湖南中医药大学联合创建的槟榔全成分检测平台，以优质槟榔可持续利用与发展为主轴，紧密围绕优质槟榔基础理论与成果转化应用开展研究，凝练形成优品鉴别与评价、生态遗传规律及形成机制、保护模式3个研究方向，开展了槟榔优品鉴别与质量评价、有效成分合成途径解析与合成生物学、分子谱系地理学、生态种植等相关基础理论与关键技术研究。

围绕优良槟榔形成过程中遗传成因、环境成因、物质基础和槟榔道地性与其营养（药效）相关性四大关键科学问题，在生物学、生态学、化学、药理学和医学等多个层面，结合现代科学研究方法开展多学科交叉研究，从揭示优良成因入手，明确优质槟榔的遗传、环境及其交互作用机制，阐释优质槟榔优效性的独特化学成分形成机理，揭示优质槟榔的物质基础及其形成的科学内涵。建立槟榔原材与湖南制槟榔的团队标准，并公布。

（二）生态种植应成为提升槟榔品质和产业绿色发展的重要抓手与模式

目前全国尚无先例，需开展积极研究，从而摸索出生态种植模式，诸如林下种植模式、仿野生种植模式、林下轮作栽培模式、生态观光模式、野生抚育模式等。为发展槟榔和推广拟生态种植高品质绿色有机槟榔提供示范和借鉴。

（三）槟榔合理利用与可持续发展已成为行业发展战略

加强对槟榔的合理利用，促进槟榔的可持续发展具有重大的战略意义。积极开展槟榔专项调查，摸清资源蕴藏量，揭示其导致种群衰退的生态因素和人为干预，提出恢复种群和修复环境的有效策略；采取积极地寻找替代和资源补偿策略，因地制宜制定合理的封采结合、轮采轮育、抚育更新科学机制，禁止滥采滥挖、破坏槟榔生长环境等，构建包括槟榔引种园、槟榔离体保存库和槟榔生物信息共享平台为一体的全国槟榔环保体系，合理布局槟榔迁地保护，对接迁地保护与槟榔品种选育。

（四）关于培育槟榔种子种苗市场的建议

随着种子种苗繁育技术和规模不断提升，培育质量优良的种子是实现槟榔优质高产的重要保障，目前我国槟榔种业处于培育发展的初级阶段，随着槟榔种植面积大幅增长，种子种苗需求量也不断增加，因此发展前景十分广阔，优良种质选择是影响槟榔品质和产量的关键因素。分子标记辅助育种技术是培育槟榔优良种质的重要方法之一，可参考在中药材分子标记辅助育种研究中主要采用DNA分子标记为SCoT、ISSR、SSR、SNP等方法与技术开展槟榔分子标记研究工作，其育种的主要目标是使槟榔的生物学性状稳定、产量和成分可控，所生产的槟榔具有"优形、优质、优效"特征。

（五）槟榔替代研究

槟榔替代品基础研究薄弱，类效资源替代方面尚未成功的典范。揭示其功效物质基础与作用机制，是类效物质替代策略的关键环节，也是替代产品创制的基础和前提。围绕槟榔现有品种的功效物质及其替代性，基于"物质基础–生物效应–体内过程"，寻找对标品种，建立质控模型，为替代资源发现的开展不懈探索。

三、槟榔化学与资源循环利用研究

针对槟榔生产与利用过程中的关键问题：如何从源头保证槟榔成品原料及中间体的质量稳定可控？如何有效提高槟榔资源的利用效率？基于槟榔化学研究思路和方法，持续开展不同生态环境、不同采收时期、不同加工方式等诸因素对槟榔原料品质的影响研究依然是槟榔研究领域的热点。对于如何提升槟榔利用效率，近年来围绕槟榔全产业链废弃物及副产物的资源价值挖掘和多途径和效益，精细化循环利用等方面，尚未开展深入研究，若取得突破，将为槟榔产业的提质增效和绿色发展做出了应有的贡献。

（一）生态因子与品质形成关联机制研究

槟榔原料品质与生态环境关系密切，生态环境诸因子作为影响槟榔品质的重要因素，历来受到槟榔人的重视。生态气候因子通过影响槟榔生长发育及代谢进而影响槟榔功效物质的生成与积累，从而影响其品质。基于遗传–化学–生态策略，运用转录组学技术、HPLC技术，并进行槟榔转录组数据、槟榔碱含量及环境气候生态因子的相关性分析。通过建立可体现槟榔多元功效物质特征与品质评价的方法技术，用于区分药用与湖南制槟榔的质量标准建立，以引导我国不同产区槟榔产业各展优势、差异化发展，形成有序竞争。

（二）槟榔采收加工与深加工过程化学成分动态变化规律逐步揭示

槟榔适宜采收期、产地初加工方式、深加工是影响槟榔品质的重要环节。近年来，相关研究品种不断增多，研究方法手段多样化，逐步阐明了药材采收和产地初加工、深加工过程成分变化规律以及与槟榔品质的相关性。

（三）槟榔循环利用已成为槟榔产业提质增效与绿色发展的新动能

针对我国槟榔生产与深加工全产业链存在的资源利用效率低下、资源浪费严重、生态环境压力不断加剧等重大经济、社会和生态问题，在创新槟榔循环利用基本理论的基础上，依据槟榔废弃物及副产物的独特理化特性与资源化潜力，集成生物转化、化学转化、物理转化等适宜技术，已达到系统创建槟榔循环利用模式，释放了产业新动能，推动槟榔产业向循环经济模式转变。将槟榔农业生产过程产生的非药用部位转化为新医药及健康产品原料等，形成多层级综合利用模式，实现了从源头节约资源、减少浪费，环境友好的目的。服务于我国槟榔全产业链的提质增效与绿色发展，为槟榔全产业链树立了"一增一减"的提质增效样板，引领我国中药产业绿色发展。积极开展槟榔多元资源性化学成分及其提取制备方法、资源价值及利用途径、工艺标准研究及产品开发、实用新型设备或装置。

槟榔生产过程中传统未采用部位作为新药材资源原料或新食品资源原料的开发。为此将槟榔农业生产过程中产生的非采用部位转化为新医药及健康产品原料等，达到形成多层级综合利用模式，实现了从源头节约资源、减少浪费，环境友好的目的。可以尝试如下一系列开发，如槟榔生产过程传统非采用部位作为茶饮及保健食品新资源原料的开发；作为功能性饲料添加剂新资源原料的开发。以往的动物饲养过程不可避免的需要使用抗生素，造成了抗生素在畜禽–人群–环境中的传播与蓄积，导致系统性健康损害，引起社会的极大关注。槟榔生产过程传统非采用部位作为食用菌和药用菌基质材料的开发。在槟榔生产过程中产生的大量传统非采用部位木质化和纤维性强的下脚料，均具有拓展开发用作培育药用或食用菌物资源的潜力。

（四）槟榔深加工过程中废弃物及副产物的资源化利用逐步推进

针对槟榔提取物及槟榔成品等资源性产品制造过程中产生大量的固废物及废水的资源化利用，建立了固体废弃物中资源性化学成分的现代分析集成技术、色谱分离富集技术、膜分离技术、糖化技术等，对槟榔废渣中的黄酮类、三萜类、多糖类成分等可利用物质进行高效富集与制备。由此延伸了槟榔资源经济产业链，实现其产业化过程的提质增效与绿色发展。

（五）槟榔深加工过程中产生的废水

废水具有组成不稳定、有机污染物种类多，属于较难处理的高浓度有机废水之一。因此，槟榔产业化过程废水的资源化循环利用是综合防治水污染、净化水环境的重要研究内容。基于清洁生产的"一级处理–用于有效组分回收的二级处理–三级处理"的资源化循环利用基本思路，结合槟榔废水膜法处理研究中的应用实践，提出膜法"零排放"技术方案及其实现路径。研究发现中空纤维膜对这些小分子物质具有良好的渗透率，并对共性大分子有优良的截留效果，是一种可持续的、绿色资源化利用方式。

基于生物或化学转化方法创新，实现资源性物质的转化或提高目标产物收率：基于化学或生物（微生物、酶法等）方式，促进槟榔性化学物质的高效生成转化，可达到提质增效、促进资源利用的目的。

第三节　结语与展望

近些年来，随着现代科学技术进步的有利推动和大健康产业快速发展的强大牵引，为我国槟榔领域的科学研究、学科建设、人才培养和产业化诸方面均提供了一定的发展条件，可满足一定的特色食品市场的需求。然而，面对日益增长的社会需求，保障槟榔的可持续供给和大健康产业的可持续发展，槟榔领域的政–产–学–研等相关方面尚需进一步凝心聚力开拓进取，进一步推动多学科交叉创新，以不断适应和满足健康中国的战略需要与高质量发展的历史机遇。

一、进一步推动槟榔学理论创新，服务特色产业发展

槟榔的物质基础与饮食历史是槟榔学形成和发展的本源，槟榔学的创立是特色食品事业可持续发展的必然需求。槟榔蕴含着丰富的科学性和社会性特征，具有经济性、生态性、系统性等开放性复杂科学内涵。通过多学科交叉创新，充分运用食品学、中医药学、生态学、生物学、生物化学、生物工程、生物信息学等多学科知识，不断揭示和认知槟榔多元资源价值、多维利用途径等，融合形成新的认识、新的理念、新的理论，不断丰富和发展槟榔学理论体系，服务于特色食品行业和槟榔产业发展。

二、进一步加强槟榔领域的科学研究，服务于槟榔全产业链的高质量发展

槟榔领域的科学研究内容贯穿于槟榔生产与利用全过程。通过多学科交叉融合，进一步集成相关领域的现代科学技术与方法，服务于槟榔的科学生产与有效利用。槟榔循环利用和产业绿色发展已成为社会共识，整合科技创新诸要素，创建符合槟榔经济学理念和区域生态经济发展规划的特色经济小镇，不断为我国槟榔经济产业链的延伸、资源利用效率和经济效益的提升、资源性产品的品质提高等注入强劲动力，推动槟榔产业的提质增效和高质量发展。

三、发展并提升槟榔学学科建设水平，服务于特色食品事业和槟榔产业对高层次人才的需求

随着槟榔行业的发展，槟榔经济在国民经济和食品行业的地位有所提高，国内外消费市场对绿色产品的需求不断提高，该领域对专业人才需求日益高涨，必然要求槟榔学学科建设应服务于该领域创新型、综合型高层次人才的培养，其主要内容仍集中于槟榔人才培养理念的更新与创新、槟榔人才培养教育教学改革、课程教材体系创新、新的教学模式、方法手段的应用等方面。